普通高等教育"十四五"规划教材

工程结构概论

王　毅　侯学良　编著

中国建材工业出版社

图书在版编目（CIP）数据

工程结构概论／王毅，侯学良编著. -- 北京：中
国建材工业出版社，2021.6（2023.8重印）
ISBN 978 - 7 - 5160 - 3169 - 8

Ⅰ. ①工… Ⅱ. ①王… ②侯… Ⅲ. ①工程结构 - 高
等学校 - 教材 Ⅳ. ①TU3

中国版本图书馆 CIP 数据核字（2021）第 050193 号

内 容 简 介

　　本书是为高等院校工程管理专业学生编写的一本专业教材。从学生所需掌握专业
知识的角度出发，本书将工程管理中涉及的常规性工程结构专业知识分为 7 章。这 7
章分别为绪言、工程结构基础知识、结构荷载与结构设计、砌体结构、混凝土结构、
钢结构和基础结构。这些知识既是当前工程管理中最常用的工程结构理论，也是学生
从事工程项目管理必须掌握的专业基础技能。

　　本书既可作为高等院校工程管理专业和工程造价专业的工程结构课程专业教材，
也可作为大专院校、职业技术学院和企事业单位普及工程结构知识的参考书籍。

工程结构概论

Gongcheng Jiegou Gailun

王　毅　侯学良　编著

出版发行：中国建材工业出版社

地　　址：北京市海淀区三里河路 11 号
邮　　编：100831
经　　销：全国各地新华书店
印　　刷：北京雁林吉兆印刷有限公司
开　　本：787mm×1092mm　1/16
印　　张：12. 75
字　　数：300 千字
版　　次：2021 年 6 月第 1 版
印　　次：2023 年 8 月第 2 次
定　　价：68. 00 元

序　言

　　工程结构是一门理论与实践紧密结合的专业课程，也是一门集材料、设备、工艺、方法和管理为一体的综合性应用技术。该课程涉及内容多、应用范围广、实用性强，因而成为工程管理专业学生的必修课。通过该课程的学习，学生不仅可以深刻理解建筑材料、建筑物理、房屋建筑学、工程制图等已学专业知识的内涵及其作用，而且可以进一步了解和掌握现代工程建设中最基本、最主要的工程结构知识，为今后学习和掌握工程施工技术、工程施工组织与设计、工程预算与管理等专业知识打下坚实的专业知识基础。

　　本书基于工程结构的教学大纲和学时安排，将工程管理中所涉及的常规性工程结构专业知识分为7章。第1章主要讲解工程结构的发展史和工程结构的发展方向，为学生了解工程结构发展状态进行了概括性介绍。第2章介绍工程结构基础知识，分别从工程结构的组成、类型、基本构件、受力特点和结构的传力路径等角度，对工程结构的力学知识进行了必要阐述。第3章为结构荷载与结构设计，主要介绍结构荷载及其组合、结构设计的相关概念和结构的常规设计步骤，使学生在结构设计中具有清晰的设计思路。第4章为砌体结构，主要介绍砌体的力学性能、砌体结构构件的承载力计算方法及其结构构造要求。第5章为混凝土结构，详细介绍钢筋混凝土结构的受弯构件、受压构件和拉扭构件的计算方法，以及钢筋混凝土构件的变形和裂缝验算方法。第6章为钢结构，主要介绍钢结构构件的拉压构件、受弯构件和钢组合柱的计算方法与构造要求，并就钢结构基本构件的连接方法进行了必要的介绍。第7章为基础结构，在介绍地基与基础相关基础知识的基础上，就基础埋深与地基承载力的确定、基础设计及其构造要求进行了简要介绍。书末还增附了结构设计时常用的相关参数，以便学生在进行工程结构计算时查阅和使用。

　　本书的阅读对象主要是工程管理和工程造价专业的学生，鉴于此类专业学生在学习工程结构知识方面有限的学时，笔者对工程结构知识进行了筛选，并通过华北电力大学工程管理和工程造价专业教师和三届学生的反复使用与修正，确定了知识结构与所述内容。因此，书中所含内容的深度和广度非常适合工程管理和工程造价专业学生使用。此外，为了使学生在完成各个章节的学习之后，能够更好地掌握重点知识，在每章末尾列出了该章所需要掌握的主要知识，并结合各章知识点，增加了相应的课后练习题。

　　由于笔者水平有限，书中难免有不妥之处，敬请使用本书的师生予以指正。同时，值此书出版之际，对修编本书的有关人员表示衷心感谢，对出版社的支持也表示真挚的谢意。

王　毅

2020 年 10 月于华北电力大学

目　　录

1 绪 言

1.1 工程与结构

工程项目是发展国民经济和改善人民生活的重要物质基础，近些年来，为了满足国民经济持续稳定的发展需求，我国建设了大量工程项目。与 10 年前相比，这些工程项目不仅在工程技术方面有了很大进步，而且在施工管理方面也有很大改进，并已呈现出如下几方面的显著特点：

1. 综合性

工程建设一般需要前期可研、勘察设计、计划实施和试运行这几个阶段。在这几个阶段中，不仅需要技术经济、环境分析、设计勘察、组织规划等方面的知识做好前期准备工作，而且需要工程材料、设备安装、项目管理、施工技术等方面的知识来组织这项工程。更重要的是，只有用这些涉及各个方面的知识才能构建起工程的结构框架，达到预期的工程建设目的。因此，工程及其结构也成为一门涉及面较广的综合性学科。

2. 环境性

工程项目是一项为满足社会发展需求而进行的系统工程，由于其产品要涉及社会的各个领域，因而必然与社会的各个方面进行广泛的接触和交流。在其建设过程中，不仅要考虑工程构建的自身需求，而且要考虑构建中给环境带来的影响，因而工程项目也就具有了环境性。

3. 系统性

在工程建设中，不仅需要各种材料的供应，而且需要将这些材料按照一定的规律组合起来。在组合中，只有所有的工程材料组成一个系统完整的结构，工程项目才能发挥其应有的作用，这就使工程在结构方面具有了系统性。

4. 精密性

随着科学技术的快速发展，许多工程不仅要满足建筑外形的特殊要求，而且可能在工程设备的安装精度、隔声减噪、防辐、抗震等方面有特殊的要求。特别是一些精密工程项目，对工程结构组成提出了更多的新的要求，为此，精密性已成为现代工程与结构的一个新特点。

但无论怎样的工程项目，若要实现工程建设的预期目标，在所有的工程建设内容中，一个最为重要的工作就是要确保工程结构的可靠性。由于结构是建筑物或构筑物赖以存在的物质基础，在一定的意义上，结构支配着建筑物或构筑物，因此，工程与结构就紧密联系在一起，工程结构在工程建设中就凸显其重要地位。

1

1.2 工程结构发展史

结构是建筑物或构筑物的受力骨架，这一骨架是由各种材料按照一定的规律组合而成的，因此，结构的发展历史自然就与材料紧密联系在一起。

早在旧石器时代，建筑物或构筑物仅限于简单的建造，所用材料主要取之于自然物如石块、草筋、土坯等。在新石器时代后期，开始出现用木骨架泥墙构成的居室。到了公元前1000年前后，人类开始用土烧制砖瓦，使建筑结构有了进一步的发展，并且随着建造技术水平的不断提高，砖石有了一定的强度和耐久性，因而，砖石在结构的构造中得到了更加广泛的应用，如著名的埃及金字塔（图1-1）、希腊帕特农神庙、古罗马斗兽场等都是令人叹为观止的古代砖石结构。

中国古代建筑大多以木结构为主。1056年（辽代）建成的山西应县木塔是我国现存最古老的全木结构塔（图1-2），塔的造型及细部处理都表现出极高的艺术和技术水平，是中国古建筑的优秀范例。虽经受过多次强烈地震的影响，应县木塔至今依旧巍然屹立。同时，中国古代的砖石结构也很有成就，不仅有举世闻名的万里长城，而且建于1055年的河北定县开元寺塔也是当时世界上最高的砌体结构。

图1-1　埃及金字塔

图1-2　应县木塔

随着数学、力学等科学的发展，结构设计也由于有了比较系统的理论指导而得到了很大程度的发展。特别是牛顿总结出的力学三大定律、纳维提出的结构设计容许应力法，以及水泥、混凝土等新材料和新技术的发现，都极大地促进了工程技术水平的提高。从此，大量的钢材、木材、水泥、混凝土等材料被应用于工程中，为工程结构的建造提供了强有力的保障。例如1883年，美国芝加哥采用钢结构作为承重结构，建造了世界上第一幢钢结构大楼，被誉为现代高层建筑的开端。1889年，法国建成了高达320m的埃菲尔铁塔，并成为法国的标志性建筑。1886年，美国首先采用了钢筋混凝土作为结构的承载体系。在此基础上，1928年，预应力混凝土技术开始在世界各国广泛使用。

第二次世界大战以后，世界经济和现代科学技术得到了进一步的发展，工程使用的材料也进一步丰富，工程施工技术水平也有了很大的进步，这些都促使结构设计在原有基础上有了很大的发展，设计思想也有了本质性的提高。到目前为止，人类已从砖瓦沙石为主的年代进入到以钢筋混凝土、钢材为主的新时代，并且针对许多建筑提出的多样性要求进入新的工程结构发展时代。

工程结构快速发展的同时，也给人类带来了一定的负面影响，不仅出现了污染空气、垃圾堆积等问题，而且污染环境、破坏耕地，给人类的生活环境带来了很多不利影响。因此，现代很多建筑物都要求防尘、防震、防辐射，甚至要求恒温恒湿并向跨度大、分隔灵活、花园化的方向发展，建筑结构及其所用材料也逐渐向结构空间立体化和材料的轻质高强与环保方向发展，钢筋混凝土结构、钢结构、预应力等结构已成为主要的承载结构形式。未来，人类将向太空、海洋、地下、沙漠寻求发展，钢材的易锈蚀性、不耐火性，混凝土材料的低韧性、质量大等问题也将被逐步解决，这对从根本上改善结构的建造模式可能带来巨大的影响。

与此同时，随着信息和智能化技术的快速进展，设计工作的自动化将成为必然，人们对工程的设计计算将不再受人类计算能力的限制，结构的设计方法也将更加精确化。在计算机的帮助下，结构设计将大大提高效率和精度，并使结构所用材料可以得到更充分的利用，结构的可靠性也可以得到大幅提高。

1.3　工程结构发展方向

随着科学技术的不断进步，工程结构也在不断发生变化，从总体来看，其发展方向主要体现在以下几个方面：

（1）在理论研究方面：一是随着科学研究的不断深入及工程资料的不断积累，工程结构设计方法将向全概率极限状态设计方向发展；二是随着衡量结构安全可靠度理论的不断完善，全过程可靠度理论将逐步应用到工程结构设计、施工与使用的全过程中；三是随着计算机的发展，工程结构计算正向精确化方向发展。

（2）在工程材料方面：钢结构材料将得到更为广泛的应用。除重点提高钢结构材料的强度外，还将大力发展型钢结构。而被广泛使用的混凝土也将向轻质高强方向发展，并且为改善混凝土抗拉性能和延性差的缺点，强合成纤维混凝土和高强混凝土也将逐步推广和应用。此外，砖石材料仍然是工程中必不可缺的材料，但如何在现有基础上实现快速高效的施工并同时大幅度节能降耗，将是这一类工程材料的发展主流。

（3）在工程结构方面：空间钢网架、悬索结构、薄壳结构将逐步成为超高度、大跨度结构的发展方向。特别是在特高压输电工程和大型工程的导入设施中，轻型高强的空间钢结构将成为主流。此外，随着大型、特大型工程项目的建设需求，大体积混凝土异型结构组合体系也将成为工程结构的主要研究和应用对象。

（4）在施工技术方面：高效、快速的组合结构化施工技术已成为目前乃至今后一段时间的主要施工方法。在国外，超高塔架的快速组合安装已采用直升飞机来组合，有些简单的建筑已采用3D打印技术来建造，无论怎样的施工环境，施工效率已不可同日而语。此外，为了确保工程项目中大型和超大型设备的安装精度，混凝土快速浇筑和成型技术也已成为主要的施工技术管理内容。今后，施工机械化程度高、效率高、质量高、工期短、成本低、节能降耗且与环境相和谐的绿色施工技术将成为工程施工技术的主要发展方向。

1.4 工程结构设计的计算机化

1. 计算机辅助设计

随着科学技术的飞速发展，工程结构已从过去的简单化、小型化逐步向复杂化和大型化的方向发展，这使一些工程结构的设计仅仅依靠过去的手算是很难完成大量的结构分析和计算的，甚至在某些情况下几乎是不可能完成的，因此，在计算机技术广泛应用到国民经济各个领域的同时，工程设计就与之结合起来，为工程设计提供新的有效手段。

计算机是一种先进的计算工具，是人类智力发展道路上的重要里程碑，它极大地提高了人类认识世界和改造世界的能力。实践证明，将计算机应用到工程结构设计中来，不仅大量节省了人力和时间，提高了效率，更重要的是提高了计算精度。特别是在若干结构设计专业软件的支持下，计算机结构设计系统软件和应用软件在经历了由初级到高级的发展过程之后，更加有力地支持了计算机结构设计功能的发挥。在一些大型、特大型复杂工程的结构设计中，完成了仅依靠人类自身手算而无法完成的结构分析，使结构设计水平提高到一个新的高度，为实现人类的设想提供了有力的保障。

在应用计算机技术进行工程设计中，由美国 Autodesk 公司编制的 CAD（Computer Aided Design）设计工具最为典型。由于该设计软件具有良好的用户界面，具有完善的图形绘制功能和图形编辑功能，可以通过交互菜单或命令行方式进行各种操作，完成多种图形格式的转换，因而成为国际上广泛流行的工程设计和绘图工具。

此外，由中国建筑科学研究院结合我国工程设计规范开发出的广泛应用于建筑、结构、设备、概预算及施工等方面的系统集成软件 PKPM 也是计算机辅助设计方面的一个典范，该软件在结构设计中可以对各种结构模型的建立、荷载统计、上部结构内力分析、配筋计算、绘制施工图、基础计算程序接力运行进行信息共享，自动计算结构自重，自动传导恒荷载、活荷载和风荷载，自动提取结构几何信息，完成结构单元划分，自动把剪力墙划分成壳单元，使复杂计算模式简单实用化。在这些工作的基础上自动完成内力分析、配筋计算等，并生成各种计算数据。基础程序自动接力上部结构的平面布置信息及荷载数据并完成基础的计算设计，最大限度地利用数据资源提高工作效率。

2. 系统仿真模拟

仿真模拟是以计算机及其相应的软件为工具，通过虚拟试验的方法来分析和解决问题的一门综合性技术。由于研究对象中存在着若干不可认知的问题，人们就希望通过建立一个能够有效反映所研究对象的实质又易于被计算机处理的数学模型来分析和研究问题并解决问题。这个过程就是仿真模拟。

仿真模拟有外形仿真、操作仿真和视觉感受等仿真，但仿真的核心是建立数学模型，只有用数学模型将研究对象的实质抽象出来，计算机才能处理这些经过抽象的数学模型，并通过输出这些模型的相关数据来展现研究对象的某些特质。当然，这种展现可以是二维平面的，也可以是三维立体的。由于三维显示更加清晰直观，已为越来越多的研究者所采用。通过对这些输出量的分析，可以更加清楚地认识研究对象。从模型这个角度出发，可以将计算机仿真的实现分为三大步骤，即模型的建立、模型的转换和模型的仿真试验。由此可以看出，数学建模的精准程度是决定计算机仿真精度的最关键因素。

在模型的建立过程中，对所研究的对象或问题，首先需要根据仿真所要达到的目的抽象出一个确定的系统，并且要给出这个系统的边界条件和约束条件。在这之后，需要利用各种相关学科的知识，把所抽象出来的系统用数学的表达式描述出来，描述的内容就是所谓的数学模型。

数学模型根据时间关系可划分为静态模型和动态模型。动态模型又可分为连续时间动态模型、离散时间动态模型和混合时间动态模型；根据系统的状态描述和变化方式又可划分为连续变量系统模型和离散事件系统模型。由于这些模型可以很好地表示出工程结构设计中存在的各种荷载随机组合特征，因而在计算机仿真模拟中得到了广泛的应用。

在建立模型后，下一步就需要进行模型转换。所谓模型转换，即对上一步抽象出来的数学表达式通过各种适当的算法和计算机语言转换成计算机能够处理的形式。这个转换过程是进行计算机仿真的关键。实现这一过程，既可以自行开发一个新的系统，也可以运用现在市场上已有的仿真软件。在此基础上，将得到的仿真模型载入计算机，按照预先设置的试验方案来运行仿真模型，即可得到一系列的仿真结果。根据仿真结果，设计人员就可以发现设计中可能存在的问题，从而有针对性地加以解决，有效解决工程设计中出现的实际问题。这一方法对一些新技术、新材料、新结构且设计规范没有明确规定的新工程项目尤为适用。

在工程结构设计中，常用的计算机仿真模拟软件主要有 ANSYS、NASTRAN、ASKA、ADINA、SAP、REVIN 等，其中以 ANSYS 为代表的工程数值模拟软件是一款多用途的有限元法分析软件，它可以对工程结构在各种外载荷条件下的受力、变形、稳定性及各种动力特性做出全面分析，从力学计算、组合分析等方面提出全面的解决方案，因而在工程结构设计中已成为结构仿真分析软件的主流，特别是在钢筋混凝土结构、钢结构等大跨度、超高度结构计算分析中应用非常广泛。

同时，从结构设计的计算机化发展中可以看出，结构设计方法的精确化、设计工作的自动化已成为必然，信息和智能化技术将被全面引入工程结构设计之中。今后，人们对工程结构的设计和计算不再受人类计算能力的限制，设计绘图也普遍采用计算机。在计算机的辅助下，不仅可以大大提高工程设计的效率和精度，而且可以揭示结构不安全的部位和因素，使工程结构设计出现质的飞跃。

1.5 工程结构课程的特点

工程结构课程是一门理论与实践紧密结合的课程，若要达到对工程结构科学合理的设计目的，不仅要了解和掌握好工程结构的理论知识，更要与工程实际结合起来，使设计的结构既安全可靠，又经济合理。为此，在学习工程结构这一课程的过程中应注意以下几个方面：

（1）由于结构设计是按照建筑功能要求在完成建筑设计的基础上，运用力学原理和材料性能对结构进行的系统分析，因此，学习工程结构知识的过程中，不仅应较为全面地掌握理论力学、材料力学和结构力学知识，还应广泛了解与工程结构设计有关的其他专业知识。

（2）工程结构设计是一门理论性和实践性并重的专业课程，其基本任务就是使学生通过该课程的学习，掌握一般结构的基本原理，并在此基础上能够进行一般性的工程结构设计。在该课程中，不仅有大量的理论推证，而且有大量的实践经验规定。因此，在学习该课程的过程中，要将理论与实践结合起来，要懂得工程结构设计理论的基本原理。在解决工程实际问题时，要注意理论的适用范围和适用条件，切勿盲目乱用。

（3）由于工程结构是由很多材料组成的，而材料在应用中又具有理论研究中表象的异象性，因此，在工程结构设计中，某些理论中的原有算法在结构设计中已不完全适用。为解决这些问题，结构设计做出了各种假定，并结合实际和大量的试验重新调整和建立了结构计算的基本公式，因而，在学习中要注意工程结构设计理论应用范围与条件，为正确设计打下良好基础，避免在结构设计中出现错误。

（4）在工程结构设计中，设计规范做出了许多结构计算要求以外的构造规定，这些规定，不仅有利于工程设计的进一步完善，而且有利于进一步确保工程结构的安全。因此，在学习工程结构知识的过程中，要了解并掌握规范中的相应构造要求。

（5）无论是建筑物还是构筑物，其结构不仅要满足设计功能所提出的要求，而且要满足各种设备设施的安置要求，为此，在结构设计中，就需要综合考虑各种因素，对设计的结构进行优化，以便设计出最佳的结构设计方案。

本章应掌握的主要知识

1. 理解和掌握工程结构的内涵。
2. 了解工程结构的发展方向。
3. 了解工程结构设计计算机化的内涵。

本章习题

1. 阅读相关书籍，广泛了解工程结构的发展方向。
2. 阅读相关书籍，更多地了解工程结构设计计算机化方面的知识。
3. 复习理论力学、材料力学和结构力学知识。
4. 参阅有关书籍，了解 ANSYS、REVIN、PKPM、ADINA 等软件。

2　工程结构基础知识

2.1　结构的基本概念

2.1.1　结构

结构是建筑物或构筑物赖以存在的物质基础，从存在形式上讲，由于任何建筑物或构筑物都要耗用大量的材料来建造，这些材料相互搭接，构建成了抵御和承受来自建筑物或构筑物内外各种作用力的体系，这个体系就是建筑物或构筑物的结构。因此，在某种程度上讲，结构支配着建筑物或构筑物的存在形态，是建筑物或构筑物的承重骨架。

大量的工程实践已证明，优秀的结构体系不仅是结构构件的有效组合，而且是美学、力学等多种科学的完美结合。在此类结构体系中，建筑物或构筑物所受荷载得到科学有效的处理，并充分发挥出其应有的作用。在此方面，最好的范例之一就是法国巴黎埃菲尔铁塔（图 2-1）。

埃菲尔铁塔是于 1889 年为巴黎博览会而建的。从结构力学角度分析，由于埃菲尔铁塔较高，风荷载将成为其主要荷载，为此，设计人员基于风荷载所产生的力学图形，对

图 2-1　法国巴黎埃菲尔铁塔

塔体外形与结构进行了科学的设计，使该结构及其建筑材料都得到了充分有效的发挥，不仅在建筑上满足了预定的设计功能，而且在结构上造型优美、结构合理，成为工程结构史上一个历史性的代表力作，并成为一个国家的象征。

火力发电厂中使用的钢筋混凝土冷却塔也是一个结构与力学完美结合的产物。首先从工艺需求角度来看，用来冷却汽轮机的冷却水被加热后，由导管送到冷却塔顶部并喷洒下来，然后通过滴水板等构件来延长其下落的过程，以便使冷却水更好地放热。同时，冷却水与从冷却塔下部进入塔内的冷空气进行热交换，从而形成了一个良好的热交换空间。从结构角度来看，双曲抛物面的冷却塔上小下大，中部变细，形成了良好的抽气环境，加快了蒸汽的上升速度。在塔身上部，当上升的空气被加热后，体积膨胀较大，而上部塔身略放宽，减小了上升空气的阻力，形成了有利的空气流动空间，对快速排气提供了有利的条件。由此可见，双曲抛物面薄壳冷却塔与冷却工艺所需要求非常吻合。同时，在结构受力方面，圆形平面与矩形平面相比，可大幅减小风荷载，塔身外形与风荷载作用下的弯矩图极为

图 2-2　冷却塔

相似，自上而下逐渐增大的结构对塔身稳定性也十分有利，自重分布均匀合理。此外，双曲抛物面是一个旋转曲面，可由一根倾斜母线绕纵轴旋转而成，曲面上任一点都过渡得非常自然平滑，给施工带来了极大便利。因此，双曲抛物面冷却塔可谓是建筑造型、结构形式和使用功能的完美结合（图 2-2）。

2.1.2　结构的基本要求

对工程结构及其组成的构件而言，其最为重要的就是要有足够的安全可靠性，即结构承受荷载后应不被破坏、变形、失稳或出现结构所不允许裂缝等，并能达到规定的使用年限。但在满足结构可靠性的同时，工程结构的建造还应具有一定的经济性，即在安全、实用的前提下注重所建工程结构的总体经济效益。然而，由于工程结构的可靠性和经济性是相互矛盾的，如果结构截面尺寸过小，虽然经济性提高，但可能会由于其承载能力不够而导致结构破坏，或因出现变形或裂缝过大而不能正常工作。反之，如果构件截面尺寸过大，则构件承载能力虽满足了工程结构的要求，却增加了工程费用。因此，在工程实际中，需要通过合理的结构设计来解决这一矛盾，寻求工程结构可靠性与经济性之间的综合平衡。基于以上原因，结构最基本的要求是安全、适用、经济、耐久。

（1）安全性是指结构应能承受在正常设计、施工和使用过程中可能出现的各种作用。同时，在偶然事件发生时或发生后，当局部结构遭到破坏后，仍能保持结构整体的稳定性。也就是说，在设计要求的使用期内，在各种可能出现的荷载作用下，结构要有足够的承载能力，即使发生偶然事故，个别构件遭到破坏或结构局部受损时，也不致造成结构的倾覆或倒塌，能保证结构的正常使用。建筑结构的安全等级见表 2-1。

表 2-1　建筑结构的安全等级

安全等级	破坏后果	建筑物类型
一类	很严重	重要的房屋
二级	严重	一般的房屋
三级	不严重	次要的房屋

（2）适用性是指结构在正常使用过程中，结构构件应具有良好的工作性能，不会产生影响正常使用的变形、裂缝或振动等现象。

（3）耐久性是指建筑结构在正常使用、正常维护的条件下，结构构件具有足够的耐久性能，并能保持结构的各项功能达到设计使用年限，如不发生材料的严重锈蚀、腐蚀、风化等现象或构件的保护层过薄、出现过宽裂缝等现象。

（4）经济性是指在保证满足安全、适用和耐久的前提下费用最低。

2.1.3 结构的基本组成

结构体系虽然多种多样，但从总体来看，它主要由三个基本部分组成，也称为三个基本体系，即水平体系、竖向体系和基础体系。

1. 水平体系

水平体系一般由梁、板、屋架、网架等水平构件组成，主要承担结构平面荷载。其中，最为典型的为钢筋混凝土楼盖。

钢筋混凝土楼盖分为现浇钢筋混凝土楼盖和预制组合钢筋混凝土楼盖。按其梁板布置的特点，又可分为整体式单向板肋梁楼盖、双向板肋梁楼盖、无梁楼盖和双向密肋楼盖四种类型。其中，整体式单向板肋梁楼盖一般由主梁、次梁和板组成，板支撑在四周主梁和次梁上。当板的两个方向跨度比超过 3 时，板在长边方向相对较弱，荷载主要沿较短方向传递，故称单向板。板在短跨方向按荷载计算结果配置钢筋，而沿长边方向受力很小，一般只设构造钢筋。单向板肋梁楼盖的楼板跨度以 3m 左右为宜，次梁跨度可取 4～6m，主梁跨度可取 5～8m。

整体式双向板肋梁楼盖与单向板肋梁楼盖类似，只是楼板两个方向跨度比较接近，设计中按两个方向配置计算的受力钢筋，较短跨的弯矩较大，其钢筋应放在外侧，以增加板的结构受力有效高度。单向板和双向板平面布置简图如图 2-3 所示。

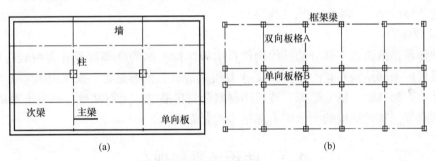

图 2-3　单向板和双向板平面布置简图
（a）单向板；（b）双向板

无梁楼盖没有梁，钢筋混凝土板直接支撑在柱上，故板厚一般相对较大。为改善板的支撑条件，通常在柱顶设柱帽，以扩大支座处的抗冲切面，也可减小板的计算跨度。常见的柱帽有台锥形柱帽、折线形柱帽和带托板柱帽。无梁楼盖因不设置梁，板面负载直接由板传至柱，因而具有结构简单、传力路径简捷、净空利用率高、造型美观，有利于通风，便于布置管线和施工。但从结构性能方面来看，无梁板的延性较差，板在柱帽或柱顶处的破坏属于脆性冲切破坏，因而，需要较厚的板和高强度等级混凝土与钢筋。一般适用于荷载较为均匀或对顶棚要求较高的场所。无梁楼盖简图如图 2-4 所示。

双向密肋体系是一种双向网格状的梁板结构，在横向荷载作用下，结构沿两个梁格方向同时传力。为此，双向密肋体系要求柱网两方向开间接近方形。在这种情况下，由于板跨小且双向传递荷载，所以梁网格上的平板可以做得较薄。双向密肋楼盖可以看作是由沿两个方向布置间距较小的肋形成的厚板，其受力状态和无梁楼盖相似，只是这块板两个方向的钢筋被集中放在肋中，肋间受拉区混凝土被挖掉。双向密肋体系简图如图 2-5 所示。

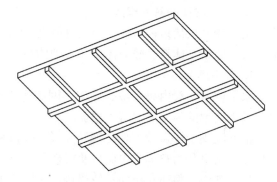

图 2-4　无梁楼盖简图　　　　　　　　　图 2-5　双向密肋体系简图

2. 竖向体系

竖向体系一般由柱、板、墙、筒体等构件组成，主要承受水平体系传来的荷载和外部直接产生的水平荷载，并把这些荷载传给基础体系。

较常用的竖向体系是由梁柱组成的框架体系，它适用于多层或高层建筑物或构筑物。通常，框架结构为满足设计使用功能要求，梁柱断面尺寸都不能太大，否则会影响使用面积。因此，框架结构的侧向刚度较小，水平位移大，限制了框架结构的建造高度。在抗震设防烈度较高的地区，高度更加受到限制。

3. 基础体系

基础体系是地面以下部分的结构构件，承担结构上部的全部荷载并将荷载传给地基。基础体系根据上部结构布置的差异，又分为独立基础、条形基础、交叉基础、片筏基础、箱形基础、壳形基础、桩基础等；按所用材料分为砖基础、毛石基础、混凝土基础、钢筋混凝土基础等。基础结构的类型应上部结构需要而定。

2.2　结构的类别划分

对工程结构来讲，结构选型是工程设计的一个重要课题，一个好的结构形式不仅能够有效满足建筑设计的各项使用功能，而且造型美观、结构可靠、施工便利、经济合理，因此，结构选型至关重要。但要进行结构选型，首先要知道结构形式有哪些。

在工程结构里，结构有多种形式，根据不同的依据来划分，将有不同的分类。例如，若按材料来划分，可分为砖混结构、混凝土结构、钢结构、木结构等；若按承重方式来划分，可分为砌体结构、排架结构、框架结构、剪力墙结构、框架-剪力墙结构、筒体结构、拱体结构、薄壳结构、气膜结构、悬索结构等。一般来讲，不同的工程项目有不同的建设目的和使用要求。为了达到其使用目的和要求，在工程项目的设计过程中，就应选择不同类型的结构形式来满足相应的建筑要求。

2.2.1　按材料类别划分

1. 砖混结构

由块体（砖、石材、砌块）和砂浆砌筑而成的墙和柱作为建筑物或构筑物主要受力构件而形成的结构称为砖混结构。它也是砖砌体结构、石砌体结构和砌块砌体结构的统称。

砖混结构主要特点是易于就地取材，造价低廉，且建造材料具有良好的耐火性及耐久性。此类材料建造的结构，施工工艺简单，一般不需要特殊的施工设备。其中，由工业废料生产的砌块还可节约土地，利于环境保护。在现代建筑中，除用于单层和多层建筑外，在一些小型构筑物如烟囱、水塔、小型水池和重力式挡土墙中也广泛应用砖石结构，这一结构在工程建造中占有很大比率。但砖混结构除具有上述若干优点外，还有自重大、强度低、抗震性能差、施工速度慢等缺点。

2. 混凝土结构

以混凝土为主体材料所建造的结构称为混凝土结构。混凝土结构包括素混凝土结构、钢筋混凝土结构和预应力混凝土结构三种。

素混凝土结构是指无筋或不配置受力钢筋的混凝土结构。由于素混凝土抗压强度较高而抗拉强度很低，且破坏比较突然，因此，素混凝土构件只适用于纯受压构件。

钢筋混凝土结构是指在混凝土内配置了受力钢筋、钢筋网或钢筋骨架的混凝土结构。与素混凝土构件相比，由于混凝土中的拉应力由钢筋承担，压应力由混凝土承担，所以钢筋混凝土构件的力学性能大为改善。

预应力混凝土结构是指在混凝土内配置了预应力筋或通过其他预加应力的方法而制成的混凝土结构。与钢筋混凝土构件相比，由于在使用前预先对混凝土构件施加了一定的压应力，因而，混凝土的抗裂性能大大提高。在同样的跨度和荷载作用下，构件的刚度较大，截面尺寸可以较小。

由于钢筋混凝土结构合理利用了钢筋和混凝土两种材料的性能，因而具有承载强度高、可塑性好、耐久性好、耐火性高、抗震性能好等优点，但也具有自重大、现浇时耗时耗费模板较多、工期长等缺点。

3. 钢结构

钢结构是指以钢材为主要材料制成的结构，其结构特点是材料强度高、自重轻、塑性和韧性好，抗震性能优越。其主要优点是便于工厂生产和机械化施工，便于拆卸，无污染，可再生。正因如此，钢结构的应用日益增多，在高层建筑及大跨度结构中应用较广。但钢结构的主要缺点是易锈蚀，耐久性和耐火性能差，工程造价和维护费用较高等。

4. 木结构

木结构是指全部或主要用木材制成的结构。木结构具有材质轻、制作简单、便于施工、抗震性能好等优点。但由于木材产量受到自然生长条件的限制，为了保护自然生态环境，木材的使用就受到了严格限制，为此，很多的工程结构中多用人造木等新型复合材料来替代纯木材料。木结构的承载力有限，适用范围也就受到了限制，其缺点还有易腐蚀、易燃烧、维护费用高等多个方面。

2.2.2　按承载方式划分

1. 砌体结构

砌体结构是指工程结构和构件主要由砖砌体和其他材料组成的结构，墙体通常采用砖砌体，屋面和楼板通常采用钢筋混凝土结构，基础则根据结构荷载和其他特殊要求来确定。以前，砌体结构的墙体主要采用普通黏土砖，但普通黏土砖的制作需使用大量黏土，消耗大量的土地资源，因此，结合资源利用和废物再生，现已多使用工业废料生产的粉煤灰砖、石粉砖、轻质混凝土砖等砌块。由于砌体结构具有就地取材、施工方便、造价低廉等优点，所以砌体结构在我国应用十分广泛。

2. 排架结构

排架结构是由屋架或屋面梁、柱和基础组成的结构。屋架与柱顶铰接，柱与基础刚接。在屋面荷载作用下，屋架本身按桁架计算。当柱体有荷载作用时，屋架只起两柱顶的连系作用，相当于一个链杆。排架结构多采用装配式结构体系，广泛用于工业厂房和大跨度空间结构。

3. 框架结构

框架结构是由钢筋混凝土或钢纵梁、横梁和柱组成的结构。在框架结构中，承受主要荷载的梁被称为框架梁，连接平面框架以组成空间体系结构的梁称为连系梁，柱是框架体系主要的竖向承重结构并承担竖向荷载。框架结构具有建筑平面布置灵活、可任意分割房间、容易满足生产工艺和使用要求等优点。与砌体结构相比，框架结构有较好的延性和整体性，抗震性能较好。

在框架结构中，框架梁和柱一般都为刚性连接，这使框架的梁和柱既能承受轴力，又能承受弯曲和剪切。框架按跨数和层数可分为单层单跨框架、单层多跨框架、多层多跨框架等。单层单跨框架又被称为门式框架，也被称为刚架。当跨度不大时，刚架结构比排架结构轻巧，并可节省钢材与混凝土。

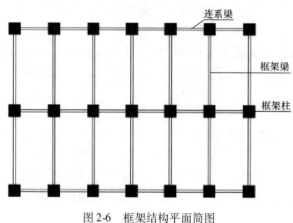

图 2-6　框架结构平面简图

按所建材料分，框架结构分为钢筋混凝土框架、钢框架和组合框架。通常，框架结构的梁、柱断面尺寸都不能太大，否则影响使用面积。因此，框架结构的侧向刚度较小、水平位移较大，这是它的主要缺点，也因此限制了框架结构的建造高度，一般不宜超过 60m。尽管框架结构本身能承受较大的变形，但变形大了容易引起非结构构件（如填充墙等）的破坏，这些破坏也会威胁人身安全。框架结构平面简图如图 2-6 所示。

4. 剪力墙结构

研究结果表明，建筑物或构筑物在风荷载或地震力作用下，将受到很大的水平力作用，并且建筑物或构筑物的侧向位移将随着建筑高度的增加而急剧增大。在这种情况下，工程结构中常采用剪力墙来承担结构所受到的水平力。

剪力墙结构是由若干内外纵、横向的钢筋混凝土墙所组成的结构。墙体除抵抗水平荷载和竖向荷载作用外，还对建筑起围护和分割作用。由于剪力墙结构的墙体较多，侧向刚度较大，墙体截面面积大，容易满足承载力要求，抗震性能也较好，所以可以建得很高。但是由于剪力墙间距太小，平面布置不灵活，结构自重较大，因而在大空间使用方面受到了一定程度的限制。剪力墙结构平面简图如图 2-7 所示。

5. 框架-剪力墙结构

框架-剪力墙结构是在框架纵、横方向的适当位置设置若干钢筋混凝土墙体而形成的

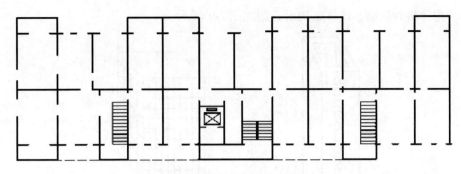

图 2-7　剪力墙结构平面简图

结构体系。在这种结构体系中，由于剪力墙平面内的侧向刚度比框架的侧向刚度大得多，所以，在风荷载或地震作用下产生的剪力主要由剪力墙来承受，而框架主要承受竖向荷载。由于框架-剪力墙结构充分发挥了剪力墙和框架各自的优点，因此，在高层建筑中采用框架-剪力墙结构比框架结构更为经济合理。北京饭店框架-剪力墙结构平面简图如图 2-8 所示。

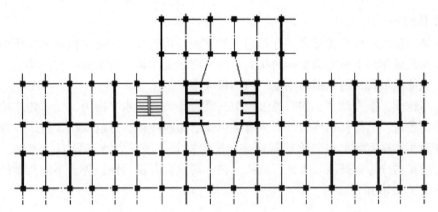

图 2-8　北京饭店框架-剪力墙结构平面简图

在这种体系中，剪力墙常常担负大部分水平荷载，结构总体刚度加大，侧移减小。同时，通过框架和剪力墙的协同工作和变形协调，各种变形趋于均匀，改善了纯框架或纯剪力墙结构中上部和下部层间变形相差较大的缺点，因而在地震作用下可减少非结构构件的破坏。从框架本身看，上下各层柱的受力也比纯框架柱的受力均匀，因此柱子断面尺寸和配筋都比较均匀。所以，框架-剪力墙结构在多层及高层建筑中得到了广泛应用。

6. 筒体结构

筒体结构是由一个或多个用钢筋混凝土墙围成侧向刚度很大的筒体而作为承载体系的结构，其受力特点类似于一个固定于基础上的筒形悬臂构件，因此，这种结构具有很大的纵横向承载力。当建筑物高度更高、侧向刚度要求更大时，可采用筒体结构。

筒体结构根据建筑要求又分为内筒结构、外筒结构和筒中筒结构。根据开孔的多少，筒体有空腹筒和实腹筒之分。筒体结构计算较为复杂，因而，进行结构设计时，常采用软件进行结构分析和配筋。筒体结构示意图如图 2-9 所示。

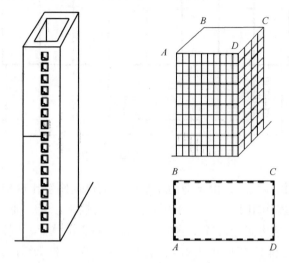

图 2-9　筒体结构示意图

7. 拱体结构

拱体是由曲线形或折线形平面杆件组成的平面结构构件，主要由拱券和支座两部分组成。拱券在荷载作用下主要承受轴向压力，支座将承受拱传来的荷载。与同跨度同荷载的梁相比，拱体能节省材料、提高刚度、跨越较大空间。

拱矢高越小，推力越大。如果通过调节矢高合理地传递水平推力，便可建造跨度较大的拱式结构建筑。拱按其轴线的外形分有圆弧拱、抛物线拱、悬链线拱、折线拱等；按拱券截面分为实体拱、箱形拱、管状截面拱、桁架拱等；按受力特点分为二铰拱、无铰拱等；按所用材料分为钢筋混凝土拱、混凝土拱、砖拱、石拱、钢拱等。不同类型的拱体结构示意图如图 2-10 所示。

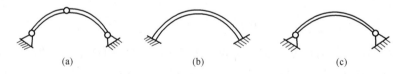

(a)　　　　　　　　(b)　　　　　　　　(c)

图 2-10　不同类型的拱体结构示意图
（a）三铰拱；（b）无铰拱；（c）二铰拱

8. 壳体结构

薄壳是薄壁空间结构，具有很好的空间传力性能，能以较小的构件厚度实现大跨度空间，并具有刚度大、承载力高、造型新颖等特点，且兼有承重和围护双重作用，能较大幅度地节省结构用材。

薄壳结构的壳体是一种曲面形构件，壳厚与其他两个方向的尺寸相比小得多。在荷载作用下，能承受任意方向的轴力。同时，由于壳体能随荷载变化调整自身形状，所以，薄壳内除薄膜内力外还有小部分弯矩，因此，壳体须有一定的抗弯能力。

壳体按曲面几何特征划分，可分为圆球面壳、椭圆球面壳、抛物面壳、双曲扁壳、双曲面壳、双曲抛物面扭壳、双曲抛物面鞍形壳、锥面壳等；按所用材料分，有钢筋混凝土壳、钢网架壳、砖壳、胶合木壳等。由于壳体结构体形复杂，一般多采用现浇钢筋混凝土结构，这不仅可以根据需要调整各部分壳面的配筋，还可逐渐改变壳厚以适应各部分壳面内力的变化，最大限度地做到等强度设计。但钢筋混凝土壳体费模板、费工时，材料费用耗费多，结构计算也较为复杂。

壳体结构由壳面和边缘构件两部分构成，边缘构件是壳体的边界和支座，是薄壳结构的重要组成部分。边缘构件的损坏会彻底改变壳面的受力状态，甚至会导致整个壳体的破坏或倒塌。因此，在壳体结构中，边缘构件最为重要。

9. 气膜结构

气膜结构从其第一个设计诞生起至今只有 40 年的历史，但它的出现，为结构史揭开了新的一页。它采用和传统建筑物完全不同的材料和结构，无论是在建筑设计方面还是在结构设计方面，已突破了传统建筑结构的约束。

气膜结构主要由气膜构件组成。气膜构件是由薄膜材料制成的。封闭式薄膜充入气体后，将薄膜张拉形成能够承担一定荷载的结构体系。气膜结构通常分成气压式和气承式两大类。所用材料的主要条件是强度高、不透气、耐腐蚀、耐高温的聚酰胺纤维或聚丙烯纤维。气压式气膜结构是在若干充气肋或被密闭的充气空间内保持空气压力，以保证其具有承担荷载能力的一种结构。气压式气膜结构的优点是无须设置鼓风机，但对材料的密闭性要求较高。

气承式气膜结构则靠不断地向结构内鼓风，在其充满气后使其撑起荷载的一种结构。该结构具有建造速度快、结构简单、使用安全可靠、价格低廉等特点。在内部安装拉索的情况下，其跨度和面积可以无限制地扩大，因此在工程中得到了较为广泛的应用。但为了保障气承式结构的稳定性，必须配备连续自动鼓风系统。同时，由于气承式气膜结构和外部环境隔绝的壳体较薄，为它保温需要消耗的能量就明显增加。此外，它的防火性也需要认真地对待和考虑。

10. 悬索结构

悬索结构是以高强钢丝、钢绞线为主要承重构件的结构。该结构充分利用了高强钢丝或钢绞线的抗拉承载力来承担结构荷载。一般情况下，将荷载挂在悬索上。当沿悬索长度方向均匀分布荷载时，会形成悬链线。由于悬链线在重力荷载作用下弯矩处处为零，所以，悬链线所产生的内力以轴向拉力为主，其抗弯刚度为零，不能承受任何弯矩。因此，悬索结构受力合理，自重较轻，可以跨越很大的跨度，是超大跨度结构的主要承重结构形式。

悬索结构的索是一种柔性构件，它能充分利用材料的抗拉性能，承担结构的拉应力。按所用材料分，索有钢丝绳、钢绞线、钢链条等。在工程中，索常被用于线杆、塔架等高耸结构之中，索不仅可以保持高耸结构的稳定性，而且可以承担部分荷载。不同类型的悬索结构示意图如图 2-11 所示。

2.2.3 其他特种结构类型

特种结构是指具有特种用途的工程结构，包括高耸结构、管道结构、容器结构等。这些结构形式常出现在烟囱、水池、水塔、挡土墙、铁塔、筒仓等构筑物中。在工程项目中，此类结构出现得较多。

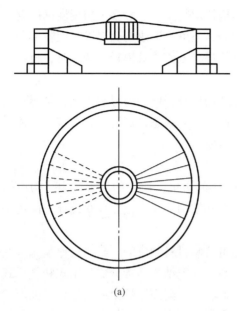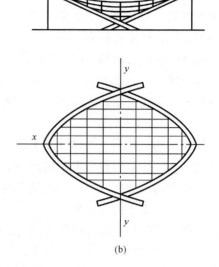

图 2-11　不同类型的悬索结构示意图

（a）双层悬索结构；（b）单层悬索结构

1. 烟囱

烟囱是常见的构筑物，它的作用是把烟气排入高空，减轻烟气对环境的污染。烟囱常采用砖、钢筋混凝土和钢等材料建造。烟囱示意图如图 2-12 所示。

图 2-12　烟囱示意图

当采用普通砖和水泥砂浆砌筑烟囱时，砖烟囱的高度一般不超过 50m，其外形多呈圆锥形，其优点是稳定性和耐热性较好，与其他材料相比较为经济。其缺点是自重大、整体性和抗震性能较差，在温度应力作用下易开裂，施工较复杂，工期较长。

当采用钢筋混凝土砌筑时，烟囱高度大多超过 50m。钢筋混凝土烟囱可分为单筒式、双筒式和多筒式等，外形为圆锥形，一般采用滑模施工。其优点是自重较小，造型美观，整体性、抗风抗震性好，施工简便，维修量小。目前，我国最高的单筒式钢筋混凝土烟囱高度为 210m。最高的多筒式钢筋混凝土烟囱是 212m。现在世界上已建成高度超过 300m 的烟囱。

钢烟囱具有自重小、韧性好和抗震性好的特点，但耐腐蚀性差，需经常维护。钢烟囱按其结构可分为拉线式、自立式和塔架式等形式。

2. 杆塔

杆塔的类型很多，按杆塔建造的材料，一般可分为木杆、钢筋混凝土杆和钢塔架三种。现在，木杆已基本不用，多为钢筋混凝土杆和塔架。钢筋混凝土杆的优点是节约钢材且机械强度较高，是我国目前使用最多的杆塔。塔架是由钢构件组合而成的空间结构，其优点是机械强度高，在工程中主要用于 10kV 及以上电力线路、大跨越线路及某些受力较大的耐张、转角杆塔上。塔架示意图如图 2-13 所示。

图 2-13　塔架示意图

塔架按受力的特点可分为直线塔架、耐张塔架（又称承力塔架）、转角塔架、终端塔架和特种塔架五种。直线塔架用于悬挂导线，仅承受导线自重、冰重及风压，是线路上最普通的一种塔架。耐张塔架是指要承担线路正常及故障（如断线）情况下导线拉力的塔架，对强度要求较高。转角塔架装设于线路的转角处，必须承担不平衡的拉力。终端塔架是设置在进入发电厂或变电所线路末端的塔架，由它来承受最后一个耐张段内导线的拉力，以减轻对发电厂、变电所建筑物的拉力。特种塔架主要有跨越塔架和换位塔架。当线路跨越河流或山谷时，局部区段无法设置塔架，为此，需采用特殊设计的大跨越塔架来挂设电线。换位塔架是为了在一定长度内实现三相导线的轮流换位，以便实现三相导线的电气参数均衡而设计的特种塔架。

3. 水塔

水塔是储水和配水的高耸构筑物，是给水工程中用来保持和调节给水管网中的水量和水压的。水塔由水箱、塔身和基础三部分组成。

水塔按建造材料分为钢筋混凝土水塔、钢水塔、砖石塔身与钢筋混凝土水箱组合的水塔。水箱也可用钢丝网水泥、玻璃钢和木材等建造。塔身一般用钢筋混凝土或砖石做成圆筒形，水箱支架多由钢筋混凝土刚架或钢构架组成。钢筋混凝土水塔示意图如图 2-14 所示。

图 2-14　钢筋混凝土水塔示意图

水塔基础有钢筋混凝土圆板基础、环板基础和锥壳基础等形式，当水塔容量较小、高度不大时，也可采用砖石材料砌筑的刚性基础。

4. 水池

水池同水塔一样，主要用于储水，但水池多建造在地面以下。水池按材料可分为钢水池、钢筋混凝土水池、钢丝网水泥水池、砖石水池等。其中，钢筋混凝土水池具有结构简单、易成型、密闭性好、稳定性好、耐久性好等优点，因而应用也最为广泛。

5. 筒仓

筒仓是储存粒状和粉状松散物体的立式容器，可作为生产企业调节和短期储存生产粉状物质的附属设施，也可作为长期储存粮食类物质的仓库。

根据所用的材料不同，筒仓可分为钢筋混凝土筒仓、钢筒仓和砖砌筒仓等。钢筋混凝土筒仓又可分为整体式浇筑和预制装配、预应力和非预应力筒仓。从经济、耐久和抗冲击性能等方面考虑，应用最广泛的是整体浇筑的普通钢筋混凝土筒仓。按照平面形状的不同，筒仓可分为圆形、矩形和菱形等形状，使用最多的是圆形和矩形筒仓。当圆形筒仓的直径为 12m 以下时，其直径采用 2m 的倍数系列；12m 以上时采用 3m 的倍数系列。按照筒仓的储料高度与直径或宽度的比例关系，筒仓可分为浅仓和深仓两类。浅仓主要用作短期储料，深仓主要用作长期储料。钢筋混凝土筒仓示意图如图 2-15 所示。

图 2-15　钢筋混凝土筒仓示意图

除上述形式的特种结构外，随着科学技术的不断发展，一些其他类型的结构形式也在工程项目中逐步出现。但由于这些结构有其较为特殊的建造难度或使用要求，因而，在工程结构应用方面，还远没有砌体结构、排架结构、框架结构等工程结构使用的普及度高。从工程材料使用方面来看，应用较多的主要集中在砌体结构、钢筋混凝土结构和钢结构三大类。

2.3　结构基本构件

结构是由若干构件组成的承载体系，在这个体系中，各构件据其受力特性，被合理地组合起来，形成了一个具有承载能力的结构体系和使用功能的空间。在使用中，来自结构内外的各种荷载通过组成结构的不同构件将荷载通过不同的路径最终传至基础。

不同的结构由不同的结构构件组成，如在砌体结构中，结构主要由楼板、梁、承重墙、柱、基础等结构构件组成。在排架结构中，结构主要由屋面板、屋架、吊车梁、柱、基础等结构构件组成。在多层或高层建筑结构中，结构主要由框架梁、框架柱、剪力墙、基础等结构构件组成。在大型钢结构屋架或桁架中，主要由弦杆、腹杆、系杆、角柱、连接板等组成。所有这些组成结构的基本单元都被统称为结构的基本构件。

2.3.1 构件的力学分类

组成结构的基本构件有各种不同的外形，也具有不同的力学特点。在结构分析中，若按力学状态分类，一般构件的基本受力状态可以分为拉、压、弯、剪、扭5种，结构中若干构件复杂的受力状态一般也都可分解为这几种基本受力构件。拉、压、弯、剪、扭示意图如图2-16所示。

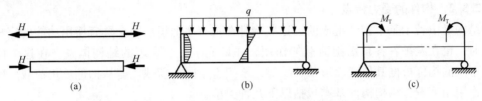

图 2-16　拉、压、弯、剪、扭示意图
(a) 拉、压；(b) 弯、剪；(c) 扭

1. 受拉构件

此类构件以承受结构所产生的拉力为主要内力 [图2.16 (a)]。无论构件截面形状如何，只要外力通过截面形心，构件的设计就均按轴心受拉构件考虑。这种构件常出现在钢结构屋架、网架、桁架等空间结构中。层数较多的框架结构中也有若干钢筋混凝土杆件为受拉杆件，但鉴于混凝土的特点，一般受拉构件只用于拉力较小的情况。

2. 受压构件

此类构件以承受结构所产生的压力为主要内力，如柱、承重墙、钢结构中受压杆件等 [图2.16 (a)]。当压力沿构件形心作用时，则为轴心受压构件，否则为偏心受压杆件。此时，偏心受压杆件不仅要考虑所受压力，而且要考虑所附加的弯矩和剪力。现代结构构件通常首先考虑使用混凝土或钢材作为抗压材料，特别是混凝土，以其成本低、强度高而得到普遍采用。钢材自重轻、强度较高，因而在大跨度结构、特种结构或高层建筑结构中应用较多。

3. 受弯构件

此类构件以承受结构所产生的弯矩为主要内力，如梁、板等构件 [图2-16 (b)]。这类构件的截面除承受结构所产生的弯矩外，一般还附有剪力。但对板类构件而言，由于剪力作用通常在设计计算中不起控制作用，故以弯矩为主。

4. 受剪构件

此类构件以承受结构所产生的剪力为主要内力，如在无拉杆的拱支座截面处，由于存在拱的水平推力，支座受到较大的剪力，故这类构件的截面设计和配筋选择将主要以剪应力为主要依据。除拱杆件之外，结构中的梁、柱等构件的设计也需要考虑剪力的作用 [图2-16 (b)]。

5. 受扭构件

此类构件以承受结构所产生的扭矩为主要内力，如框架结构的边梁、门洞上的雨篷梁、旋转楼梯等 [图2-16 (c)]。扭矩是构件抗力最不利的受力状态，构件受扭时，截面以成对的切应力来抵抗扭矩，切应力在构件边缘处大，中间处小。计算和试验研究表明，受扭构件采用环形截面为最佳。但在工程实际中，纯扭构件是很少的，一般都同时作用有弯矩和剪力。设计中常采用选用合理的截面形式、注意合理布置结构等方法来尽量减小构件的扭矩。

尽管在结构力学分析中将构件分为以上五大类，但在实际工程中，构件完全只承受一种作用力的情况非常少。较为普通的情况常常是在弯矩作用的同时还有剪力作用，在压力（或拉力）作用的同时还有弯矩作用，在扭矩作用的同时还有弯矩、剪力作用。因此，结构构件实际上是复合受力构件。

2.3.2 构件的受力特点

结构是由若干基本构件组成的，这些构件在被有序地组成一个具有使用功能的完整空间之时，也在发挥着各自承担荷载的作用，并形成了一个合理的结构体系。在这个体系中，不同的构件根据其位置、形状、功能，承担着不同的荷载。若从构件承担荷载后所担负的作用角度看，结构构件基本包括以下几种类型：

1. 梁构件

梁是指承受垂直于其纵轴方向荷载的线形构件，其截面尺寸远小于跨度。梁构件通常横放在支座上，如果荷载重心作用在梁的纵轴平面内，则该梁只承受弯矩和剪力，否则还承受扭矩作用。如果荷载所在平面与梁的纵对称轴面斜交或正交，则该梁处于双向受弯、受剪状态，甚至还可能同时受扭矩作用。

梁的截面高度与跨度之比称为高跨比。高跨比一般为 1/16 ~ 1/8，高跨比大于 1/4 的梁称为深梁。梁的截面高度通常大于截面的宽度，但因工程需要，梁宽大于梁高时，称为扁梁。梁截面沿轴线变化的梁称为变截面梁。此时，若按截面形状划分，梁可分为矩形梁、变截面梁（花篮梁）、T 形梁、I 形梁、槽形梁、箱形梁、叠合梁等（图 2-17）；按所用材料可分为钢梁、钢筋混凝土梁、预应力混凝土梁、木梁，以及钢与混凝土组成的组合梁等；按几何形状划分，可分为水平直梁、斜梁（楼梯梁）、平面曲梁、空间曲梁（螺旋形梁）等；按约束条件及受力划分，又可分为简支梁、悬臂梁、框架梁等；按其在结构中的作用划分，可分为主梁、次梁、连系梁、过梁等。

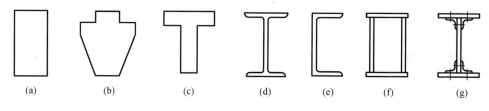

(a)　　　　(b)　　　　(c)　　　　(d)　　　　(e)　　　　(f)　　　　(g)

图 2-17　梁的截面形状

（a）矩形梁；（b）变截面梁（花篮梁）；（c）T 形梁；（d）I 形梁；（e）槽形梁；（f）箱形梁；（g）叠合梁

简支梁是指两端搁置在支座上，支座使梁不产生垂直移动但可自由转动的梁。若要使梁不产生水平移动，就需在梁的一端加设水平约束，该处的支座称为铰支座，另一端不加水平约束的支座称为滚动支座。

悬臂梁是指梁的一端固定在支座上，该端不能转动也不能产生水平和垂直移动，另一端可以自由转动和移动。

2. 柱构件

柱是指承受平行于其纵轴方向荷载的线形构件，其截面尺寸远小于柱高度。在荷载作用下，柱主要承受压力。若压力与截面中心重合，则为轴心受压柱；否则，为偏心受压柱。偏心受压柱不仅要承受压力，而且要承受拉力、弯矩和剪力的作用，如图 2-18 所示。

　　柱按截面形状可分为矩形柱、I 形柱、管形柱等，如图 2-19 所示；按所用材料可分为砖柱、石柱、木柱、钢柱、钢筋混凝土柱、钢管混凝土柱和各种组合柱等。钢柱按截面形式可分为实腹柱和格构柱。实腹柱的截面为一个整体，格构柱是指柱由两肢或多肢组成，各肢间用缀条或缀板连接。

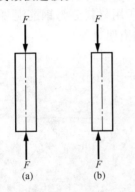

图 2-18　轴心受压柱和偏心受压柱

（a）轴心受压柱；（b）偏心受压柱

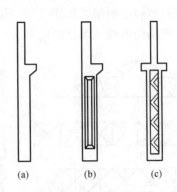

图 2-19　柱的截面形状

（a）矩形柱；（b）I 形柱；（c）管形柱

　　但在砌体结构中，构造柱的设置是为了增加墙体的延性，为非承重构件，因而，此时柱的设计是根据构造要求确定的。

　　3. 板构件

　　板是指平面尺寸较大而厚度相对较小的平面形结构构件，通常水平放置，但有时也可斜向设置（如楼梯板）。板一般承受垂直于板面方向的荷载，受力以弯矩、剪力、扭矩为主，但在结构计算中以弯矩为主，如图 2-20 所示。

　　板按所用材料可分为木板、钢板、钢筋混凝土板、预应力板等；按受力特点可分为单向板和双向板等；按截面形状可分为矩形板、T 形板、槽形板；按支承条件可分为简支板、固定板、连续板、自由板等。

　　4. 墙构件

　　当承受平行于墙面方向的荷载时，板构件又称墙构件（图 2-21）。墙构件在本身的重力和竖向荷载作用下，主要承受压力，但当外力为风、地震、土压力、水压力等水平荷载时，也承受弯矩和剪力。以承受重力为主的墙为承重墙，不直接承受荷载而仅作为隔断或分隔建筑空间的墙为非承重墙。专门承受风荷载或地震荷载作用所产生的水平力为主的墙为剪力墙。

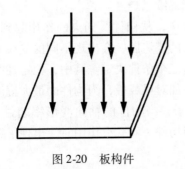

图 2-20　板构件　　　　　　　　图 2-21　墙构件

5. 桁架

桁架是由若干直杆组成的构件，在竖向和水平荷载作用下，各杆件主要承受轴向拉力或轴向压力，适用于较大跨度或高度的结构物，如屋盖结构中的屋架、高层建筑中的支撑系统、桥梁工程中的大跨度构件、高耸结构（如桅杆塔、输电塔）等。

桁架按立面形状分为三角形桁架、梯形桁架、拱形桁架等，如图 2-22 所示；按受力特点可分为静定和超静定桁架，如图 2-23 所示；按所用材料分为钢筋混凝土桁架、预应力混凝土桁架、钢结构桁架、木结构桁架、组合结构桁架等。

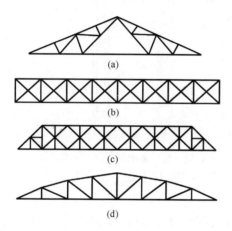

图 2-22　桁架立面形状
（a）三角形；（b）矩形；（c）梯形；（d）拱形

图 2-23　球形节点网架

2.4　结构的耐火性能

对工程来讲，由于火灾在工程事故中占有较高的比率，因而，工程结构的耐火性就成为工程结构设计中必须重点考虑的因素之一。由于工程结构是由不同结构构件组成的，因此，结构的耐火性就主要取决于结构构件的耐火性。

2.4.1　结构构件的耐火性

衡量结构构件耐火性能的指标主要有两个，一个是构件的燃烧性能，另一个是构件的耐火极限。构件的燃烧性能是由结构构件材料的燃烧性能决定的，反映了构件遇火燃烧或高温作用时的燃烧特性。构件的燃烧性能分为不燃烧体、难燃烧体和燃烧体三类。不燃烧体在空气中受到火烧或高温作用时，不起火、不碳化。难燃烧体在空气中受到火烧或高温作用时，难起火、难碳化，当火源移走后，存在的微燃立即停止。燃烧体则在明火或高温作用下，能立即着火燃烧，且火源移走后仍能继续燃烧。

结构构件的耐火极限是指在标准耐火试验中，从构件受到火的作用起到失去稳定性、完整性和绝热性为止的时间。由于构件受到火的烧烤后，会出现不同的受火面，因此，构件的耐火极限就由稳定性、完整性和绝热性这三个条件决定。其中，稳定性是指构件在受到火的烧烤后失去的支撑能力或抗变形能力，如对梁或板，当构件的最大挠度超过跨度的1/20 时，即认为达到构件的耐火极限。对柱子，当构件的轴向变形率超过允许规定时，则表明达到了构件的耐火极限。完整性是指当构件一面受火作用时，出现了穿透性裂缝或穿火孔隙，使其背火面可燃物燃烧起来，从而使构件失去阻止火焰和高温气体的性能。绝热性是指构件失去隔绝热传导的性能而使背火面任一测点温度超过了规定的温度。

一般来讲，影响构件耐火极限的因素主要有以下几个：

（1）构件材料的燃烧性能。

（2）构件的有效荷载量值。有效荷载越大，构件越容易失去稳定性，因而耐火性越差。

（3）材料的品种。不同材料，其耐火性不同，以钢材为例，合金钢最优，高强钢丝最差，普通碳素钢其次。

（4）截面形状和尺寸。当构件的表面积较大时，其受火面也较大，温度容易传入内部，耐火性就较差。而当构件表面积较小时，热量不易传入内部，其耐火性就相对较好。

（5）配筋率。由于混凝土的耐火性高于钢筋的耐火性，所以配筋率高的构件，其耐火性反而较差。

（6）表面保护层。当构件表面涂抹有防火涂料等保护层时，可以提高构件的耐火性。

（7）受力状态。以受压柱为例，轴心受压柱的耐火性优于小偏心受压柱，小偏心受压柱优于大偏心受压柱。

（8）结构形式和计算长度。连续梁等超静定结构因受火后产生塑性内力重分布，降低了控制截面的内力，因而其耐火性优于静定结构。柱子的计算长度越长，纵向弯曲作用越明显，耐火性越差。

2.4.2　结构的耐火等级

目前，我国的结构耐火设计规范在考虑了建筑物或构筑物的重要性、火灾的危险性、建筑物或构筑物高度、火灾荷载等这几方面因素后，将结构耐火分为四级。

一级或二级建筑物与构筑物：高层建筑、重要的公共建筑、甲乙类生产厂房、加油站、储存危险物品的仓库、重要文物存放场所、重要设备建筑、输送易燃易爆的气体或液体管线、高等级输电塔架、架设重要通信设施的构筑物等。

三级或四级建筑物与构筑物：一般民用建筑、供水管线、供电塔架、一般性仓库等。

在确定耐火等级时，之所以要考虑建筑物或构筑物的重要性、火灾的危险性、建筑物或构筑物高度、火灾荷载这几个因素，是基于以下几个原因：

（1）当建筑物或构筑物的重要性较高时，一旦发生了火灾，其所造成的政治和社会等方面影响较大，并且火灾带来的经济损失也较高，甚至一些设备设施是不可挽回的，因而，其耐火等级应较高。

（2）火灾危险性大意味着发生火灾的可能性大。如在建筑物或构筑物中存放易燃易爆物时，其发生火灾的危险性就大。而一般性建筑物发生火灾的概率较低，危险性也就较小，因而，火灾危险性也是确定耐火等级的主要依据之一。

（3）很显然，当建筑物或构筑物的高度越高时，若发生火灾，人员的疏散和火灾扑救就越困难，损失也就会越大，因而高度较大的建筑物或构筑物应处于较高的耐火等级。

（4）火灾荷载是衡量建筑物或构筑物内包含可燃物数量的一个参数。当建筑物或构筑物由较多的可燃物构件组成时，其防火等级应提高。同样，若建筑物或构筑物内存放大量可燃物时，其防火等级也应提高。因此，根据火灾荷载可以判定建筑物或构筑物受火后所可能产生的热能，火灾荷载越大，防火等级也应越高。

2.4.3 提高结构耐火性的措施

提高结构耐火性的有效措施通常可以通过构造设计和增加防护层两种方法来完成。

1. 构造设计

在设计方面，适当增加构件的截面尺寸对提高构件耐火极限非常有效。如混凝土构件的耐火性能主要取决于钢筋的强度变化，如果增加了钢筋的保护层厚度，就可以延缓热量向内部钢筋的传递速度，使钢筋强度下降得不至于过快，从而提高构件的耐火能力。

另外，通过改善结构的细部构造，也能提高结构的耐火性能。如增加构件的约束可以减少受热后的挠曲变形；对易受高温影响的部位如凸角、薄腹，进行加强后可以增强其稳定性。增加钢筋的锚固长度和改变锚固方式，或处理好构件之间的接缝等方法，也能极大地延缓火对构件的不利影响，提高结构的耐火性能。

2. 增加防护层

增加构件的防护层有多种做法，如由于钢柱的耐火极限较低而混凝土较高，因而就可以在钢柱外表浇筑混凝土，以提高柱的耐火极限。

对板式构件，可以通过粘贴或钩挂防火板材来作其保护层，通过增加防火顶棚，使钢构件的升温大大延缓。

此外，由于一些涂料在火焰高温作用下能迅速膨胀发泡，形成较为结实和致密的海绵状隔热泡沫层或空心泡沫层，使火焰不能直接作用于基材上，有效阻止火焰在基材上的热传播和蔓延，达到阻止火灾发展的作用。因而，通过涂抹防火涂料也能延缓火对构件的不利影响，提高结构的耐火性能。

2.5　结构相关力学知识

工程结构中的实际问题与理论研究结果之间存在较多的差异，究其原因，不仅有材料方面、环境方面、施工技术水平等多种来源于工程实际方面的原因，还有在工程结构计算分析中不能将实际问题正确有效地简化为理论问题的原因。因此，在了解和掌握了若干工程结构及其构件的基础知识后，若要有效解决工程实际问题，就需要结合工程结构的实际特征，进一步掌握工程结构及其构件在实际中的有关力学状态，为进一步解决实际问题奠定基础。

2.5.1 力与约束

1. 力的概念

力是物体之间的相互作用。物体受力之后，物体的状态会发生变化，变化的程度与受力的大小、方向、作用点紧密相关。

在国际单位制中，力的单位为牛顿（N）或千牛顿（kN）。在力学中，力是矢量，常用一段带箭头的线段和用字母 F 来表示。线段的长度表示力的大小，线段与某定直线的夹角表示力的方位，箭头指向力的作用点。

2. 力的平衡

作用在同一物体上的两个力使物体平衡的充分必要条件是，这两个力大小相等、方向相反且作用在同一直线上。在刚体的任意力系中，加上或减去任意平衡力系，不改变原力系对刚体的移动作用效应。

作用于物体上的同一点的两个力，可以合成为一个合力，合力也作用于该点，合力的大小和方向由这两个力为边所构成的平行四边形的对角线来表示，如图 2-24 所示。但在工程实际问题分析中，常常把一个力沿直角坐标方向进行分解，以便于进行力学分析。

3. 约束与约束力

在工程结构中，许多结构构件都受到与它相关的其他构件的限制而不能自由移动，如房屋中的梁受到两端柱子的限制而保持稳定，柱子被地面和屋面板固定而不能移动等。当一个物体受到限制时，就称之为受到约束。约束以力的形式对结构产生影响，即约束力。确定约束力是工程结构分析中的一项重要工作，常见的约束力有 6 种。

（1）柔体约束

由柔软的绳子、链条或钢索所形成的约束称为柔体约束。由于柔体约束只能限制物体沿柔体约束的中心线方向的运动，所以柔体约束的约束力必然沿柔体的中心线而背离物体，即对约束对象产生拉力。例如在图 2-25 中，一个悬臂板受到了一组钢索的拉力 F 而保持平衡。

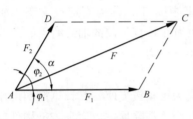

图 2-24　力的合成

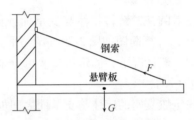

图 2-25　悬臂板的柔体约束

（2）光滑接触面约束

当两个物体直接接触且接触面处的摩擦力可以忽略不计时，两物体彼此间的约束称为光滑接触面约束。光滑接触面对物体的约束反力一定通过接触点，并沿该点的公法线方向指向被约束物体，即为压力或支持力 F_N，如图 2-26 所示。

（3）圆柱铰链约束

圆柱铰链约束由圆柱形销钉插入两个物体的圆孔而构成，且认为销钉与圆孔的表面是完全光滑的。这种约束通常为图 2-27（a）所示，这种连接方式在工程结构中非常普遍。由于圆柱形销钉常用于连接两个构件，所以也把它称为中间铰。圆柱铰链约束只能限制物体在垂直于销钉轴线平面内的任何移动，而

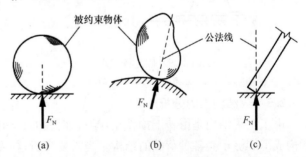

图 2-26　光滑接触面约束
（a）平面；（b）曲面；（c）点

不能限制物体绕销钉轴线的转动。当物体受力后，形成线接触，按照光滑接触面约束反力的特点，销钉给物体的约束力沿接触点公法线方向指向受力物体，即沿接触点的半径方向通过销钉中心，如图 2-27（b）所示。

（4）固定端支座

当结构构件的一端与另一构件或物体固定在一起而成为一体时，该构件的这一端就为固定端。如房屋的雨篷或挑梁，其一端嵌入墙里，墙既限制它在任何方向的移动，又限制它的转动，如图 2-28（a）所示。它的计算简图可用图 2-28（b）表示，该支座除产生水平和竖直方向的约束反力外，还有一个阻止转动的约束反力力矩。

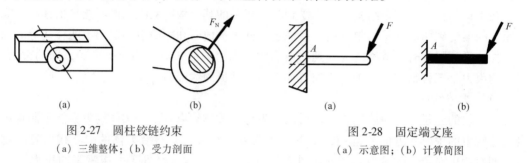

图 2-27　圆柱铰链约束
（a）三维整体；（b）受力剖面

图 2-28　固定端支座
（a）示意图；（b）计算简图

（5）固定铰支座

用光滑圆柱铰链将物体与支承面或固定机架连接起来，称为固定铰支座，如图 2-29（a）所示，计算简图如图 2-29（b）所示。其约束力在垂直于铰链轴线的平面内并通过销钉中心。一般情况下，固定铰支座可分解为两个正交分力。

（6）可动铰支座

在固定铰支座的座体与支承面之间加辊轴就成为可动铰支座，其计算简图可用图 2-30 表示，其约束反力垂直于支承面。在工程结构中，为了消除地震应力，若干构件就常被设计为可动铰支座，并允许限定范围内的变形。

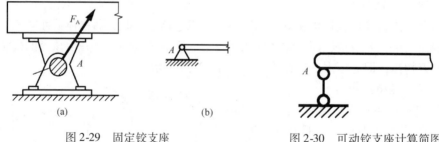

图 2-29　固定铰支座
（a）示意图；（b）计算简图

图 2-30　可动铰支座计算简图

2.5.2　结构内力分析

由于工程结构是由若干构件相互组合而成的，因而，各构件之间用各种约束相互连接就构成了能够承受各种荷载的结构。当需要分析这些结构及其构件的内力时，凡只需要利用静力平衡条件就能计算出结构的全部约束力和杆件内力的结构称为静定结构，而全部约束力和杆件的内力不能只用静力平衡条件来确定的结构称为超静定结构。超静定结构内的计算，需要结合结构变形分析来完成。

1. 受力分析及受力图

在解决工程实际中的力学问题时，首先要对物体进行受力分析。由于工程结构所受的荷载一般可以直接得知，因而对静定结构，即可利用力学原理直接计算得出。

在进行受力分析时，当约束被人为地解除时，必须用相应的约束力来替代。通常把被研究的物体所受到的约束全部解除后单独画出而得到的图形称为受力图。物体的受力图形象地反映了物体全部受力的情况，为科学分析物体的受力情况奠定了基础，也为利用力学原理进行结构计算提供了依据。一般画受力图的步骤如下：

（1）明确分析对象，确定所受荷载。

（2）确定分析对象的所受约束及其类型。

（3）将分析对象所受的约束及其荷载全部用力来表示，并明确力的三要素。

（4）利用力学原理对分析对象进行结构力学分析并得出内力。

2. 力的合成与分解

在工程结构的力学分析中，常将力系按各力作用线的分布情况进行分类。凡各力的作用线都在同一平面内的力系称为平面力系。在平面力系中，各力的作用线都汇交于一点的力系，称为平面汇交力系；各力作用线互相平行的力系，称为平面平行力系；各力的作用线既不完全平行又不完全汇交的力系，称为平面一般力系。求解平面汇交力系几个汇交力的合力称为力的合成。合成的方法主要有几何法和解析法。其中，解析法较为常用，它是把力投影在直角坐标轴上来分解的，如图 2-31 所示。

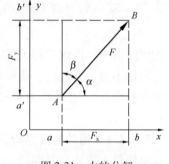

图 2-31　力的分解

设力 F 作用在物体上的 A 点，在力 F 作用的平面内取直角坐标系 xOy，从力 F 的两端 A 和 B 分别向 x 轴作垂线，垂足分别为 a 和 b，线段 ab 称为力 F 在坐标轴 x 上的投影，用 F_x 表示。同理，从 A 和 B 分别向 y 轴作垂线，垂足分别为 a' 和 b'，线段 $a'b'$ 称为力 F 在坐标轴 y 上的投影，用 F_y 表示。投影的正负号由力的指向确定。若已知力的大小为 F，它与 x 轴的夹角为 α，则力在坐标轴的投影值为 $F_x = F\cos\alpha$，$F_y = F\sin\alpha$。反过来，当已知力的投影 F_x 和 F_y 时，则力的大小 F 和它与 x 轴的夹角 α 分别为 $F = \sqrt{F_x^2 + F_y^2}$、$\alpha = \arctan F_y / F_x$。

3. 力矩和力偶

力可使物体移动，又可使物体转动。例如，当拧螺母时，在扳手上施加力 F，扳手将绕螺母中心 O 转动，力越大或者 O 点到力作用线的垂直距离 d 越大，螺母越容易被拧紧。因此，力的转动效应取决于力的大小以及 O 点到力作用线的垂直距离的长短。这个效应在力学中用力矩 M 来表示和定义，即 $M = Fd$，单位为牛顿·米（N·m）。O 点称为力矩中心，简称矩心。

可以证明，合力对平面内任意一点之矩，等于所有分力对同一点之矩的代数和。这一定理为合力矩定理。应用合力矩定理可以简化力矩的计算。如在求力对某点力矩时，若力臂不易计算，就可以将该力分解为两个互相垂直的分力，两个分力对点的力臂容易计算，就可以方便地求出两个分力对该点之矩的代数和来代替原力对该点之矩。这种方法在工程结构的抗倾覆分析中常被使用。

【例 2-1】图 2-32 所示的挡土墙所受的土压力的合力为 F，它的大小为 160kN，方向如图所示，墙高 4.5m，墙底宽 1.5m，求土压力 F 使墙倾覆的力矩。

【解】据题意可知，土压力 F 可使墙绕点 A 倾覆，故求 F 对点 A 的力矩。采用合力矩

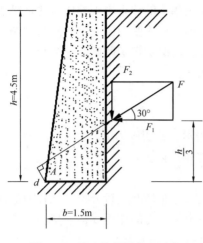

图 2-32 挡土墙所受的土压力

定理进行计算比较方便。

$$M_A = M_A(F_1) + M_A(F_2) = F_1 \times \frac{h}{3} - F_2 \times b$$

$$= 160 \times \cos30° \times \frac{4.5}{3} - 160 \times \sin30° \times 1.5$$

$$= 87(\text{kN} \cdot \text{m})$$

2.5.3 结构的刚度和变形

在结构设计中，设计者首先要使结构构件满足构件承载力要求，即满足构件的强度要求。一般情况下，设计者对构件的强度都很重视，因为构件一旦失去极限承载能力，则会发生倒塌或失稳、倾覆等破坏，将造成生命和财产的重大损失，因而在结构承载方面，构件强度设计中选取的可靠系数也偏于保守。但是，即使结构强度不存在任何问题，若结构刚度过小，出现超过允许限定的变形，也会带来许多问题，如装饰材料开裂甚至剥落，电梯不能正常运行，影响生产设备的加工精度等。特别是随着结构高度的增加，结构的刚度和变形问题就更为重要。因此，结构的刚度和变形问题在设计中应当予以足够重视。

2.5.3.1 构件的应力与应变

构件是由固体材料制成的，一般视其为刚体且不变形。但在外力作用下，构件将产生内力并发生相应的变形即应变，因此，在分析和计算结构构件的强度、刚度和稳定性时，必须考虑结构构件的应力与应变及其给结构带来的影响。

1. 应力

当构件受到外力作用时，构件内各个截面之间的相互作用力也将发生变化，这种因为杆件受力而引起的截面之间的相互作用力称为内力。内力的分布通常用单位面积上的内力大小来表示，并称之为应力，因此，应力就是内力在某一点的分布集度。

根据与截面之间的关系和对变形的影响，应力可分为正应力和切应力两种。垂直于构件截面的应力称为正应力，用 σ 表示；相切于构件截面的应力称为切应力，用 τ 表示。在国际单位制中，应力的单位是帕斯卡，简称帕（Pa）。

2. 应变

构件在外力作用下，不但可能发生位置变化，同时也可能发生形状的改变。变形既要考虑整个构件的变形，同时也应考虑局部的变形和相对变形。在材料力学中，这种变形用应变表示应力状态下构件的相对变形。

应变通常有两种基本形态，即线应变和切应变。线应变是指构件在轴向拉力或压力作用下，沿杆轴线方向的伸长或缩短，这种变形称为纵向变形。同时，杆的横向尺寸也将减小或增大，这种变形称为横向变形。线应变用符号 ε 表示。切应变是指构件在剪切力的作用下，截面将产生相互错动，因这种变化而引起的变形称为剪切变形。切应变用符号 γ 表示。

试验表明，应力和应变之间存在着一定的物理关系，在一定条件下，应力与应变成正

比，这就是胡克定律，用数学公式表达为

$$\sigma = E\varepsilon$$

式中 E——材料的弹性模量，它与构件的材料有关，可以通过试验得出。

2.5.3.2 构件的变形及其基本假设

1. 构件变形

在工程实际中，构件的形状可以是各种各样的，在不同形式的外力作用下，将发生不同形式的变形。变形的基本形式主要有轴向拉伸与压缩、剪切、扭转和弯曲四种。

轴向拉伸与压缩是构件在一对大小相等、方向相反、作用线与杆轴线重合的外力作用下，杆件产生长度方向的变化。

剪切是构件在一对相距很近、大小相等、方向相反、作用线垂直于杆轴线的外力作用下，构件的横截面沿外力方向发生的错动。

扭转是构件在一对大小相等、方向相反、位于垂直于杆轴线的平面内的力偶作用下，构件的任意两横截面发生的相对转动。

弯曲是构件在横向力作用下，构件的轴线由直线弯成曲线。

2. 构件变形分析的基本假设

构件的变形与结构构件的组成及其材料有直接的关系。为了简化结构计算工作，在不影响计算和分析结果精度的前提下，工程结构分析中常把构件的某些性质进行抽象化和理想化并做一些必要的假设，这些基本假设主要有以下四点：

（1）均匀性假设：假设构件内部各部分之间的力学性质处处相同。实际上组成构件的微粒分布可能并不均匀，彼此性质不完全相同。但是由于微粒数量多且极小，因此，宏观上可以认为构件内的微粒均匀分布，各部分的性质也是均匀的。

（2）连续性假设：假设组成构件的物质毫无空隙地充满构件的几何空间。实际的变形构件从微观结构来说，微粒之间是有空隙的，但是这种空隙与构件的实际尺寸相比是极其微小的，可以忽略不计。这种假设的意义在于当构件受到外力作用时，度量其效应的各个量都认为是连续变化的，可建立相应的数学模型进行运算。

（3）各向同性假设：假设变形构件在各个方向上的力学性质完全相同。具有这种属性的材料称为各向同性材料。铸铁、玻璃、混凝土、钢材等都可以认为是各向同性材料。

（4）小变形假设：构件因外力作用而引起的变形与原始尺寸相比是微小的，这样的变形称为小变形。由于变形比较小，在构件分析、建立平衡方程、计算个体的变形时，都以原始的尺寸进行计算。对变形构件来讲，如果受到外力作用发生变形，而变形发生在一定的限度内，当外力解除后，随外力的解除也随之消失的变形，称为弹性变形。随外力的解除而不随之消失的变形称为塑性变形。工程结构力学研究的构件仅限于小变形范围，且认为是均匀、连续、各向同性的理想弹性体。

2.5.3.3 截面刚度和截面变形

在结构力学中，刚度是使构件产生单位变形所需要的力。这里所指的变形和力是广义的变形和力，变形可以是位移、应变、曲率或转角等，力可以是轴力、弯矩、剪力或扭矩。单位力作用下的变形为柔度，因此，刚度和柔度互为倒数。构件的截面刚度与其截面形状、尺寸、材料有关。

如图 2-33（a）所示，对承受轴心拉压荷载的构件，其截面横向变形 Δ_N 为 $\Delta_N = \dfrac{NL}{EA}$。其中，$N$ 为构件所承受的荷载，L 为构件长度，E 为材料弹性模量，A 为构件截面面积。

如图 2-33（b）所示，对受弯构件，其截面弯曲变形通常用截面曲率 $\dfrac{1}{\rho}$ 来表示，即 $\dfrac{1}{\rho} = \dfrac{M}{EI}$。其中，$M$ 为构件所承受的荷载，E 为材料弹性模量，I 为构件截面惯性矩，ρ 为构件变形后该处截面的曲率半径。

如图 2-33（c）所示，对构件受剪后的变形，剪力引起的截面剪切角变形 γ 为 $\gamma = \dfrac{V}{GA}$。其中，V 为构件所承受的剪力荷载，G 为材料剪切模量，A 为构件截面面积。

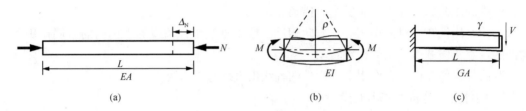

图 2-33　构件变形示意图

（a）拉压；（b）受弯；（c）受剪

2.5.3.4　构件刚度和构件变形

构件变形是指构件在某一方向上有荷载作用时所产生的变形。以简支梁在跨中作用一集中荷载为例（图 2-34），由于梁跨度远大于截面尺寸，该杆件的弯曲变形较大，因而其剪切变形、轴向变形可相对忽略不计。此时，跨中最大挠度为 $\Delta = \dfrac{PL^3}{48EI}$。若令 $P = 1$，则简支梁的柔度系数 $\delta = \dfrac{L^3}{48EI}$，根据刚度系数和柔度系数的关系，其刚度为 $\dfrac{1}{\delta} = \dfrac{48EI}{L^3}$。

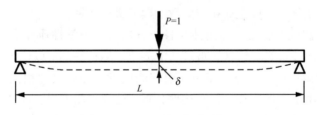

图 2-34　简支梁的弯曲变形

对一般构件，剪切变形、扭转变形或轴向变形并不一定可以忽略不计。在此情况下，构件在某特定荷载下沿特定方向的变形则由弯曲变形、剪切变形、扭转变形和轴向变形共同组成。此时，杆件的总变形为

$$\Delta = \int_0^L \frac{MM_P}{EI}\mathrm{d}x + \int_0^L \frac{VV_P}{GA}\mathrm{d}x + \int_0^L \frac{NN_P}{EA}\mathrm{d}x + \int_0^L \frac{TT_P}{GI}\mathrm{d}x$$

式中　M、V、N、T ——单位力引起的弯矩、剪力、轴力和扭矩；

M_P、V_P、N_P、T_P ——荷载力引起的弯矩、剪力、轴力和扭矩；

EI、GA、EA、GI ——杆件截面的弯曲刚度、剪切刚度、拉压刚度和抗扭刚度。

在工程结构设计中，对梁柱这样的构件，以弯曲变形为主，一般只需考虑弯曲变形的影响。对剪力墙、深梁这样的构件，由于截面较高，剪切变形所占比率较大，应考虑弯曲变形及剪切变形的影响。对高耸结构物，其轴向变形引起的侧移也占一定的比率，此时宜考虑轴向变形的影响。扭转变形对结构构件受力很不利，通常在结构布置时，应尽量避免或减小扭转。故除极个别情况外，一般不考虑扭转影响。

2.5.3.5   结构整体刚度

结构整体刚度是使结构产生单位侧移所需的力。结构通常是由许多结构构件组成的，因此，结构构件的刚度不同，构件的布置方式及连接方式就不同；结构材料性质不同，形成的结构刚度就会有很大差别。即使是同一类型结构，不同的部位采用不同材料时，其刚度也会有较大差异，因此，结构整体刚度的确定就需要针对具体结构及其材料组成来分析和确定。

本章应掌握的主要知识

1. 工程结构的基本概念。
2. 结构的基本组成及类别。
3. 深刻理解和掌握各种结构类型的特点及其适应范围。
4. 深刻理解和掌握结构基本构件的受力特征。
5. 了解和掌握结构刚度和变形知识。

本章习题

1. 参观不同类型的建筑物和构筑物，仔细观察其结构。
2. 阐述钢筋混凝土楼盖结构的主要类型及其各自的优缺点和适用范围。
3. 结合实例，分析某一结构中某一构件的受力状态。
4. 结合实例，学会如何判断单向板与双向板。
5. 有哪些提高结构耐火性的有效措施？
6. 复习理论力学、材料力学和结构力学知识，并进行力学习题练习。

3 结构荷载与结构设计

3.1 荷载及其分类

结构是用来承担建筑物或构筑物在其使用期间来自环境内外各种作用的受力体系，在工程结构中，这些作用被称为结构的荷载。

荷载有多种形式，按不同的类别划分，会有不同的分类。如当荷载分布作用在结构的平面上时，这种荷载称为面荷载。如果荷载作用在一个狭长的面积上，则可简化为沿一直线分布的荷载，称为线荷载。单位长度或单位面积上分布的荷载大小称为荷载集度，其单位为牛顿/米（N/m），如果各作用点的荷载集度相同，则称为均匀分布荷载，简称均布荷载。

如果按荷载存在时间的状态划分，则荷载可分为恒载、活荷载和偶然荷载。恒载为相对固定不变的荷载，也称为永久荷载。在设计基准期内，其值不随时间变化或者其变化与其均值相比可忽略不计，如结构自重、土压力等。活荷载为可变化的荷载，在设计基准期内，其值随时间变化且其变化值与平均值相比不可忽略，如楼面活荷载、屋面活荷载、风荷载、雪荷载、吊车荷载等，因此，活荷载也称为可变荷载。偶然荷载是指在设计基准期内不一定出现，而一旦出现，其量值很大且持续时间很短的荷载，如爆炸力、撞击力等。

按结构的反应分类，荷载可分为静态荷载和动态荷载。静态荷载是对结构或结构构件不引起加速度或加速度可以忽略不计的荷载。动态荷载是对结构或结构构件引起的不可忽略的加速度的荷载，如吊车荷载、设备振动等。

在实际工程中，同一荷载按不同分类方法可归属不同类别，具体的分类方法可依据结构分析要求及作用的性质具体确定。

3.2 荷载的确定及其代表值

3.2.1 荷载的确定

1. 恒载

对建筑物或构筑物的恒载，其荷载的确定可根据构件的材料、尺寸和数量来确定。对结构自重，可按结构构件的设计尺寸与材料单位体积的自重计算确定。对沿构件自身自重变异较大的材料（如混凝土变截面构件），自重的标准值应根据对结构的不利状态，取上限值或下限值。普通常用材料和构件的质量可参考《建筑结构荷载规范》（GB 50009—2012）。

2. 楼面屋面活荷载

建筑物楼面活荷载是工程结构设计中一项非常重要的荷载。但由于实际楼面活荷载常随着时间及不同的使用类型发生很大的变化，因此，精确地确定楼面活荷载是非常困难的。如果已经知道建筑物的使用类型，就可以确定一个均值荷载。通过大量的统计分析，我国的《建筑结构荷载规范》（GB 50009—2012）规定了一般性的楼面活荷载，为工程结构设计提供了可参考的依据。一般性的楼面均布活荷载标准值见表3-1。

表 3-1　一般性的楼面均布活荷载标准值

项次	类别	标准值（kN/m²）	组合值系数 ψ_c	频遇值系数 ψ_f	准永久值系数 ψ_q
1	（1）住宅、宿舍、旅馆、办公楼、医院病房、托儿所、幼儿园 （2）教室、实验室、阅览室、会议室、医院门诊室	2.0	0.7	0.5 0.6	0.4 0.5
2	食堂、办公楼中的一般资料档案室	2.5	0.7	0.6	0.5
3	（1）礼堂、剧场、影院、有固定座位的看台 （2）公共洗衣房	3.0 3.0	0.7 0.7	0.5 0.6	0.3 0.5
4	（1）商店、展览厅、车站、港口、机场大厅及其旅客等候室 （2）无固定座位的看台	3.5 3.5	0.7 0.7	0.6 0.5	0.5 0.3
5	（1）健身房、演出舞台 （2）舞厅	4.0 4.0	0.7 0.7	0.5 0.6	0.5 0.3
6	（1）书库、档案室、储藏室 （2）密集柜书库	5.0 12.0	0.9	0.9	0.8
7	通风机房、电梯机房	7.0	0.9	0.9	0.8
8	汽车通道及停车库： （1）单向板楼盖（板跨不小于2m） 　客车 　消防车 （2）双向板楼盖和无梁楼盖（柱网尺寸不小于6m×6m） 　客车 　消防车	 4.0 35.0 2.5 20.0	 0.7 0.7 0.7 0.7	 0.7 0.7 0.7 0.7	 0.6 0.6 0.6 0.6
9	厨房： （1）一般的 （2）餐厅	 2.0 4.0	 0.7 0.7	 0.6 0.7	 0.5 0.7
10	浴室、厕所、盥洗室： （1）第1项中的民用建筑 （2）其他民用建筑	 2.0 2.5	 0.7 0.7	 0.5 0.6	 0.4 0.5
11	走廊、门厅、楼梯： （1）宿舍、旅馆、医院病房、托儿所、幼儿园、住宅 （2）办公楼、教室、餐厅、医院门诊部 （3）消防疏散楼梯、其他民用建筑	 2.0 2.5 3.5	 0.7 0.7 0.7	 0.5 0.6 0.5	 0.4 0.5 0.3
12	阳台： （1）一般情况 （2）当人群有可能密集时	 2.5 3.5	0.7	0.6	0.5

设计楼面梁、墙、柱及基础时，表3-1中活荷载标准值应按规定折减，具体折减系数可参阅表3-2。屋面均布活荷载按水平投影面计算，其标准值可参考表3-3采用。

表 3-2　活荷载标准值折减系数

墙、柱、基础计算截面以上的层数（层）	1	2~3	4~5	6~8	9~20	>20
计算截面以上各楼层活荷载总和的折减系数	1.00 (0.90)	0.85	0.70	0.65	0.60	0.55

表 3-3　屋面均布活荷载标准值

项次	类别	标准值 (kN/m²)	组合值系数 ψ_c	频遇值系数 ψ_f	准永久值系数 ψ_q
1	不上人的屋面	0.5	0.7	0.5	0.0
2	上人的屋面	2.0	0.7	0.5	0.4
3	屋顶花园	3.0	0.7	0.6	0.5
4	屋顶运动场地	3.0	0.7	0.6	0.4

3. 雪荷载

雪荷载与地区有关。根据气象资料统计，我国的《建筑结构荷载规范》（GB 50009—2012）是以 50 年一遇的最大雪况估算出当地的最大雪压作为基本雪压的，并给出全国雪压分布图以供设计使用。具体的计算方法、公式等参见《建筑结构荷载规范》（GB 50009—2012）。

4. 风荷载

风荷载是指风遇到建筑物或构筑物时在其表面产生的一种压力或吸力。当风作用在建筑物或构筑物上时，由于结构的体型、高度和宽度不同，会产生不同的值，因此，结构上的风力可根据自由气流的风力乘以一些系数而得到。具体的计算方法、公式等参见《建筑结构荷载规范》（GB 50009—2012）。

5. 吊车荷载

吊车荷载是指吊车自重、吊车的起重量和吊车运行中产生的制动力等所产生的荷载。吊车所产生的制动力荷载又有吊车纵向和横向水平荷载。当多台吊车工作时，须考虑多台吊车荷载组合所产生的最不利因素。

6. 施工和检修荷载

在工程施工或今后的检修过程中，结构构件不仅要承受一定的工程材料质量，而且要承受施工作业所产生的动荷载。为了避免结构构件由于施工因素而导致破坏，《建筑结构荷载规范》（GB 50009—2012）对施工或检修中可能产生的荷载取值进行了规定，主要规定有：设计屋面板、檩条、钢筋混凝土挑檐、悬挑雨篷和预制小梁时，施工或检修集中荷载标准值不应小于 1.0kN，并应在最不利位置处进行验算；对轻型构件或较宽的构件，应按实际情况验算，或应加垫板、支撑等临时设施；计算挑檐、悬挑雨篷的承载力时，应沿板宽每隔 1m 取一个集中荷载；在验算挑檐、悬挑雨篷的倾覆时，应沿板宽每隔 2.5~3.0m 取一个集中荷载。

7. 地震作用

地震释放的能量以地震波的形式传到地面，引起地面运动并导致建筑物或构筑物产生强迫振动，在振动过程中，作用于结构上的惯性力就是地震荷载。地震荷载不同于一般荷载所产生的作用，其数值大小不仅取决于地面运动的强弱程度，而且与结构本身的动力特性（如结构自振周期、阻尼等）有着密切的关系，因此，确定地震作用比确定一般荷载要复杂得多。

地震荷载所产生的力分为竖向地震力和水平地震力两种，在一般建筑结构的抗震设计中，仅考虑水平地震作用。只有在设计 8 度和 9 度地震区的大跨度结构、长悬臂结构、烟囱和类似的高耸结构时，才需考虑竖向地震作用。

3.2.2　荷载代表值

进行结构设计时，对荷载应赋予一个规定的量值，该量值即为荷载的代表值。《建筑结构荷载规范》（GB 50009—2012）规定，在进行结构设计时，对不同荷载应采用不同的代表值。对永久荷载，应采用标准值作为代表值；对可变荷载，应根据设计要求，采用标准值、组合值、频遇值或准永久值作为代表值；对偶然荷载，应按工程结构确定其代表值。

1. 永久荷载标准值

对结构自重，可按结构构件的设计尺寸与材料单位体积的自重计算来确定。对自重变异较大的材料和构件，可根据对结构的不利状态取上限值或下限值。

2. 可变荷载组合值

两种或两种以上可变荷载同时作用于结构上时，所有可变荷载同时达到其单独作用时的最大值概率极小，因此，除主导荷载（产生最大效应的荷载）仍可以其标准值为代表值外，其他伴随荷载均应以小于标准值的荷载值为代表值参与组合，此时的荷载组合值即为可变荷载组合值。

3. 可变荷载频遇值

可变荷载频遇值是指结构在其设计使用期间内可能超越设计荷载值的部分荷载值。这一荷载可作为结构极限设计的依据。

4. 可变荷载准永久值

可变荷载准永久值是指在设计基准期内超越的总时间约为设计基准期一半的荷载值，它对结构的影响类似于永久荷载。

3.2.3　荷载组合

在工程结构的使用过程中，可能出现各种各样的荷载，而且还可能存在多种荷载同时出现的不利情况。此类情况一旦出现，就可能使结构产生更大的内力，给结构带来更为不利的影响，因此，在工程结构的设计过程中，要对结构在其使用中可能遇到的最为不利的荷载进行组合，并据此进行结构分析和设计，以便确保工程结构在其使用中始终处于安全状态。

荷载组合是针对结构存在可变荷载而言的。当结构承受两个以上可变荷载时，就需要对结构所产生的荷载效应进行分析。对结构及其构件的设计一般分为正常使用极限状态设计和承载能力极限状态设计。在这两种设计中，应根据使用过程中在结构上可能同时出现的荷载，按承载能力极限状态和正常使用极限状态分别进行荷载效应组合，并应取各自的最不利的效应组合进行设计，设计选取以最能有效保障结构可靠性的荷载组合为设计依据。

1. 承载能力极限状态

对承载能力极限状态，应按荷载效应的基本组合或偶然组合进行荷载组合，并应采用下列设计表达式进行设计：

$$\gamma_0 S \leq R$$

式中　　γ_0——结构重要性系数；

S——荷载效应组合设计值；

R——结构构件抗力的设计值。

荷载效应是由荷载引起结构或结构构件的反应，如内力、变形和裂缝等。荷载效应组合设计值是荷载代表值与荷载分项系数的乘积。

对基本组合，可变荷载效应控制的荷载效应组合的设计值 S 应从下列组合值中选取最不利值。

$$S = \sum_{j=1}^{m} \gamma_{G_j} S_{G_{jk}} + \gamma_{Q_1} S_{Q_{1k}} + \sum_{i=2}^{n} \gamma_{Q_i} \psi_{c_i} S_{Q_{ik}}$$

式中　　γ_{G_j}——第 j 个永久荷载的分项系数；

$S_{G_{jk}}$——第 i 个按永久荷载标准值 G_{jk} 计算的荷载效应值；

$S_{Q_{1k}}$——可变荷载效应中起控制作用的荷载；

γ_{Q_i}——第 i 个可变荷载的分项系数；

ψ_{c_i}——可变荷载 Q_i 的组合值系数；

$S_{Q_{ik}}$——按可变荷载标准值 Q_{ik} 计算的荷载效应值。

基本组合的荷载分项系数应按《建筑结构荷载规范》（GB 50009—2012）的规定采用。

对偶然组合，荷载效应组合的设计值宜按下述规定来确定：

（1）偶然荷载的代表值不乘分项系数。

（2）与偶然荷载同时出现的其他荷载可根据观测资料和工程经验采用适当的代表值。

（3）各种情况下荷载效应的设计值公式，可参考《建筑结构荷载规范》（GB 50009—2012）的规定。

2. 正常使用极限状态

正常使用极限状态可以理解为结构或结构构件达到使用功能所允许的某个极限状态。例如，某些构件必须控制变形、裂缝才能满足使用要求。因为过大的变形会影响房屋正常使用，过宽的裂缝会影响结构的耐久性，过大的变形和裂缝会造成用户心理上的不安全感等。对正常使用极限状态，应根据不同的设计要求，采用荷载的标准组合、准永久组合或频遇组合，并应按下列设计表达式进行设计：

$$S \leq C$$

式中　　C——结构或结构构件达到正常使用要求的规定限值，例如变形、裂缝、振幅、加速度、应力等的限值，应按各有关结构设计规范的规定采用。

对标准组合，荷载效应组合的设计值 S 应为

$$S = \sum_{j=1}^{m} S_{G_{jk}} + S_{Q_{1k}} + \sum_{i=2}^{n} \psi_{c_i} S_{Q_{ik}}$$

准永久组合值是按正常使用极限状态长期效应组合设计时采用的荷载代表值。准永久值主要依据荷载出现的累积持续时间而定，主要用于长期效应是决定性因素的一些情况。对准永久组合，荷载效应组合的设计值 S 应为

$$S = \sum_{j=1}^{m} S_{G_{jk}} + \sum_{i=1}^{n} \psi_{c_i} S_{Q_{ik}}$$

频遇组合是指当结构极限状态被超越时将产生局部变形或移动，而较大变形或移动会给结构及其构件的正常使用带来不利影响。对频遇组合，荷载效应组合的设计值 S 应为

$$S = \sum_{j=1}^{m} S_{G_{jk}} + \psi_{f_1} S_{Q1k} + \sum_{i=2}^{n} \psi_{c_i} S_{Q_{ik}}$$

式中　ψ_{f_1}——可变荷载 Q_1 的频遇值系数；

　　　ψ_{c_i}——可变荷载 Q_i 的准永久值系数，系数应按规范规定采用。

混凝土结构的正常使用极限状态主要是验算构件的变形、抗裂度或裂缝宽度，使其不超过相应的规定限值。砌体结构的正常使用极限状态要求，一般情况下可由相应的构造措施保证。钢结构的正常使用极限状态要求通过构件的刚度验算来保证。

3.3　结构的传力路径

结构上承受多种荷载，结构构件通过正确的连接，组成了能承受并传递荷载的结构体系。合理的结构体系必须受力明确、传力直接、结构稳定、安全可靠。为了在结构设计中对结构构件进行正确的设计，就必须明确荷载在结构体系中的传递途径，以便正确分析各构件所承受的荷载。下面以钢筋混凝土单层工业厂房为例来讲解结构的传力路径，其他类型的结构传力途径可进行类似分析。

钢筋混凝土结构单层厂房是工程项目中应用最为普遍的一种工程结构形式，由于此种结构构件种类少，易于工业化生产和机械化施工，目前应用较多。因此，在工程结构的知识体系中，它是一种需要重点学习和掌握的工程结构专业知识。

钢筋混凝土单层厂房一般由屋盖结构、横向排架、纵向排架、基础结构四大部分组成，如图 3-1 所示。其中，横向柱列、屋架或屋面梁、柱基等构件组成横向承重体系，称为横向排架；纵向柱列、吊车梁、连系梁、柱间支撑、柱基等构件组成纵向承重体系，称

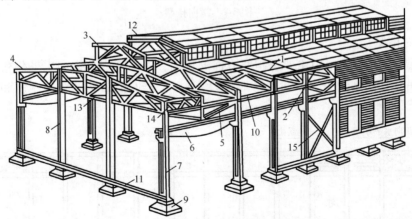

图 3-1　钢筋混凝土单层厂房结构组成

1—屋面板；2—天沟板；3—天窗架；4—屋架；5—托架；6—吊车梁；7—排架柱；
8—抗风柱；9—基础；10—连系梁；11—基础梁；12—天窗架垂直支撑；
13—屋架下弦横向支撑；14—屋架端部垂直支撑；15—柱间支撑

为纵向排架。

1. 屋盖结构

屋盖结构一般主要由屋面板、天窗架、屋架（或屋面梁）、托架等构件组成。屋盖的主要作用是承受屋面荷载、雪荷载、积灰荷载、自重等荷载，并将这些荷载传给排架柱。屋盖结构分为有檩体系和无檩体系两种。若屋面板直接支承（焊接）在屋架或屋面梁上称为无檩体系；若屋面板支承在檩条上，檩条又支承在屋架上，称为有檩体系。有檩体系适用于轻型屋盖的瓦材屋面。目前，无檩体系较为常用。

2. 横向排架

横向排架是主要承重结构，主要承受竖向荷载，其包括结构自重、屋面活荷载、竖向吊车荷载和横向水平荷载（如风荷载、吊车横向制动力、地震作用等），如图 3-2 所示。

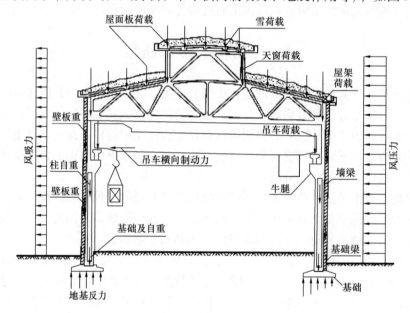

图 3-2　横向排架

3. 纵向排架

纵向排架在结构体系中主要承担两方面的作用，一是承受着纵向水平荷载（如纵向风荷载、吊车纵向制动力、纵向水平地震力等），二是保证结构的纵向刚度和稳定，如图 3-3 所示。

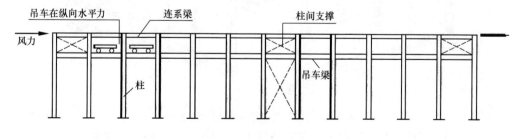

图 3-3　纵向排架

4. 排架柱

柱常用截面形式有矩形截面、I 形截面及双肢柱截面等。矩形柱外形简单，施工方便，但自重大，浪费材料，仅用于一般小型厂房或上柱，截面高度一般小于 500mm；I 形柱受力合理，节省材料，自重较轻，广泛用于各类中型厂房，截面高度为 600~1200mm。双肢柱较 I 形柱更节省材料，适用于重型厂房。

5. 吊车梁

吊车梁主要承受吊车荷载（包括竖向荷载、横向和纵向水平荷载），并通过柱子上的牛腿把它传给横向排架或纵向排架，同时起着连系纵向柱列的作用。

6. 支撑

在单层厂房结构中，支撑虽然不是最主要承重构件，却是联系各主要承重构件及构成整体厂房空间结构的重要组成部分。支撑构件常为钢制构件，其主要作用是加强结构的空间刚度和稳定性，使厂房形成空间骨架，并传递风荷载、吊车纵向水平荷载等。若支撑布置不当，不仅会影响厂房的正常使用，甚至可能会引起严重的事故，因此，必须重视支撑的结构布置。

支撑分为柱间支撑和屋盖支撑。柱间支撑按位置分为上柱柱间支撑和下柱柱间支撑。上柱柱间支撑的作用是抵抗山墙传来的风荷载，下柱柱间支撑的作用是承受上部支撑传来的力和吊车的纵向制动力。柱间支撑还起着增强厂房的纵向刚度和稳定性的作用。柱间支撑一般布置在厂房伸缩缝区段的中部，以减小温度应力，上柱柱间支撑可设置在厂房两端的第一柱间，以便直接传递山墙传来的荷载，如图 3-4 所示。柱间支撑一般采用钢结构。

屋盖支撑包括屋架上弦、下弦横向水平支撑、屋架纵向水平支撑、垂直支撑和水平系杆。天窗架支撑的作用是保证天窗架平面外的稳定性，以将天窗端壁的水平风荷载传递给屋架。天窗架支撑应尽可能与屋架上弦支撑布置在同一柱间，如图 3-5 所示。

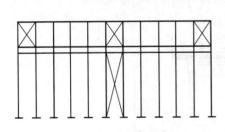

图 3-4　柱间支撑

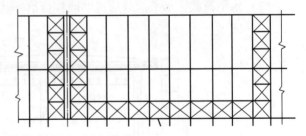

图 3-5　屋架支撑

7. 连系梁、基础梁和抗风柱

连系梁和基础梁一方面承受外墙的荷载，另一方面也使纵向排架形成一个稳定体系。

设置在山墙的抗风柱主要是将山墙上的风荷载传递给屋盖和基础。连系梁、基础梁和抗风柱多为钢筋混凝土构件。

8. 基础

单层厂房的基础承受排架及基础梁传来的荷载，并将这些荷载传给地基。基础常用柱下独立基础。这种基础分为阶形和锥形两种形式。由于其与预制柱的连接部分做成杯口，故也称为杯形基础。

通过上述分析可知，单层厂房所受的荷载及其传力路径如图 3-6 所示。

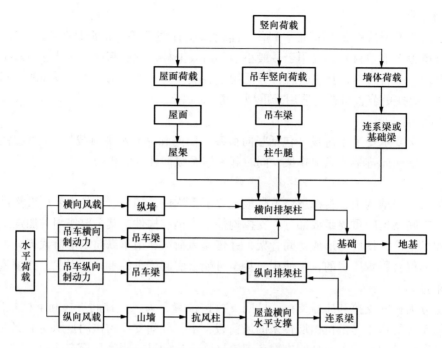

图 3-6 单层厂房所受荷载及其传力路径

按照同样的分析方法，根据一般砌体结构的结构组成（图 3-7）可以得知，一般砌体结构的传力路径分也分为两部分：

（1）竖向荷载：竖向荷载从板传给梁或墙体，梁传给柱，柱传给柱基础，墙传给墙基础，基础传给地基。

（2）水平荷载：水平荷载通过墙或柱传给柱基础或墙基础，基础传给地基。

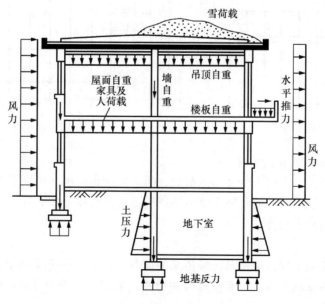

图 3-7 一般砌体结构所受荷载及其结构组成

3.4　结构设计

3.4.1　结构功能要求

结构设计的目的就是使所设计的工程结构在规定的设计使用年限内能完成预期的全部功能要求，这个功能要求主要包括四个方面：

（1）在正常施工和使用时，结构能承受可能出现的各种作用。

（2）在正常使用时具有良好的工作性能。

（3）在正常维护下具有足够的耐久性能。

（4）在设计规定的偶然事件发生时及发生后，仍能保持必要的整体稳定性。

为了满足工程结构的功能要求，在对结构进行设计时，首先应根据建筑物或构筑物的使用或生产需要、使用荷载、安全等级、抗震设防等要求来进行全面的分析和考虑，以确保结构在其设计使用年限内、在正常使用和维护条件下处于正常状态。在此基础上，设计的结构及其构件还要保证结构体系的整体稳定性、变形性能要求。同时，结构构件的用材也应合理，便于施工，并尽可能降低工程造价。结构的设计使用年限一般应按表 3-4 采用。结构安全等级见表 3-5。

表 3-4　结构的设计使用年限

类别	设计使用年限（年）	示　　例
1	5	临时性结构
2	25	易于替换的结构构件
3	50	普遍房屋和构筑物
4	100	纪念性建筑和特别重要的建筑结构

表 3-5　结构安全等级

安全等级	破坏后果	建筑物类型
一级	很严重	重要的房屋
二级	严重	一般的房屋
三级	不严重	次要的房屋

3.4.2　结构的极限状态

若整个结构或结构的一部分超过某一特定状态就不能满足设计规定的功能要求，则此特定状态称为结构的极限状态。结构极限状态分为两类，一是承载能力极限状态，二是正常使用极限状态。

1. 承载能力极限状态

承载能力极限状态是结构或结构构件达到最大承载能力或不适于继续承载的状态，超过这一状态，便不能满足结构安全性的功能。一般来讲，当结构或结构构件出现下列状态之一时，即认为超过了承载能力极限状态：

（1）结构构件或连接件因材料强度不够而破坏；

（2）整个结构或结构的一部分失去平衡；

（3）结构转变为机动体系；

（4）结构或结构构件丧失稳定。

由此可以看出，承载能力极限状态主要是与结构构件的变形相对应，它主要考虑结构的安全性。结构或结构构件一旦超过承载能力极限状态，将造成结构全部或部分破坏或倒塌，导致人员伤亡或重大经济损失，因此，在设计中对所有结构和构件都必须按承载力极限状态进行计算，并保证具有足够的可靠度。

2. 正常使用极限状态

正常使用极限状态对应于结构或结构构件达到正常使用或耐久性能的某项规定限值，超过这一状态便不能满足适用性或耐久性的功能。当结构或结构构件出现下列状态之一时，即认为超过了正常使用极限状态：

（1）影响正常使用的外观变形；

（2）影响正常使用或耐久性能的局部损坏；

（3）影响正常使用的振动；

（4）影响正常使用的其他特定状态。

在实际结构的使用中，有时尽管超过正常使用极限状态的后果没有超过承载能力极限状态那样严重，但也不可忽视。例如，过大的变形会造成房屋内粉刷层剥落、门窗变形、屋面积水等后果，水池和油罐等结构开裂引起的渗漏等。因此，在设计工程结构时，一般先按承载力极限状态设计结构构件，再按正常使用极限状态验算。正常使用极限状态设计对变形等规定的相应限值可参考各类材料结构设计规范。

3.4.3 结构受荷状态

当结构能满足功能要求时称结构可靠或有效，否则称结构不可靠或失效。根据结构极限状态的含义可知，区分结构工作状态可靠与失效的界限是结构是否处于结构安全性、适用性、耐久性三项功能中某一功能要求的临界状态，超过这一界限，结构或其构件就不能满足设计规定的要求而进入失效状态。

为了确保结构处于正常状态，应根据结构在施工和使用中的环境条件和影响因素，包括结构出现失效状态可能性的大小和时间的长短，区分下列3种受荷状态进行设计。

（1）持久受荷状态：即建筑物在其使用过程中处于正常受荷状态。

（2）短暂受荷状态：在结构施工和使用过程中出现特殊荷载的概率较大，但与设计使用年限相比持续期很短的受荷状态，如结构维修中承受的堆料荷载和施工荷载等。

（3）偶然受荷状态：在结构使用过程中出现概率很小且持续期很短的受荷状态，如结构受到火灾、爆炸、撞击、地震等作用的偶然状况。

针对这3种受荷状态，结构设计规范要求对持久受荷状态和短暂受荷状态进行正常使用极限状态设计。对偶然受荷状态，应按作用效应的偶然组合进行承载能力极限状态设计，使主要承载结构不致因出现设计规定的偶然事件而丧失承载能力，或者允许主要承重结构出现设计规定的局部破坏，但其剩余部分在一段时间内不发生连续倒塌。

有了上述3种设计状况的区分和设计要求，在进行结构设计时，就可根据不同的结构受荷状态，采用相应的结构体系，从而使结构设计既能满足各项建筑功能要求，又能获得较好的经济效益。

3.4.4 结构的可靠度

结构在规定的设计使用年限内应满足结构设计预定功能的要求，这个要求可以概述为结构或结构构件在规定的时间内（设计使用年限）和规定的条件下（正常设计、正常施工、正常使用、正常维护）完成预定功能的能力。从结构设计中，这个完成预定功能的能力被称为结构的可靠性。但在结构使用过程中，由于各种随机因素的影响，结构完成预定功能的能力不易被事先准确确定，因而常用概率来描述。为此，《建筑结构荷载规范》（GB 50009—2012）就在结构设计中引入了结构可靠度的概念，即结构在规定时间内和规定条件下完成预定功能的概率。

在结构设计中，结构的可靠度是结构可靠性的概率度量，即对结构可靠性的定量描述。不能满足预定功能要求的概率，称为失效概率。据此，我国以结构失效概率定义了结构的可靠度。同时，在可靠度理论中还指出，结构的安全可靠程度主要取决于荷载在结构上所产生的效应 R 与结构材料及其组成体系所形成的抵抗力 S 之间的关系。一般来讲，结构的荷载效应与结构抵抗力之间存在三种关系：

当 $R < S$ 时，结构抗力大于荷载效应，结构安全。

当 $R = S$ 时，结构抗力等于荷载效应，结构处于极限状态。

当 $R > S$ 时，结构抗力小于荷载效应，结构失效。

但在实际工程中，结构失效并不意味着结构一定要倒塌，结构中结构构件未能达到预定的使用功能如过大的变形、较宽的裂缝、局部破坏等，也会给结构的正常使用带来危害，因此，我国的《建筑结构可靠性设计统一标准》（GB 50068—2018）规定，为保证结构具有规定的可靠度，除应进行必要的设计计算外，还应对结构材料性能、施工质量、使用与维护进行相应的管理与控制，并且规定，结构的可靠度是以概率理论为基础进行的设计，是以承认结构失效或破坏的可能性为前提的，它以与结构失效概率相对应的可靠指标来度量结构可靠度，以构件的极限状态进行设计，这种设计理念能较好地反映结构可靠度的实质，使设计概念更为科学。根据对现有结构构件的可靠度分析，并考虑使用经验和经济等因素，我国的《建筑结构荷载规范》（GB 50009—2012）对结构构件的承载能力极限状态可靠指标做出了统一的规定，见表3-6。

表 3-6　结构构件的承载能力极限状态可靠指标

破坏类型	安全等级		
	一级	二级	三级
延性破坏	3.7	3.2	2.7
脆性破坏	4.2	3.7	3.2

应当说明，结构构件承载能力极限状态设计时采用的可靠指标，是根据建筑物或构筑物的安全等级和结构构件的破坏类型而定的。在结构构件的破坏类型选取中，有明显破坏预兆者选延性破坏，无明显预兆者选脆性破坏。

尚需说明，表3-6中规定的结构构件承载能力极限状态的可靠指标是指在结构构件承载能力极限状态设计时，允许达到的最小的可靠指标，亦即各类材料结构设计规范应采用的最低值。为达到最低值这一要求，有关荷载效应部分包括荷载的取值、各项荷载分项系数的确定及荷载组合原则等，统一由《建筑结构荷载规范》（GB 50009—2012）提供。结构抗力部分包括材料性能、抗力分项系数、变形、裂缝允许值等，由相关各类材料结构设计规范确定，但总的结构设计可靠指标不应小于规范的规定值。

同时，结构构件正常使用极限状态的可靠指标，一般应根据结构构件作用效应的可逆程度选取。可逆程度较高的结构构件取较低值，可逆程度较低的结构构件取较高值。可逆状态是指产生超越的作用被移掉后，构件不再保持超越状态的一种极限状态。不可逆状态是指产生超越的作用被移掉后，仍将永久保持超越状态的一种极限状态。

结构可靠度与结构使用年限长短有关，建筑结构可靠度设计统一标准以结构的设计使用年限为计算结构可靠度的时间基准。当结构的使用年限超过设计使用年限后，并不意味着结构就要报废，但其可靠度将逐渐降低。

3.5　结构设计简化

在工程结构设计时，为了对结构进行科学的分析和计算，就需要确定结构计算简图。确定结构计算简图不仅可以大大减少计算工作量，而且有利于设计人员科学地把握结构的受力特性。但在确定结构计算简图时，需要对实际结构进行简化假定。简化过程一般应尽可能反映结构的实际受力特性，且偏于安全和简单。

为了得到接近结构实际受力状况的计算简图，在确定结构计算简图过程中，一般需要先对影响和约束结构的各个因素进行系统分析，以获知主要因素，并在满足工程精度的前提下，忽略一些次要因素，从而得到比较简单的计算模型。若有一些影响较大而又难以在模型中考虑的因素，应通过其他措施加以弥补，以便使结构的可靠度不低于目标可靠度。

3.5.1　基本构件的简化

结构构件通常是支撑在其他构件上或搁置在地基上的。由于构件相互间的连接方式或搁置方式不一样，各构件的截面与外形差异也很大，那么，不同的构件就会受到不同的约束，也会有不同的受力状态。因此，在结构简化时，要对结构组成构件进行科学正确的简化分析，它包括支座的简化、节点的简化和构件的简化。

1. 支座的简化

结构构件一般都安置在结构的支座上，不同的支座将对结构构件产生不同的影响力，因此，支座的简化结果直接关系到结构的计算结果。但是，无论结构构件的支座怎样简化，其简化后的结果必须与支座的实际受力特点和变形特点相符合，否则简化结果就不正确。根据支座的实际情况，简化后的支座一般有固定支座、铰支座、辊轴支座和弹性支座四种。

如图3-8（a）所示，固定支座是指能约束构件自由转动和移动，并能承受弯矩、水平力及垂直力作用的支座，如整体浇筑的柱与基础就属于此类。

如图3-8（b）所示，铰支座是指不能约束杆件端部的自由转动但能约束杆件移动的支座。如柱插入杯形基础而未固定，预制柱柱端可有微小转动，则可简化为铰支座。

如图3-8（c）所示，辊轴支座是指不能约束杆件端部自由转动和水平移动但能约束杆件上下移动，只承受垂直力作用的支座。如两端支承在砖墙上的梁，其一端可视力辊轴支座，另一端可视为铰支座。

弹性支座的实际构造介于辊轴支座和固定支座之间。当受到轴心力时，支座可上下微动，当受到弯矩作用时，支座可发生微小的转角。弹性支座所提供的反力与结构支承端相应的位移成正比。由于弹性支座计算较为复杂，因而，只有在复杂的或特别重要的结构中才考虑其对内力的影响。

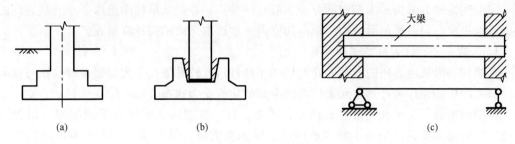

图 3-8　支座的简化

（a）固定支座；（b）铰支座；（c）辊轴支座

2. 节点的简化

结构中两个或两个以上的杆件共同连接处称为节点。节点的实际构造方式有很多，但在计算简图中常把节点简化为铰节点 ［图 3-9 （a）］ 和刚节点 ［图 3-9 （b）］ 两种。

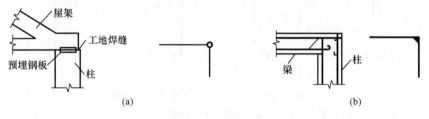

图 3-9　节点的简化

（a）铰节点；（b）刚节点

铰节点的特征是连接于节点的各杆件均可绕铰节点自由转动，但不允许产生移动，如屋架支承在钢筋混凝土柱顶上时，一般需用垫板焊接，此节点只能约束屋架滑移，但不能完全约束屋架的自由转动。

刚节点的特征是在节点处各杆之间的夹角保持不变，节点不仅可以承担弯矩，而且可承担剪力，如现浇钢筋混凝土框架的梁与柱节点即为刚节点。

3. 构件的简化

由于杆件的截面尺寸通常比杆件的长度要小得多，而杆件截面上的应力主要是根据截面的内力来确定，因此，在计算简图中，杆件在长度方向的变化常忽略不计，仅用其轴线表示杆件。杆件的长度为杆件节点间的距离，荷载对杆件的作用也移到杆件的轴线上。如图 3-10 所示，一

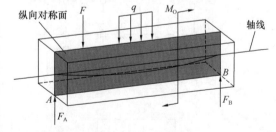

图 3-10　构件的简化

根简支梁的荷载作用在梁的纵向平面内，梁轴线在荷载作用下由直线变为曲线。

3.5.2　结构体系的简化

结构构件经组合后成为空间结构，但在进行结构计算时，一般都要将其简化为平面结构。在此基础上，还需要结合结构的受力特点、变形情况和结构组成，将平面结构再简化为基本部分和附属部分，根据荷载传递途径分为主要途径和次要途径，根据结构变形情况

分为主要变形和次要变形，据此分别进行结构受力分析。

将空间结构分解为平面结构的方法一般有两种，一种是从结构中选取一个有代表性的平面计算单元，另一种是沿结构的纵向和横向分别选取平面结构计算单元。

1. 选取一个有代表性的平面计算单元

当结构物沿长度方向的横截面几何尺寸相同且长度较其他尺寸大得很多时，则可截取单位长度的横截面作为计算单元来代表整个结构物的受力状态。如单层厂房是一个空间结构，在横向平面内柱子和屋架组成排架，屋架、柱、基础组成的横向平面排架（沿跨度方向排列的排架）是厂房的主要承重体系。屋面板支撑、吊车梁、连系梁等纵向构件将各横向平面排架联结，构成整体空间结构。为此，可从柱距中线间取一单元，按平面排架进行计算。其计算简图如图 3-11 所示。

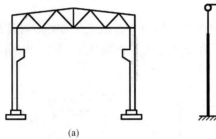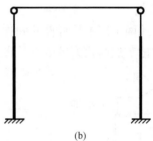

图 3-11　单层厂房结构示意图和计算简图

（a）示意图；（b）计算简图

2. 沿结构的纵向和横向分别选取平面结构计算单元

有些结构具有很大的空间刚度，如多层多跨的钢筋混凝土框架结构房屋，它们所有的梁柱组成了一个空间刚架，结构的横向刚度较小，而纵向刚度较大 ［图 3-12（a）］。若忽略空间作用，可先从有代表性的框架横向荷载单元选取横向框架为主框架进行计算 ［图 3-12（b）］，然后将纵向按多跨连续梁考虑 ［图 3-12（c）］，不形成框架结构。在进行地震作用下的框架内力分析时，则沿纵向和横向分别按平面框架结构进行计算。

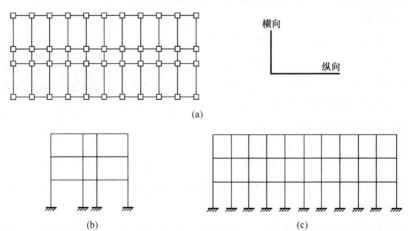

图 3-12　多层多跨钢筋混凝土框架结构计算简图

（a）空间刚架；（b）主框架；（c）多跨连续梁

3.5.3　计算单元的简化

在工程实际中，某些结构只作用部分荷载，在此情况下，当荷载只作用在基本部分时，可单独取其基本部分进行计算，附属部分的内力为零。但当荷载只作用在附属部分时，可将基本部分视为支承，先取附属部分计算其支座反力和内力，然后把有关的支座反力反向加在基本部分上作为荷载计算基本部分的内力。如一单层厂房排架，其左边为主跨，右边为附跨。如果主跨排架柱的截面尺寸比附跨的截面尺寸大得多，可以按基本部分和附属部分分开进行内力计算。先计算附跨，把主跨看作附跨的刚性支撑，支点视为铰支座，如图 3-13 所示。

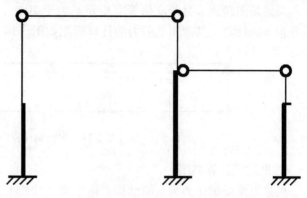

图 3-13　单层厂房排架主、附跨计算简图

3.5.4　常见结构的设计简图

1. 排架结构计算简图

排架结构是工程结构中最常用的一种结构类型，多用于钢筋混凝土单层厂房、屋架与柱铰接，柱下端则嵌固于基础。作用在排架结构上的荷载主要有竖向荷载和水平荷载。竖向荷载除结构自重及屋面活载外，还有吊车的竖向作用。水平荷载包括风荷载、水平地震力和吊车对排架的水平刹车力。在结构设计中，厂房排架柱的上下两段有不同的截面尺寸，截面形心不在一条直线上，因此，计算简图用一条上细下粗的直线来表示排架柱。内力分析中以实体横梁代替屋架，简图中以直线表示，屋架各杆内力可按简支桁架计算，与柱的节点铰接，基础为固定支座，柱高为基础顶到屋架下弦的距离。排架柱须按偏心受压构件进行配筋计算。基础则根据上部荷载进行计算。排架结构的屋面构件及吊车梁、柱间支撑等都可据标准图集选择确定。

2. 刚架结构计算简图

刚架是一种梁柱合一的结构构件，一般刚架的横梁和立柱整体浇筑在一起，柱与基础浇筑在一起，交接处形成刚节点，节点处需要较大截面，因而刚架一般做成矩形变截面。在计算时，根据建筑尺寸，将结构划分为若干个独立的横向单元，每个单元承担各自的横向荷载和纵向荷载。

3. 肋梁楼盖计算简图

现浇肋梁楼盖是最常用的楼盖之一。肋梁楼盖一般由板、次梁和主梁三种构件组成。当楼盖中的板为单向板时则称为单向板肋梁楼盖，当板为双向板时则称为双向板肋梁楼盖。单向板肋梁楼盖荷载的传递路线：板—次梁—主梁—柱（或墙）—基础—地基。双向板肋梁楼盖荷载的传递路线：板—梁—柱（或墙）—基础—地基。

与楼盖的主梁相比，由于楼板刚度较小，次梁刚度又比主梁小，故可把楼板看作是支撑在次梁上的附属部分，次梁是支撑在主梁上的附属部分。对板来说，由于次梁的抗弯刚度比楼板大得多，故可视为楼板的不动铰支点，楼板计算可简化为多跨连续梁。

在分析次梁时，由于次梁的抗弯刚度比主梁小得多，故可视主梁为次梁的不动铰支点，次梁可视为以主梁为铰支座的连续梁，其荷载为楼板传来的荷载和次梁自重。

当主梁和柱整体浇筑时，可按框架计算。如果柱的转动刚度比主梁小得多，则可作为主梁的铰支座，主梁为简支在柱上的连续梁。

当梁是多跨连续且跨度相等或相差不大于10%、所受荷载均匀时，允许按塑性内力重分布方法计算，其弯矩及剪力的计算简图如图3-14所示。

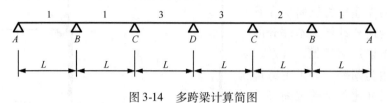

图3-14　多跨梁计算简图

4. 拱结构计算简图

拱是以承受轴压力为主的结构。由于拱各截面上的内力大致相等，因而拱结构是一种有效的大跨度结构。拱可分为三铰、双铰或无铰等几种形式，其轴线常采用抛物线形状，拱截面一般为矩形截面。当截面高度较大时，也可做成格构式或变截面。为了消除拱支座的水平推力，可采取拉杆直接承担。其计算简图如图3-15所示。

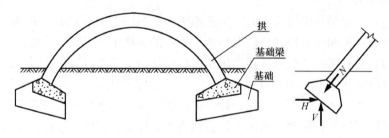

图3-15　拱结构计算简图
（a）示意图；（b）计算简图

5. 圆柱形薄壳计算简图

圆柱形薄壳的曲面呈单曲外形，故也称为筒壳。因其几何形状简单，模板制作容易，施工简单，故广泛用于工程结构中。

圆柱形薄壳由壳板、边梁和横隔构件三部分组成［图3-16（a）］。边梁可理解为壳体的边框，所以，两边梁之间的距离为壳体的波长，而横隔则可理解为壳板和边梁的支承构件，故两横隔构件之间的距离为跨度。

薄壳承受荷载后，壳体中将产生轴向压力。在一般情况下，只需计算薄膜轴向压力，弯曲内力可以忽略不计。但在壳体中实现薄膜内力状态需要满足一定的条件，其条件是壳体的厚度是逐渐变比的，荷载是连续分布的，壳体的支座只在支座的切线方向阻止位移并产生反力。在这一条件下，薄壳即可按图3-16（b）计算内力。

6. 平板网架计算简图

平板网架是由复杂的杆件系统组成的超静定次数很高的空间结构，其内力传递与双向板楼盖的网格梁非常相似，只不过它是以桁架代替了梁。在节点荷载作用下，桁架杆件主要承受轴力，上弦受压，下弦受拉，腹杆抵抗剪力。对平板网架进行结构分析时，一般先把空间的网架简化为相应交叉梁系，然后进行挠度、弯矩和剪力的计算，从而求出桁架杆

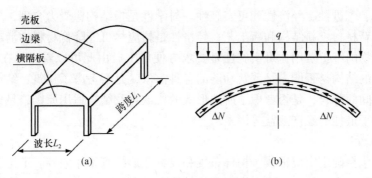

图 3-16　圆柱形薄壳计算简图

（a）组式；（b）计算简图

件的内力。其基本假定是网架中双向交叉的桁架分别用各自刚度相当的梁来代替桁架的上下弦共同承担弯矩，腹杆承担剪力。同时可认为两个方向的桁架在交点处位移相等并且仅考虑竖向位移。这样，便可把一个空间工作的网架简化为静定的平面桁架来计算其弯矩、剪力和挠度，从而求出各杆件的内力。平板网架的计算简图如图 3-17 所示。

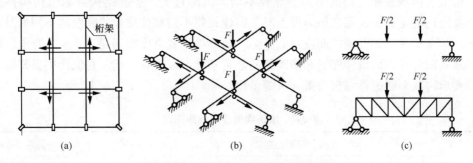

图 3-17　平板网架的示意图和计算简图

（a）示意图；（b）计算简图（1）；（c）计算简图（2）

3.6　结构设计步骤

结构设计是工程设计中非常重要的一个内容，是实现工程设计目的的前提和基础。总体上讲，结构设计初始，设计者一般先要结合建筑设计要求确定结构设计方案，并进行结构选型，确定与建筑设计相应的结构形式。然后，在结合工程实际的基础上，通过结构简化和荷载分析，进行结构构件计算。同时，依据有关设计规范要求，进行构件连接设计，完成结构的整体组合和构建，并绘制出施工图。由此可知，结构设计一般分为结构方案设计、结构分析、构件设计、施工图绘制四个过程。

3.6.1　结构方案设计

结构方案设计包括结构选型、结构布置和结构截面尺寸估计。

1. 结构选型

结构选型包括上部结构选型和基础选型，主要依据建筑物的功能要求、场地土的工程地质条件、现场施工条件、工期要求和当地的环境等要求来综合确定结构方案。方案选择应体现科学性、先进性、经济性和可实施性。科学性是指结构应受力合理，先进性是指应采用新技术、新材料、新结构和新工艺；经济性是指应尽可能降低材料的消耗量和劳动力使用量及建筑物的维护费用；可实施性是要求方便施工。由此可以看出，在结构选型中，要考虑所选取的结构是否能满足建筑功能的各种需求，是否考虑了建筑、结构、施工、设备等各专业之间的配合，是否考虑了所选形式的优缺点及结构适用原则，是否便于组织施工，是否达到了最佳的经济效益等因素。

2. 结构布置

结构布置包括确定定位轴线、构件布置和设置变形缝等工作内容。定位轴线用来确定所有结构构件的水平位置，一般有横向定位轴线和纵向定位轴线，当平面形状复杂时，还可采用斜向定位轴线。构件布置是确定构件的位置，平面位置通过与定位轴线的关系来确定，竖向位置用标高来确定。

设置的变形缝包括伸缩缝、沉降缝和防震缝。设置伸缩缝是为了避免因建筑物长度和宽度过大，当温度变化时导致结构内部产生很大的温度应力而对结构和非结构构件造成损坏。建筑物伸缩缝的最大间距见表3-7。设置沉降缝是为了避免因建筑物不同部位的结构类型、层数、荷载或地质情况不同而导致不均匀沉降过大，引起结构或非结构构件的损坏。设置防震缝是为了避免在地震发生时，因建筑物不同部位质量或刚度的不同而具有不同的振动频率所导致相互碰撞而设置的缝隙。防震缝设置宽度应满足表3-8的要求。沉降缝必须从基础分开，而设伸缩缝和防震缝的建筑基础可以连在一起。在设计中最好综合各方面的要求将变形缝进行综合设置，一缝多用。

表 3-7 建筑物伸缩缝间距规定

结构类型				间距（mm）
混凝土结构	排架	装配式	室内	100
			露天	70
	框架或框架-剪力墙	装配式	室内	100
			露天	75
		现浇式	露天	35
			室内 外墙装配	65
			外墙现浇	55
	剪力墙		外墙装配	65
			外墙现浇	45
砌体结构	整体式或装配整体式混凝土屋盖		屋面有保温、隔热层	50
			屋面无保温、隔热层	40
	装配式无檩体系混凝土屋盖		屋面有保温、隔热层	60
			屋面无保温、隔热层	50
	装配式有檩体系混凝土屋盖		屋面有保温、隔热层	75
			屋面无保温、隔热层	60
	黏土瓦或石棉水泥瓦屋盖、木屋盖、石屋盖			100

表 3-8　防震缝设置宽度

结构类型	设防烈度			
	6 度	7 度	8 度	9 度
框架	$4H+10$	$5H-5$	$7H-35$	$10H-80$
框架-剪力墙	$3.5H+9$	$4.2H-4$	$6H-30$	$8.5H-68$
剪力墙	$2.8H+7$	$3.5H-3$	$5H-25$	$7H-55$

注：表中 H 为相邻结构单元中较低单元的房屋高度，以 m 计，H 至少取 15m。

3. 结构截面尺寸估算

为了进行结构分析，结构布置完成后一般需要结合经验初步估算构件的截面尺寸。构件截面尺寸一般先根据变形条件和稳定条件，利用经验公式确定，截面设计发现不满足要求时再进行调整。水平构件可根据高度的限值和整体稳定条件得到截面高度与跨度的近似关系。竖向构件的截面尺寸可根据结构的水平侧移限制条件来估算。在抗震设防区，混凝土构件还应满足轴压比的限值。

此外，对一些特殊的构件，如水池壁板、大跨度梁、超高度柱等，还需要结合设计规范所规定的若干构造要求来确定结构截面尺寸。特别是一些荷载较大的梁板柱构件，如果内部钢筋较为密集，还需考虑施工因素对构件尺寸的特殊要求。

3.6.2　结构分析

结构分析是计算结构在各种作用下的效应，是结构设计的重要内容，结构分析的正确与否直接关系到所设计的结构能否满足安全性、适用性和耐久性等要求。结构分析的核心问题是确定结构计算简图和采用的计算方法。

1. 确定结构计算简图

确定结构计算简图时，需要结合实际结构的受力状况进行简化假定，简化结果要有效反映结构实际受力特性，简图确定的方法详见结构简图分析。

2. 计算方法

目前，结构分析所采用的计算理论可以分为弹性分析、塑性分析和非线性分析。

弹性分析最为成熟，是结构分析中普遍使用的一种计算理论，适用于常用结构的承载能力极限状态结构分析。弹性分析假定材料和构件均是线弹性的，作用效应与作用力成正比，这个假设为结构分析带来极大的便利。

塑性分析可以考虑材料的塑性性能，因而更符合结构在极限状态的受力状况。目前，使用塑性理论的实用分析方法主要有塑性内力重分布和塑性极限分析方法。如塑性内力重分布可用于连续梁或连续板的弯矩调幅，塑性极限分析方法可用于双向板的塑性分析。

非线性分析包括材料非线性分析和几何非线性分析。材料非线性分析是指材料、截面或构件的非线性本构关系分析，如应力-应变关系分析、弯矩-曲率关系分析、荷载-位移关系分析等。几何非线性分析是指由于结构变形对其内力的二阶效应使荷载效应与荷载之间呈现出的非线性特性分析，如在大型复杂结构计算中，地震、温度或收缩变形等作用下，由于结构侧移引起的附加内力分析就属于此类分析内容。

目前，结构及其构件的计算可以通过计算机程序完成，一些程序还可以自动生成施工图。但作为一个未来从事工程项目管理的人员来讲，了解和掌握结构计算原理及其方法也是非常必要的。结构分析的结果必须符合下列要求：

（1）满足力学平衡条件。

（2）满足构件变形协调条件。

（3）满足节点和边界的约束条件。

3.6.3 构件设计

构件设计包括截面设计和节点设计两个部分。设计的依据一部分是根据结构计算结果来确定，另一部分是根据设计规范的构造规定来确定。对于构件的设计，一般应遵循以下步骤：

（1）确定构件的结构计算简图。

（2）确定结构所受到的荷载并对荷载进行计算。

（3）计算构件所受到的内力。

（4）根据内力计算结果初步确定构件的截面形状和尺寸。

（5）根据内力计算结果和构件截面进行内力分配。

对钢结构，主要进行构件的应力计算。对钢筋混凝土，主要进行构件的配筋计算、裂缝宽度验算和抗裂验算。对砌体结构，主要进行构件的承载力验算。满足设计规范所规定的强度、刚度和稳定性等要求。

（6）经过验算满足功能要求的结构，还要考虑构件与构件之间联结的构造要求。构造是对计算的补充和完善，与结构计算同等重要。其目的是避免结构计算中存在不足之处。与此同时，在结构设计最终确定时，还要考虑设计是否满足施工要求。

3.6.4 施工图绘制

设计的最后一个阶段是绘制施工图。施工图是工程师表达工程结构的语言，设计意图是通过图纸来表达的，也只有在明确设计意图的前提下才能指导工程施工及其相关工作。

施工图的设计一般包括结构设计总说明、结构平面布置图、结构构件布置图、结构构件大样图、结构构件剖面图、结构构件钢筋表、构件明细表、构件节点大样、构件在施工中的特殊要求等。有些特殊异样的构件还需要配置相应的构件放样图。对一般性要求，可以在结构设计总说明中用文字予以阐述，对特殊的标记和自身确定的特殊符号，应在相应的设计图中给予专门的说明和必要的现场指导。

3.7 结构设计优化

从概率极限状态设计概念出发，满足建筑设计使用功能要求的结构设计方案具有很多种，通常情况下，设计者根据设计要求及经验，先选定一种承重结构体系及结构构件的截面几何尺寸，然后依据有关规范设计要求进行验算。若在验算过程中出现不满足规范要求的情况，则再调整原设计参数，重新进行验算，直至满足规范要求为止。因此，目前的结构设计实际上还是一种被动的验算性质的设计。在绝大多数情况下，实施的结构方案无论是在结构受力方面还是在经济效益方面都不是最优方案，为此，有必要对设计的结构方案进行优化。

结构优化设计就是在明确设计目标的前提下，使结构体系受力最合理，并且在设计基准期内经济效益最好。据此，在结构设计中，结构优化设计的目标应该是在设计使用期内结构的可靠性指标最为合理，未来使用期可能消耗的维修管理费用最低。从理论上讲，当结构设计可靠指标值较大时，结构建造所耗费的费用就会增加，但后期的结构维修管理费用则会相应减少；反之，当结构设计可靠指标值较小时，结构建造所耗费的费用虽会降低一些，但后期维修、管理费用可能加大。因此，结构优化设计就是要在设计可靠指标与总损失期望值之间要取得一个平衡，这个平衡的关系若用数学公式表述，则为 $\min W(X) = C(X) + E(X)$，且 $\beta(X) \geq \beta_D$。式中，X 为设计基本变量，$W(X)$ 为结构优化函数，$C(X)$ 为结构造价和今后的维修费用，$E(X)$ 为结构使用期内总损失期望值，$\beta(X)$ 为结构设计选取的可靠指标，β_D 为设计可靠指标的下限值。$E(X)$ 是一个随机变量，是指结构在今后使用期间可能由于特殊情况而发生的不可使用所付出的代价。

由上式可以看出，结构优化设计中的关键在于结构体系可靠指标的选取。但考虑到结构体系在多工况作用下受力状态的客观存在，由此导致结构体系可靠指标的选取与确定就非常复杂和不易。为了解决这一问题，从工程实际出发，就将上式所表述的数学模型进一步简化，使结构最佳设计可靠指标与总损失费用期望值之间的平衡问题简化为在可接受的损失费用期望前提下求最低造价，或在允许固定投资前提下选用使损失期望值最小的结构设计参数。这样，上式所表述的数学模型就转变为求设计基本变量 X 的两种组合：

$$\begin{cases} C(X) \to \min \\ E(X) = E_d(X) \end{cases} \qquad \begin{cases} E(X) \to \min \\ C(X) = C_d(X) \end{cases}$$

式中　$E_d(X)$ ——可接受的最大损失期望值；

　　　　$C_d(X)$ ——允许最大投资。

依照这一思想，即可指导工程结构优化设计。

本章应掌握的主要知识

1. 全面了解和掌握结构荷载的类型。
2. 确定结构荷载的方法。
3. 了解和掌握结构荷载组合的方法。
4. 熟练掌握结构的简化方法并能绘制出结构计算简图。
5. 熟记结构设计步骤及其内容。
6. 阅读结构荷载规范，熟记常用结构的荷载参数。

本章习题

1. 阅读结构荷载规范，了解和掌握结构荷载的确定方法。
2. 以某一建筑物或构筑物为例，试分析其结构荷载并计算出具体的数值。
3. 以某一两跨单层厂房（每跨一台吊车）为例，试对其结构荷载进行组合分析。
4. 对常见的框架结构、砖混结构和排架结构进行结构简化分析并画出其计算简图。
5. 结合实例，了解不同构件的支座并对其进行相应的受力分析和简化分析。
6. 以某一建筑图为例，对其进行结构布置并进行结构荷载分析。

4 砌体结构

近些年，尽管钢结构和钢筋混凝土结构在工程中所占比率逐年扩大，但以砌体结构为主的中小型工程仍是主流。与混凝土、钢材等材料相比，由于砌体材料易于获取，价格低廉，施工工艺相对简单，且砌体结构耐火性和保温隔热性能较好，因而在工程中的应用仍然较为广泛。

4.1 砌体材料的种类

4.1.1 砌块的种类

砌体是砖砌体、石砌体和砌块砌体的统称，砌体结构所用的砌块有较多种类，如普通实心砖、烧结多孔砖、蒸压灰砂砖、蒸压粉煤灰砖等，通常根据不同的施工地区和环境及结构所需来确定。

1. 普通实心砖

普通实心砖是指以黏土、煤矸石或粉煤灰为主要原料，经过焙烧而成的实心砌块，因其抗压强度较高、耐久性和保温隔热性能较好、砌筑方法简单而得到广泛应用。我国生产的实心砖规格为 240mm×115mm×53mm，普通砖的强度等级有 MU30、MU25、MU20、MU15 和 MU10 五个等级。每 1m³ 砌体的标准砖块数为 512 块。

为了保护土地资源，利用工业废料和改善环境，我国已禁止使用黏土实心砖，推广和采用非黏土原材料制成的砖材已成为墙体材料的主流。

2. 烧结多孔砖

烧结多孔砖简称多孔砖，是以黏土、煤矸石或粉煤灰为主要原料，经过焙烧而成的多孔砌块，其孔洞率一般不大于 35%，其强度等级划分为 MU30、MU25、MU20、MU15 和 MU10 五个等级。空心砖主要有 3 种规格，即 KP1 型、KP2 型、KM1 型。KP1 型规格尺寸为 240mm×115mm×90mm，配砖尺寸为 240mm×115mm×115mm。KP2 型规格尺寸为 240mm×180mm×115mm，配砖尺寸为 180mm×115mm×115mm。KM1 型规格尺寸为 190mm×190mm×90mm，配砖尺寸为 190mm×90mm×90mm，如图 4-1 所示。

烧结多孔砖与实心砖相比，具有自重较轻、保温隔热性能好、砌筑方便等特点。但因其多孔而吸水性较强，当作为外墙时须进行封面处理。

3. 蒸压灰砂砖

蒸压灰砂砖是以石灰和砂为主要原料，经坯料制备、压制成型、蒸压养护而成的实心砖。其规格尺寸与普通实心砖相同。烧结灰砂砖的强度等级有 MU25、MU20、MU15 和 MU10 四个。灰砂砖不能用于长期超过 200℃、受急冷急热或有酸性介质侵蚀的部位。MU25、MU20、MU15 的灰砂砖可用于建筑基础及其各部位，MU10 仅用于防潮层以上。

4. 蒸压粉煤灰砖

蒸压粉煤灰砖简称粉煤灰砖，是以粉煤灰、石灰为主要原料，掺入适量石膏和骨料，

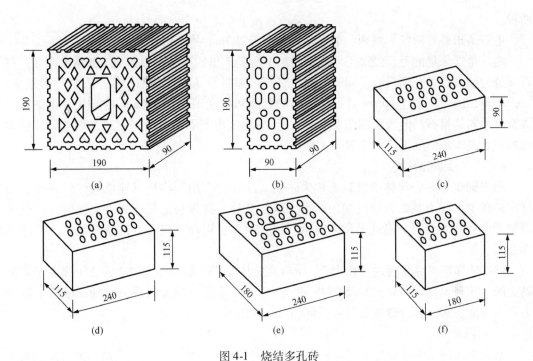

图 4-1 烧结多孔砖

（a）KM1 型砖；（b）KM1 型配砖；（c）KP1 型砖；（d）KP1 型配砖；（e）KP2 型砖；（f）KP2 型配砖

经坯料制备、压制成型、高压蒸汽养护而成的实心砖，简称粉煤灰砖。其规格尺寸与普通实心砖相同，有 MU25、MU20 和 MU15 三个强度等级，粉煤灰砖的使用要求与灰砂砖相同。

5. 混凝土小型砌块

混凝土小型砌块是由普通混凝土或轻骨料混凝土制成的，主规格尺寸为 390mm × 190mm × 190mm，空心率在 25% ~ 50%，如图 4-2 所示。砌块的强度等级有 MU20、MU15、MU10、MU7.5 和 MU5 五个等级。此类砌块多用于框架结构的填充墙或砌体结构的非承重墙。

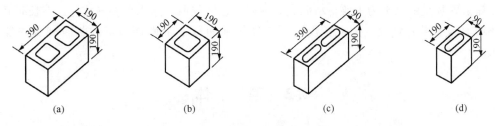

图 4-2 混凝土小型砌块

6. 石材

石材抗压强度高，抗冻性、抗水性及耐久性均较好，通常用于建筑物基础、挡土墙等，也可用于建筑物和构筑物的墙体。石材的强度等级共分七级：MU100、MU80、MU60、MU50、MU40、MU30 和 MU20。石材按加工后的外形规则程度分为毛石和料石两种。

毛石是指外形形状不规则、最小厚度不小于 200mm 的石材。

料石是指采集的毛石经过不同程度的加工后生产出的石材。根据加工的精度差异，料石又分为细料石、半细料石、粗料石和毛料石。细料石是指通过细加工，石材外形规则、表面平整、凹凸度小于 10mm 且石材截面的宽度和高度不小于 200mm 的石块。半细料石规格尺寸同细料石，但表面凹凸度不应大于 15mm。毛料石是指仅经过稍加修整、外形大致方正、表面凹凸度不应大于 25mm 的石材。

4.1.2 砂浆的种类

用于砌筑和黏合块体的材料统称为砂浆。砂浆的作用是将块材连成整体，并改善块材在砌体中的受力状态，使其均匀受力，以便充分发挥砌块的抗压强度。同时，因砂浆填满了块材间的缝隙，降低了砌体的透气性，因而也提高了砌体的防水、隔热、抗冻等性能。

砂浆的强度等级是通过边长为 70.7mm 立方体的 28d 龄期标准试块的抗压强度平均值确定的，共有 M15、M10、M7.5、M5 和 M2.5 五个等级。按配料成分不同，砂浆常被分为水泥砂浆、水泥混合砂浆、石灰砂浆、黏土砂浆等。

1. 水泥砂浆

水泥砂浆的主要原料是水泥、砂和水。水泥砂浆的主要特点是强度高、耐久性和耐火性好，但其和易性、保水性差，适用于强度要求较高的砌体，特别是在地下结构或经常受水侵蚀的砌体部位，常用水泥砂浆砌筑。

2. 水泥混合砂浆

当在水泥砂浆中掺入其他材料（如石灰膏）时，这种砂浆就成为混合砂浆。这种砂浆除具有一定的强度和耐久性外，与水泥砂浆相比，还具有较好的和易性、保水性，常用于墙体的砌筑。

3. 石灰砂浆

与水泥砂浆相比，石灰砂浆吸水性较强，流动性和保水性较好，但强度较低，耐久性也差，通常多用于地上砌体。

4. 黏土砂浆

黏土砂浆是由黏土为主要材料制成的砂浆，强度很低，遇水可慢慢软化，在长时间的水环境中几乎没有强度，因此，仅可用于砌筑地面以上干燥环境下的临时建筑或简易建筑。

4.2 砌　　体

4.2.1 砌体的分类

砌体按砌体内是否包含钢筋可分为无筋砌体和配筋砌体两大类。无筋砌体包括砖砌体、砌块砌体和石砌体；配筋砌体包括横向配筋砌体和组合砌体。

1. 无筋砌体

仅由块材和砂浆组成的砌体称为无筋砌体。无筋砌体的抗震性能和抗不均匀沉降能力较差，但施工简单、应用较广。

（1）砖砌体

砖砌体是指用砖块与砂浆砌筑的砌体，它是最常用的一种砌体，在砌体结构中，常用作内外承重墙或围护墙。这种砌体热工性能好、造价低、易施工，但自重大，整体性和抗震性较差。

（2）砌块砌体

砌块砌体是指用大、中、小型混凝土砌块或硅酸盐砌块和砂浆砌筑的砌体。这种砌体的水平抗剪强度较低，整体性和抗剪性能不如普通砖砌体。但与普通砖砌体相比，砌块砌体自重轻，技术经济效果较好。

（3）石砌体

石砌体是由天然石材和砂浆或混凝土砌筑而成的砌体，可分为料石砌体、毛石砌体和毛石混凝土砌体。在产石区，采用石砌体比较经济。工程中，石砌体主要用作受压构件，由于石材加工困难，其表面难以平整。石砌体的抗压强度一般得不到充分发挥。

2. 配筋砌体

配筋砌体是指在灰缝中配置了钢筋或钢筋混凝土的砌体，配筋砌体不仅加强了砌体的强度和抗震性能，还提高了砌体结构的承载力。

配筋砌体一般包括网状配筋砌体、组合砖砌体、配筋混凝土砌块砌体。网状配筋砌体又称横向配筋砌体，是在砖柱或砖墙中每隔几皮砖在其水平灰缝中设置直径为 3～4mm 的方格网式钢筋网片，或直径为 6～8mm 的连弯式钢筋网片，如图 4-3 所示。在砌体受压时，网状配筋可约束砌体的横向变形，从而提高砌体的抗压强度。

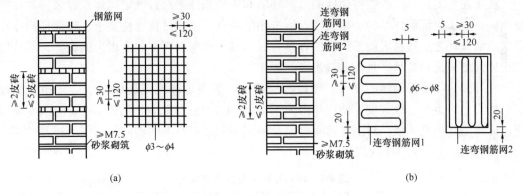

图 4-3　横向配筋砌体
（a）格式网片；（b）连弯式网片

组合砖砌体有两种：一种是在砌体外侧预留的竖向凹槽内配置纵向钢筋，然后浇筑混凝土面层或钢筋砂浆面层，属外包式组合砖砌体，如图 4-4（a）所示。另一种是砖砌体和钢筋混凝土构造柱组合墙，是在砖砌体中每隔一定距离设置钢筋混凝土构造柱，并在各层楼盖处设置钢筋混凝土圈梁，使砖砌体墙与钢筋混凝土构造柱和圈梁组成一个共同受力的构件，属内嵌式组合砖砌体，如图 4-4（b）所示。

配筋混凝土砌块砌体是在砌块墙体上下贯通的竖向孔洞中插入竖向钢筋，并用混凝土灌实，使竖向和水平钢筋与砌体形成一个共同工作的整体，如图 4-5 所示。由于这种墙体主要用于中高层或高层房屋中起剪力墙作用，故又称配筋砌块剪力墙。

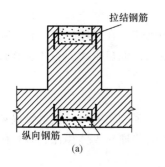
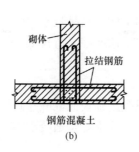

图 4-4　组合砖砌体

（a）外包式；（b）内嵌式

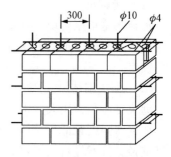

图 4-5　配筋混凝土砌块砌体

4.2.2　砌体及砂浆的选用

在进行砌体结构设计时，砌体的强度是结构设计的主要指标之一。砌体结构的承载力不仅与砌块和砂浆的强度有关，而且与它们的相互组合类型、所用环境、后期养护等因素有关。

从承载力角度考虑，应根据结构设计中砌体构件的受力大小选用相应强度等级的块材和砂浆。例如多层房屋的承重墙，底部几层可选用强度较高的块材和砂浆，上部几层则可选用强度较低的块材和砂浆。工业厂房中的承重墙柱，因受力较大且受力情况复杂，宜选用强度较高的块材和砂浆。

从所在环境讲，应根据各地区的气候环境和地质条件来综合确定砌体及砂浆。如在寒冷地区，为了保证砌体结构的耐久性，所选用的块材必须满足抗冻性要求，以保证砌体在多次冻解循环之后块材表面不致逐层剥落。对地基土和房间潮湿程度很大的砌体，所选用的块材强度应适当提高，且优先选用水泥砂浆。

此外，为了确保砌体的强度、刚度和稳定性，我国砌体规范还做出了许多相应的规定，如安全等级为一级或设计使用年限大于 50 年的房屋，墙、柱所用材料最低强度等级应比设计等级提高一级。对潮湿房间，以及防潮层和地面以下的砌体，所用块材及砂浆最低强度等级应满足表 4-1 的规定。

表 4-1　块材及砂浆最低强度等级

潮湿程度	烧结普通砖	混凝土普通砖、蒸压普通砖	混凝土砌块	石材	水泥砂浆
稍潮湿的	MU15	MU20	MU7.5	MU30	M5
很潮湿的	MU20	MU20	MU10	MU30	M7.5
含水饱和的	MU20	MU25	MU15	MU40	M10

4.3　砌体的力学性能

4.3.1　砌体的破坏特征

砌体的受力性能与块材本身的受力性能有显著差别，砌体的强度要比单个砌块的强度低得多。若给砖砌体施加一轴心压力，砖砌体受压破坏过程大致可分为三个阶段：

第一阶段：当施加的压力小于破坏压力的 50% 时，砖砌体没有明显的外部变化，不出现任何损坏现象，整体处于正常工作状态。

第二阶段：当施加的压力达到破坏压力的 50% ~ 80% 时，砖砌体内个别单块砖出现局部裂缝。其往往是由于砂浆水平灰缝不均匀、不饱满或砖本身的外形不规整而受到较大压力后产生超过自身承载能力的应力所造成的，但个别单块砖的破坏还不足以影响砖砌体的整体承载力。

第三阶段：当施加的压力超过破坏压力的 80% 以上时，个别破坏的单块砖裂缝出现延伸与扩展，并随着荷载的增加而形成贯通几层砖的若干条竖向裂缝，并出现新的砖裂缝。若荷载继续增大，贯通几层砖的若干条竖向裂缝把整个砌体分割成几块小柱体。此时，砌体的横向变形明显加大，即使荷载不再继续增加，裂缝也将在荷载的长期作用下逐渐扩展。其主要原因是砂浆的横向变形已大于砖的横向变形，砂浆对砖产生拉应力。特别是当竖向灰缝饱满程度过低时，更容易沿砖灰缝一起被拉开。在此情况下，各小柱体在偏心压力作用下发生弯曲变形，偏心距逐步加大，承载能力逐步降低。在达到砌体承载极限能力时，砌体便失稳而发生倒塌。砖砌体受压破坏过程如图 4-6 所示。

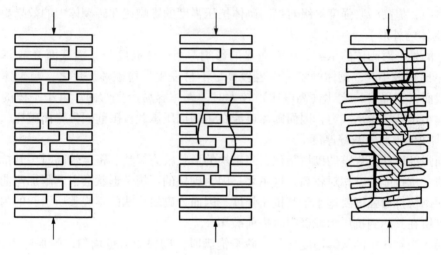

图 4-6　砖砌体受压破坏过程

4.3.2　砌体的受压应力状态

轴心受压的砖砌体，就其整体来看，属于均匀受压状态，但从砖块个体的变形状态来看，可以发现单块砖在砌体内不仅受压，而且还处于受弯、受剪和受拉等复杂受力状态。

1. 弯剪应力状态

在砌体中，由于砂浆铺砌不均匀、砂浆饱满度不一致及块体表面不平整，砖在轴心受压的过程中会处于一种受弯、受剪和局部受压的复杂受力状态。

2. 拉压应力状态

砖砌体中，砖和砂浆的弹性模量及横向变形系数是不同的。砂浆在压力作用下的自由横向变形比砖大。但由于砖和砂浆之间存在黏结和摩擦作用，所以砌体的横向变形介于两种材料单独作用的变形状态之间，即砂浆的横向变形受到砖的约束作用而减小，而砖的横向变形受到砂浆的作用而增大。砖相应地产生了水平附加拉力，砂浆中相应地产生横向压应力，使砂浆处于三向受压状态。

4.3.3 砌体的拉弯剪性能

砌体的抗拉、抗弯和抗剪强度都远低于其抗压强度，所以设计砌体结构时，总是力求通过传力方式的改变使砌体承受压力。但是在砌体结构中，不可避免地会遇到砌体承受拉力和剪切的情况，如圆形水池的池壁上存在环向拉力，挡土墙受到土侧压力形成的弯矩作用，砖砌过梁受到的弯、剪作用，拱支座处的剪力作用等。试验表明，砌体在轴心受拉、受弯和受剪时的破坏一般都发生在砂浆与块体的结合面上，因此，砌体的抗拉、抗弯和抗剪强度与砂浆灰缝及其和块体的黏结强度紧密相关。

4.3.4 影响砌体强度的因素

1. 块材和砂浆的强度

块材和砂浆的强度是决定砌体抗压强度的两个主要因素。当块材的抗压强度较高时，砌体的抗拉、抗弯、抗剪等强度也相应较高。在砌块确定的前提下，当提高砂浆强度时，砌体抗压强度也会随着砂浆强度等级的提高而提高。但是，相比较而言，采用提高砂浆强度等级来提高砌体强度，不如用提高块材强度等级的方法更有效。此外，试验还表明，在毛石砌体中，提高砂浆强度等级对提高砌体抗压强度的影响比在砖砌体中的效果更明显。

2. 砌体的外形

砌体的外形对砌体的承载力也有明显的影响。当砌体高度与其横截面（或厚度）之比（高厚比）较小时，砌体的稳定性也较高，不易发生失稳破坏。反之，当砌体的高度与其横截面（或厚度）之比（高厚比）较大时，砌体容易产生弯曲。由于砌体的弯曲承载能力远小于其抗压承载力，因而砌体可能在达到抗压承载极限前因失稳而破坏。

3. 砌块的形状及灰缝厚度

与同强度形状不规整的砌块相比，当砌块的形状较为规整、密度较高时，其抗压、抗弯、抗剪、抗拉能力就相对较高。这主要是因为砌块的不规整形状会引起附加弯曲应力的产生，而砌块抗弯强度要远小于其抗压强度，因而，砌块形状的不规整所引起的附加应力会导致砌块在其达到抗压承载极限时提前破坏。

同样，当砌体中的灰缝厚度均匀、砂浆饱满时，砌块受力也均匀，附加应力也较小，其抗压性能也能得到较好的发挥。但当灰缝较厚实时，在荷载的作用下，砂浆的横向变形会增大，给砌块带来较大的横向拉应力。当拉应力超过承载极限时，就会出现裂缝，致使砌体抗压强度降低。因此，砖砌体的灰缝厚度应控制在 8 ~ 12mm，石砌体中的细料石砌体灰缝厚度不宜大于 15mm，毛料石和粗料石砌体灰缝厚度不宜大于 20mm。

4. 砂浆的性能

砂浆的流动性、保水性等性能对砌体抗压强度有重要影响。用合适的流动性和保水性的砂浆铺成的水平灰缝，厚度较均匀且密实性较高，可以有效地降低砌体内的局部弯剪应力，提高砌体的抗压强度。与混合砂浆相比，纯水泥砂浆容易失水而导致流动性变差，所以同一强度等级的混合砂浆砌筑的砌体强度相对比纯水泥砂浆的砌体强度高。但当砂浆的流动性过大时，硬化后的砂浆变形也大，砌体抗压强度反而降低。所以性能较好的砂浆应同时具有合适的流动性和保水性。但在实际工程中，一般性砌体宜采用掺有石灰膏的混合砂浆砌筑砌体。

5. 砌筑质量

砌体的砌筑质量与很多因素有关,如工人的技术水平、砂浆的和易性、块材的含水率、灰缝的饱满度等。即使砌筑材料都是质量较高的产品,也还会与砌筑的气候、温度、环境有一定的关系。因此,为了确保砌体达到预定的强度,一般在设计中总要比预定所需强度提高一个等级。

4.4　砌体结构构件的承载力计算

砌体结构构件的设计方法采用极限状态设计法。设计结构时一般只进行承载能力极限状态计算,正常使用极限状态的要求则通常采取构造措施来满足。在工程中,砌体以无筋砌体受压构件的形式居多,故本书主要介绍无筋砌体受压构件的承载力计算方法。

4.4.1　受压构件的承载力计算

我国的砌体规范规定,无筋砌体受压构件的承载力应满足的条件是

$$N \leqslant \varphi f A$$

式中　N——轴向力设计值;

　　　φ——高厚比 β 和轴向力的偏心距 e 对受压构件承载力的影响系数;

　　　A——计算截面面积,对各类砌体均可按毛截面计算;

　　　f——砌体抗压强度设计值。

砌体的抗压强度是以砌体 28d 龄期为标准,当施工质量控制等级为 B 级时,根据砌块和砂浆的强度等级,以砌体毛截面面积进行试压而确定的砌体抗压值。普通实心砖和多孔砖的抗压强度设计值见表4-2。

表4-2　普通实心砖和多孔砖的抗压强度设计值　　　　　　　　　　　　MPa

砖强度等级	砂浆强度等级					砂浆强度
	M15	M10	M7.5	M5	M2.5	0
MU30	3.94	3.27	2.93	2.59	2.26	1.15
MU25	3.60	2.98	2.68	2.37	2.06	1.05
MU20	3.22	2.67	2.39	2.12	1.84	0.94
MU15	2.79	2.31	2.07	1.83	1.60	0.82
MU10	—	1.89	1.69	1.50	1.30	0.67

下列各类砌体,其砌体抗压强度设计值应乘以相应的调整系数:

(1)有吊车房屋的砌体,跨度大于 9m 的梁下普通砖砌体,跨度不小于 7.5m 的梁下烧结多孔砖、粉煤灰砖砌体,轻骨料混凝土砌块砌体,调整系数为0.9。

(2)当无筋砌体构件的截面面积小于 0.3m^2 时,调整系数为砌体截面面积加 0.7。当配筋砌体构件截面面积小于 0.2m^2 时,调整系数为砌体截面面积加 0.8。

(3)当砌体用水泥砂浆砌筑时,调整系数为0.9。

(4)当施工质量控制等级为 C 级时,调整系数为0.89。

(5)当验算施工阶段砂浆尚未硬化的新砌砌体的强度和稳定性时,可取砂浆强度为零。

确定影响系数 φ 时，需要依据高厚比 β 和轴向力的偏心距 e 来确定，见表4-3。

表4-3 影响系数 φ

β	$\dfrac{e}{h}$ 或 $\dfrac{e}{h_T}$（砂浆强度等级 $\geqslant$ M5）												
	0	0.025	0.05	0.075	0.1	0.125	0.15	0.175	0.2	0.225	0.25	0.275	0.3
$\leqslant 3$	1	0.99	0.97	0.94	0.89	0.84	0.79	0.73	0.68	0.62	0.57	0.52	0.48
4	0.98	0.95	0.90	0.85	0.80	0.74	0.69	0.64	0.58	0.53	0.49	0.45	0.41
6	0.95	0.91	0.86	0.81	0.75	0.69	0.64	0.59	0.54	0.49	0.45	0.42	0.38
8	0.91	0.86	0.81	0.76	0.70	0.64	0.59	0.54	0.50	0.46	0.42	0.39	0.36
10	0.87	0.82	0.76	0.71	0.65	0.60	0.55	0.50	0.46	0.42	0.39	0.35	0.33
12	0.82	0.77	0.71	0.66	0.60	0.55	0.51	0.47	0.43	0.39	0.36	0.33	0.31
14	0.77	0.72	0.66	0.61	0.56	0.51	0.47	0.43	0.40	0.36	0.34	0.31	0.29
16	0.72	0.67	0.61	0.56	0.52	0.47	0.44	0.40	0.37	0.34	0.31	0.29	0.27
18	0.67	0.62	0.57	0.52	0.48	0.44	0.40	0.37	0.34	0.31	0.29	0.27	0.25
20	0.52	0.57	0.53	0.48	0.44	0.40	0.37	0.34	0.32	0.29	0.27	0.25	0.23
22	0.58	0.53	0.49	0.45	0.41	0.38	0.35	0.32	0.30	0.27	0.25	0.24	0.22
24	0.54	0.49	0.45	0.41	0.38	0.35	0.32	0.30	0.28	0.26	0.24	0.22	0.21
26	0.50	0.46	0.42	0.38	0.35	0.33	0.30	0.28	0.26	0.24	0.22	0.21	0.19
28	0.46	0.42	0.39	0.36	0.33	0.30	0.28	0.26	0.24	0.22	0.21	0.19	0.18
30	0.42	0.39	0.36	0.33	0.31	0.28	0.26	0.24	0.22	0.21	0.20	0.18	0.17

对矩形截面的墙体，高厚比 β 可按公式 $\beta = \gamma_\beta \dfrac{H_0}{h}$ 来确定；对 T 形截面，高厚比 β 可按公式 $\beta = \gamma_\beta \dfrac{H_0}{h_T}$ 来确定。

式中 H_0 ——受压构件的计算高度，由实际高度 H 和房屋类别及构件两端支承条件确定的，参见表4-4；

     h ——矩形截面轴向力偏心方向的边长（当为轴心受压时为截面较小边长）；

     h_T —— T 形截面的折算厚度；

     γ_β ——不同砌体的高厚比修正系数，按表4-5采用。

表4-4 墙的计算高度 H_0

房 屋 类 别		柱		带壁柱墙或周边拉结的墙		
		排架方向	垂直排架方向	$a > 2H$	$2H \geqslant s > H$	$s \leqslant H$
有吊车的单层房屋	变截面柱上段	$2.5H_u$	$1.25H_u$	$2.5H_u$		
	刚性、刚弹性方案	$2.0H_u$	$1.25H_u$	$2.0H_u$		
	变截面柱下段	$1.0H_f$	$0.8H_f$	$1.0H_f$		

续表

房屋类别			柱		带壁柱墙或周边拉结的墙		
			排架方向	垂直排架方向	$a > 2H$	$2H \geqslant s > H$	$s \leqslant H$
无吊车的单层和多层房屋	单跨	弹性方案	1.5H	1.0H	1.5H		
		刚弹性方案	1.2H	1.0H	1.2H		
	多跨	弹性方案	1.25H	1.0H	1.25H		
		刚弹性方案	1.10H	1.0H	1.1H		
	刚性方案		1.0H	1.0H	1.0H	$0.4s + 0.2H$	0.6s

注：1. 表中 H_u 为变截面柱的上段高度；H_f 为变截面柱的下段高度。
2. 对于上端为自由端的构件，$H_0 = 2H$。
3. 独立砖柱，当无柱间支撑时，柱在垂直排架方向的 H_0 应按表中数值乘以 1.25 后采用。
4. s 为房屋横墙间距。
5. 自承重墙的计算高度应根据周边支承或拉结条件确定。

表4-5　高厚比修正系数

砌体材料类别	γ_β	砌体材料类别	γ_β
烧结普通砖、烧结多孔砖	1.0	蒸压灰砂砖、蒸压粉煤灰砖、细料石、半细料石	1.2
混凝土及轻骨料混凝土砌块	1.1	粗料石、毛石	1.5

需要指出，当受压构件的偏心距过大时，可使截面受拉边出现过大水平裂缝，构件的承载力会明显下降，因此，《砌体结构设计规范》（GB 50003—2011）规定，压力的偏心距不应超过 0.6 倍的截面重心到轴向力所在偏心方向截面边缘的距离（图 4-7），否则应进行专门的处理。

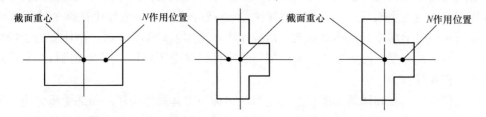

图4-7　截面重心到轴向力所在偏心方向截面边缘的距离

【例4-1】一轴心受压砖柱，截面尺寸为 370mm × 490mm，采用 MU10 普通实心砖、M5 混合砂浆砌筑，施工质量控制等级为 B 级，砖柱承受的轴向比力设计值为 180kN（已考虑自重），砖柱的计算高度为 3.7m。验算该柱的抗压承载力是否满足要求。

【解】据题意可知：MU10 普通实心砖、M5 混合砂浆的抗压强度为 1.5N/mm²，普通实心砖的 γ_β 为 1.0，$H_0 = 3700mm$，$h = 370mm$，$A = 0.37 \times 0.49 = 0.181$（m²）$< 0.3m^2$。

当无筋砌体构件的截面面积小于 0.3m² 时，其抗压设计强度须进行折减，调整系数为 $0.181 + 0.7 = 0.881$，故 $f = 0.881 \times 1.5 = 1.32(N/mm^2)$。

$$\beta = \gamma_\beta \frac{H_0}{h} = 1.0 \times \frac{3700}{370} = 10 \text{，由于轴心受压，故 } e = 0。查表可知，\varphi = 0.87。$$

$$N = \varphi f A = 0.87 \times 1.32 \times 0.181 \times 10^3 = 207.9(\text{N}) > 180\text{N}$$

故满足要求。

【例 4-2】 某矩形砖柱截面尺寸为 490mm×620mm，采用 MU10 普通实心砖、M5 水泥砂浆砌筑，柱计算高度为 6.2m，柱底截面承受轴向力设计值为 200kN，沿长边方向弯矩值为 15.5kN·m，施工质量控制等级为 B 级，确定该柱的承载力是否满足要求。

【解】 据题意可知：MU10 普通实心砖、M5 水泥砂浆的抗压强度为 1.5N/mm^2，普通实心砖的 γ_β 为 1.0，$H_0 = 6200\text{mm}$，$h = 620\text{mm}$。

（1）计算沿柱长边方向的柱承载力

$A = 0.49 \times 0.62 = 0.304(\text{m}^2)$。当砌体采用水泥砂浆时，其抗压设计强度须进行折减，调整系数为 0.9，故 $f = 0.9 \times 1.5 = 1.35(\text{N/mm}^2)$。

偏心距 $e = \dfrac{M}{N} = \dfrac{15.5 \times 10^3 \times 10^3}{200 \times 10^3} = 77.5(\text{mm}) < 0.6 \times 310 = 186(\text{mm})$（压力的偏心距不应超过 0.6 倍的截面重心到轴向力所在偏心方向截面边缘的距离 620/2）

$\dfrac{e}{h} = \dfrac{77.5}{620} = 0.125$，$\beta = \gamma_\beta \dfrac{H_0}{h} = 1.0 \times \dfrac{6200}{620} = 10$，查表可知，$\varphi = 0.61$。

$N = \varphi f A = 0.60 \times 1.35 \times 0.304 \times 10^6 = 246(\text{kN}) > 200\text{kN}$（满足要求）

（2）计算沿柱短边方向的柱承载力

由于短边方向弯矩为 0，故 $e = 0$。$\beta = \gamma_\beta \dfrac{H_0}{h} = 1.0 \times \dfrac{6200}{490} = 12.65$，查表可知，$\varphi = 0.803$（当 $\beta = 12.65$ 时，没有对应值，可用内插值法确定或者取小值）。

$N = \varphi f A = 0.803 \times 1.35 \times 0.303 \times 10^6 = 329.3(\text{N}) > 200\text{N}$（满足要求）

4.4.2 局部受压承载力计算

通过对砌体受压构件承载力的设计和计算，可以保证砌体整个计算截面在其所承担的荷载作用下不会发生破坏。但在实际工程中，荷载并不是均匀地作用在整个计算截面上的，有时是通过梁端或柱端传递荷载，荷载作用在砌体的局部，此时，砌体就处于局部受压状态。由于局部受压面积较小，有可能导致砌体局部受压破坏，所以要进行局部受压承载力的分析和计算。

压力仅仅作用在砌体局部面积上的受力状态称为砌体局部受压。局部受压分为局部均匀受压和非均匀受压，如支承砖柱的砖基础顶部属于局部均匀受压，梁端支承处砌体所受压力属于局部非均匀受压，如图 4-8 所示。它们的计算方法各不相同。

1. 局部均匀受压

大量试验结果证明，当砌体截面上作用有局部均匀压力时，其压应力自局部受压面起，通过砌体的厚度向更大的面积扩散，形成局部受压区（图 4-9）。但由于局部受压区砌体的变形受到周围砌体的约束，故处于三向受压状态。如果局部压应力超过砌体的局部抗压强度，则可能将局部砌体压碎，因此，在砌体结构设计中，对局部受压应给予足够的重视。

根据规定，砌体截面局部均匀受压时的承载力应满足的条件是

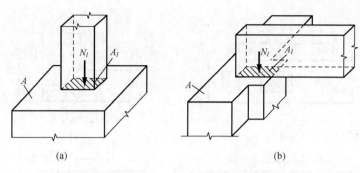

图 4-8　砌体局部受压
（a）局部均匀受压；（b）局部非均匀受压

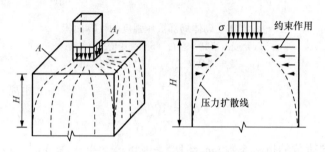

图 4-9　砌体局部受压应力扩散示意图

$$N_J \leqslant \gamma f A_l$$

$$\gamma = 1 + 0.35 \sqrt{\frac{A_0}{A_l} - 1}$$

式中　　N_J——局部轴向力设计值；

A_l——局部受压面积；

f——砌体抗压强度设计值，可不考虑强度调整系数；

γ——砌体局部抗压强度提高系数；

A_0——影响砌体局部抗压强度的计算面积，可按图 4-10 确定。

同时，计算出的砌体局部抗压强度提高系数 γ 还应满足下列规定：

当为图 4-10（a）情况时，$A_0 = (h + a + c)h$，且 $\gamma \leqslant 2.5$。

当为图 4-10（b）情况时，$A_0 = (h + a)h + (b + h_1 - h)h_1$，且 $\gamma \leqslant 1.5$。

当为图 4-10（c）情况时，$A_0 = (2h + b)h$，且 $\gamma \leqslant 2.0$。

当为图 4-10（d）情况时，$A_0 = (h + a)h$，且 $\gamma \leqslant 1.25$。

对多孔砖砌体和要求灌注混凝土的砌体，在当为图 4-10（a）、图 4-10（b）、图 4-10（c）的情况之一时，计算出的 $\gamma \leqslant 1.5$。

2. 局部非均匀受压

局部非均匀受压多出现在梁端支撑处，其局部受压承载力可按下式计算：

$$\varphi N_0 + N_l \leqslant \eta \gamma f A_l$$

$$A_l = a_0 b$$

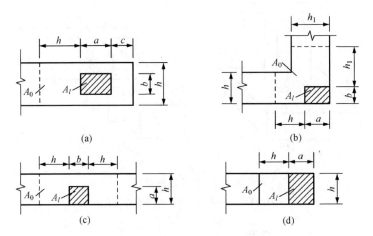

图 4-10　砌体局部抗压强度的计算面积
（a）受压情况（一）；（b）受压情况（二）；
（c）受压情况（三）；（d）受压情况（四）

$$a_0 = 10\sqrt{\dfrac{h_e}{f}}$$

式中　φ ——上端荷载的折减系数，$\varphi = 1.5 - 0.5\dfrac{A_0}{A_l}$，当 $\dfrac{A_0}{A_l} \geqslant 3$ 时，该系数为 0；

N_0 ——局部受压面积内上部轴向力设计值；

a_0 ——梁的有效支撑长度，单位为 mm；

b ——梁的宽度，单位为 mm；

N_l ——梁端支撑压力设计值；

η ——梁端底面压应力图形完整系数，一般取 0.7，过梁和墙梁取 1.0；

γ ——砌体局部抗压强度提高系数；

f ——砌体抗压强度设计值；

h_e ——梁的截面高度，单位为 mm。

【例 4-3】截面尺寸 $b \times h = 200\text{mm} \times 500\text{mm}$ 的简支梁支撑在窗间墙上，如图 4-11 所示。窗间墙的截面尺寸为 1200mm×370mm，梁在墙上的支承长度 $a = 240\text{mm}$，梁端支座反力为 $N_l = 70\text{kN}$，上部作用在窗间墙上的压力为 $N_0 = 80\text{kN}$，墙体采用 MU10 普通实心砖、M5 混合砂浆砌筑。计算梁下端墙体的局部承载力是否满足要求。

【解】据题意可知：MU10 普通实心砖、M5 水泥砂浆的抗压强度为 1.5N/mm^2，η 取

0.7，$b \times h = 200\text{mm} \times 500\text{mm}$，$a_0 = 10\sqrt{\dfrac{h_e}{f}} = 10\sqrt{\dfrac{500}{1.5}} = 182.6(\text{mm}) < a = 240\text{mm}$，故取

$a_0 = 182.6\text{mm}$。

$A_0 = (2h + b)h = (2 \times 370 + 200)370 = 347800(\text{mm}^2)$，$A_l = a_0 b = 182.6 \times 200 = 36520(\text{mm}^2)$

$$\gamma = 1 + 0.35\sqrt{\dfrac{A_0}{A_l} - 1} = 1 + 035\sqrt{\dfrac{347800}{36520} - 1} = 2.02，但 \gamma \leqslant 2.0，所以，取 \gamma = 2.0。$$

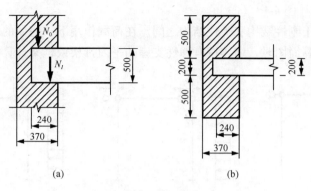

图 4-11　支撑简支梁的窗间墙受力图
（a）侧视图；（b）俯视图

因 $\dfrac{A_0}{A_l} = \dfrac{347800}{36520} = 9.5 \geqslant 3$，$\varphi$ 系数为 0。

$\eta\gamma f A_l = 0.7 \times 2.0 \times 1.5 \times 36520 \times 10^{-3} = 76.7(\mathrm{kN}) > N_l = 70\mathrm{kN}$，满足要求。

4.5　墙体计算

在砌体结构中，墙体是最主要的竖向承重构件，结构的竖向荷载主要通过墙体传递给基础，因此，墙体是否能够满足结构承载要求就至关重要。

4.5.1　墙体的静力计算方案

在砌体结构中，墙体的截面与结构的整体刚度具有很大关系。由于砌体结构中纵横向的墙体、屋盖、楼盖和基础等构件相互连接，组成一个空间结构，因此，砌体结构的受力状态就处于空间受力状态。

在空间结构中，其竖向荷载一般为主要荷载，水平荷载属于次要荷载。由于这一状态将关系到结构的荷载分配，因此，当对砌体结构中的墙体进行设计时，就需要考虑结构的刚度。影响结构刚度的主要因素有楼盖（屋盖）的水平刚度和横墙间距的大小，据此，砌体结构的空间工作性能分为刚性结构、弹性结构、刚弹性结构 3 种。

1. 刚性结构 ［图 4-12（a）］

当房屋的横墙间距较小、楼盖（屋盖）的水平刚度较大时，房屋的空间刚度就较大。在此情况下，房屋的水平位移很小，可视墙体顶端的水平位移等于零。在确定墙体的计算简图时，可将楼盖或屋盖视为墙体的水平不动铰支座，墙体内力按不动铰支承的竖向构件计算，按这种假设进行静力计算和房屋设计的方案为刚性方案。

2. 弹性结构 ［图 4-12（b）］

当房屋横墙间距较大、楼盖（屋盖）水平刚度较小时，房屋的空间刚度就相对较小，在荷载作用下，房屋的水平位移就较大。此时，在确定结构计算简图时，不能忽略水平位移的影响，不再考虑结构的空间工作性能。按这种假设进行静力计算和房屋设计的方案为弹性方案。一般的单层厂房、仓库等多属此类。计算静力时，可按屋架或大梁与墙（柱）铰接、不考虑空间工作性能的平面排架进行结构分析和计算。

3. 刚弹性结构 [图 4-12（c）]

刚弹性结构介于刚性结构和弹性结构之间。在荷载作用下，房屋的水平位移也介于两者之间。在确定计算简图时，墙体按有弹性支座的平面排架或框架计算。

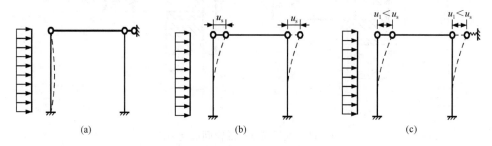

图 4-12　砌体结构计算简图
（a）刚性结构；（b）弹性结构；（c）刚弹性结构

确定房屋静力计算结构方案时，楼（屋）盖类型和横墙间距的有关参数见表 4-6。表中 s 为横墙间距。

表 4-6　房屋静力计算结构方案参数

	屋盖或楼盖类别	刚性方案	刚弹性方案	弹性方案
1	整体式、装订与整体式和装配式无檩体系钢筋混凝土屋盖或钢筋混凝土楼盖	$s<32$	$32 \leqslant s \leqslant 72$	$s>72$
2	装配式有檩体系钢筋混凝土屋盖、轻屋盖和有密铺望板的木屋盖或木楼盖	$s<20$	$20 \leqslant s \leqslant 48$	$s>48$
3	瓦材屋面的木屋盖和轻钢屋盖	$s<16$	$16 \leqslant s \leqslant 36$	$s>36$

4.5.2　墙体的内力计算

在砌体结构中，考虑到结构的整体性，特别是墙体的稳定性，常常使墙体间的间距尽可能小而增大结构的整体刚度，这样，刚性方案就成为砌体结构墙体设计中的主要类别。但在墙体设计中，墙体的设计仅选取其中有代表性的墙体进行设计，而非全部计算。本书以单层砌体结构为例，其一般的计算步骤如下：

1. 选取计算单元

砌体结构房屋的每片承重墙体一般都较长，设计时可仅取其中有代表性的一段或若干段进行计算。这一有代表性的墙段称为计算单元。选取计算单元时，有门窗洞口的墙体可取一个开间的墙体作为计算单元；对无门窗间的墙体，可取 1m 长墙体作为计算单元。

2. 确定计算简图

当墙体下端与基础连为一体、上端与楼盖铰接时，依据上述静力计算方案分析，可按刚性结构计算。此时，墙体计算简图如图 4-13 所示。

3. 确定荷载

当房屋较低，不考虑水平风荷载时，作用在墙体上的竖向荷载主要有两种：

一是墙体的自重。当墙体为等截面时，自重不会产生弯矩。其质量按照墙体所用的材

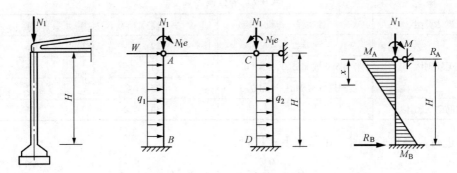

图 4-13　墙体计算简图

料、墙厚和墙高计算确定。

二是楼盖传来的荷载。此类荷载一般有两种情况：第一种情况是楼盖荷载通过梁板体系中的梁以集中力的形式作用于墙体顶端。轴向力作用点到墙体内边取 $0.33a_0$，N_l 对墙中心线的偏心距为 $e = h/2 - 0.33a_0$（h 为墙厚），对墙体产生的弯矩为 $M = N_l \times e$。墙体自重作用在墙体截面的重心处。第二种情况是墙体所受荷载由墙体上部两边的楼板以线荷载方式均匀作用于墙体顶端。此时，一般将墙体视为承受轴向压力。但当两边楼板的构造不同（楼面恒载不同）或者开间不等时，则作用于墙顶的荷载为偏心荷载。

4. 内力计算

在竖向荷载作用下，根据结构力学原理，结构构件的内力分别为

$$M_A = M = N_l \times e \qquad M_B = -\frac{M}{2} \qquad R_A = R_B = -\frac{3M}{2H} \qquad M_x = \frac{M}{2}\left(2 - 3\frac{x}{H}\right)$$

5. 截面承载力计算

根据计算出的墙体内力，按照砌体结构构件的设计方法即可进行设计。设计时，一般先选取控制截面进行分析。所谓控制截面，是指内力较大、截面尺寸较小的截面。因为这些截面在内力作用下有可能先于其他截面发生破坏，因此，如果这些截面的强度得以保证，那么构件其他截面的强度也可以得到保证。由于承重墙体底部轴力最大并附有弯矩作用，因此，常选取墙体的底部截面为承重墙体的控制截面。

在进行墙体截面设计中，若几层墙体的截面和砂浆强度等级相同，只需计算荷载最大的一层即可。若砂浆强度有变化，则应分开计算。轴心受压墙体只需验算墙体下部的截面承载力。若墙体承受偏心压力或集中力，则还需对墙体截面进行验算和局部抗压验算。

4.5.3　墙体的高厚比

在砌体结构中，墙体除必须满足强度要求外，还必须有足够的稳定性。为了避免因墙体薄且高而出现失稳而破坏，《砌体结构设计规范》（GB 50003—2011）规定，在墙体设计中，须通过高厚比验算来确保墙体的稳定性。

墙体的高厚比 β 是指墙体计算高度 H_0 与墙厚 h 的比值，即 $\beta = H_0/h$。墙体的高厚比越大，则构件越细长，其稳定性就越差。墙的高厚比 β 不允许超过其允许值 $[\beta]$。我国允许的墙柱高厚比见表 4-7。

表 4-7　墙柱高厚比

砌体类型	砂浆强度等级	墙	柱
无筋砌体	M2.5	22	15
	M5.0 或 Mb5.0、Ms5.0	24	16
	≥M7.5 或 Mb7.5、Ma7.5	25	17
配筋砌块砌体	—	30	21

对墙体进行高厚比验算时，可依据下式进行：

$$\beta = \frac{H_0}{h} \leq \mu_1 \times \mu_2 \times [\beta]$$

式中　H_0 ——墙的计算高度，其取值见表 4-4；

　　　h ——墙厚；

　　　μ_1 ——自承重墙允许高厚比的修正系数（当墙厚为 90mm 时，取值为 1.2；当墙厚为 240mm 时，取值为 1.5；当墙厚在 90~240mm 之间时，按插值法确定。承重墙取 1.0）；

　　　μ_2 ——有门窗洞口的墙允许高厚比修正系数（$\mu_2 = 1 - 0.4\frac{b_s}{s} \geq 0.7$，小于 0.7 时取 0.7，但当洞口高小于五分之一的 H_0 时，该值取 1.0。其中，b_s 为在宽度 s 范围内门窗洞口的宽度；s 为相邻窗间墙的距离）；

　　　$[\beta]$ ——墙的允许高厚比。

当验算带壁柱的墙体高厚比时，应先验算整个带壁柱墙体的高厚比。在满足整片墙体稳定性要求的前提下，再验算两相邻壁柱之间局部墙体的高厚比。但此时在确定墙的计算高度 H_0 时，s 取相邻横墙间的间距。墙厚 h 也折算为带壁柱的厚度 h_T，h_T 的计算方法为

$$h_T = 3.5\sqrt{\frac{I}{A}}$$

式中　I ——截面惯性矩；

　　　A ——截面面积。

【例 4-4】某变电站的局部平面布置如图 4-14 所示，采用钢筋混凝土楼盖。墙体采用 MU10 普通实心砖、M5 混合砂浆砌筑。纵横墙厚皆为 240mm，层高 4.5m，隔墙厚为 120mm，试验算各墙高厚比是否满足要求。

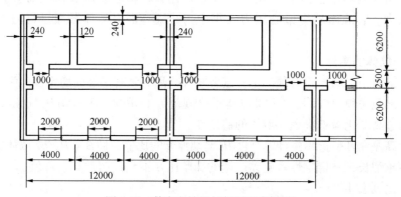

图 4-14　某变电站的局部平面布置图

【解】根据题意可知，最大横墙间距为 12m，小于墙体静力计算方案中规定的 32m，故为刚性方案。同时，由于墙体采用普通实心砖砌筑，故砌体材料构件的高厚比修正系数 γ_B 为 1.0。墙的高厚比允许值 $[\beta] = 24$。

（1）外纵墙高厚比验算

计算高度 H_0 为 4.5m，墙厚 h 为 240mm，门窗洞口的宽度 b_s 为 2m，相邻窗间墙的距离 s 为 4m，则 $\mu_2 = 1 - 0.4\dfrac{b_s}{s} = 1 - 0.4\dfrac{2}{4} = 0.8$，承重墙允许高厚比的修正系数 μ_1 为 1.0，在此条件下，外纵墙高厚比为

$$\beta = \frac{H_0}{h} = \frac{4.5}{0.24} = 18.75 \leqslant \mu_1 \times \mu_2 \times [\beta] = 1.0 \times 0.8 \times 24 = 19.2，故满足要求。$$

（2）内纵墙高厚比验算

由图 4-14 可知，内纵墙门窗洞口的宽度 b_s 为 1m，相邻窗间墙的距离 s 为 12m，则 $\mu_2 = 1 - 0.4\dfrac{b_s}{s} = 1 - 0.4\dfrac{1}{12} = 0.933$，承重墙允许高厚比的修正系数 μ_1 为 1.0，在此条件下，内纵墙高厚比为

$$\beta = \frac{H_0}{h} = \frac{4.5}{0.24} = 18.75 \leqslant \mu_1 \times \mu_2 \times [\beta] = 1.0 \times 0.933 \times 24 = 22.4，故满足要求。$$

（3）横墙高厚比验算

$$\beta = \frac{H_0}{h} = \frac{4.5}{0.24} = 18.75 \leqslant [\beta] = 24，故满足要求。$$

（4）隔墙高厚比验算

因隔墙厚度为 120mm，墙体允许高厚比修正系数 μ_1 须按插值法确定：

$$\mu_1 = 1.2 + \frac{1.5 - 1.2}{240 - 90}(240 - 120) = 1.44$$

$$\beta = \frac{H_0}{h} = \frac{4.5}{0.12} = 37.5 > \mu_1 \times \mu_2 \times [\beta] = 1.44 \times 1.0 \times 24 = 34.56，故不满足要求。$$

4.6 过 梁

4.6.1 过梁的种类

过梁是砌体结构中门窗等洞口承受上部墙体自重和上层楼盖传来荷载的梁。常用的过梁有砖砌平拱过梁、砖砌弧拱过梁、钢筋砖过梁和钢筋混凝土过梁等几种类型。

当洞口跨度不超过 1.2m 时，可采用砖砌平拱过梁来承受上部墙体自重和上层楼盖传来的荷载 [图 4-15（a）]。此类过梁适用于无振动、地基土质好、无抗震设防要求的一般建筑。

当洞口跨度在 1.2~2.5m 之间时，常采用钢筋砖过梁 [图 4-15（b）]。钢筋砖过梁底面砂浆层处的钢筋直径不应小于 6mm，间距不宜大于 120mm，钢筋伸入支座砌体内的长度不宜小于 240mm，砂浆层厚度不宜小于 30mm；过梁截面高度内砂浆强度等级不应低于 M5；砖的强度等级不应低于 MU10。

当洞口跨度为 1.5~3.0m 之间时，可采用砖弧拱过梁来处理 [图 4-15（c）]。其矢高

一般为跨度的 $1/12 \sim 1/8$。

当洞口跨度大于 3m 时，多采用钢筋混凝土过梁 [图 4-15（d）]。但钢筋混凝土过梁端部支承长度不宜小于 240mm。钢筋混凝土过梁可根据其上部荷载采用标注图集来选用。

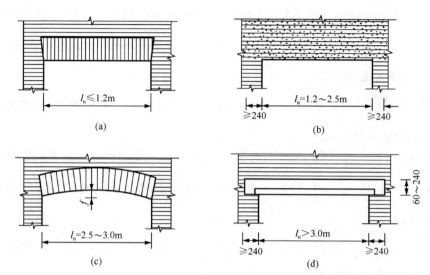

图 4-15　过梁的种类
（a）砖砌平拱过梁；（b）钢筋砖过梁；（c）砖弧拱过梁；（d）钢筋混凝土过梁

4.6.2　过梁的受力特点

过梁承受荷载后，将出现下部受拉、上部受压的状态，像受弯构件一样受力。随着荷载的增大，当跨中竖向截面的拉应力或支座斜截面的主拉应力超过砌体的抗拉强度时，将在跨中出现竖向裂缝，在靠近支座处出现阶梯形斜裂缝。对钢筋砖过梁，过梁下部的拉力将由钢筋承担；对砖砌平拱，过梁下部拉力将由两端砌体提供的推力来平衡；钢筋混凝土过梁与钢筋砖过梁类似。但当过梁上的墙体达到一定高度后，过梁上的墙体形成的内拱将产生卸载作用，使一部分荷载直接传递给支座，而不会全部作用在过梁上。因此，作用在过梁上的荷载就只有局部计算高度内的砌体自重和过梁高度内的梁板荷载。

对砖砌墙体，当过梁上的墙体高度小于洞口跨度的三分之一时，应按全部墙体的自重作为均布荷载考虑。当过梁上的墙体高度大于洞口跨度的三分之一时，应按洞口跨度三分之一的墙体自重作为均布荷载考虑。对梁板传来的荷载，当梁板到过梁上的墙体高度小于 1m 时，应计算梁、板传来的荷载。否则，可不计梁、板传来的荷载。

4.6.3　过梁的计算与构造

1. 过梁的计算

对砖砌平拱过梁和砖砌弧拱过梁，由于其抗震性能较差，现已较少采用。钢筋砖过梁和钢筋混凝土过梁施工简单、受力性能较好，被普遍采用。其中钢筋混凝土过梁可按钢筋混凝土简支梁计算。钢筋砖过梁抗弯承载力 M 可按下式计算：

$$M = 0.85 h_0 f_y A$$

式中　h_0 ——过梁截面的有效高度，$h_0 = h - a$；

h ——过梁的截面计算高度，一般取过梁底面以上的墙体高度，但不大于梁跨度的三分之一；

a ——受拉钢筋重心至截面下边缘的距离；

f_y ——受拉钢筋的强度设计值；

A ——受拉钢筋的截面面积。

2. 过梁的构造要求

为了确保过梁处于良好的受力状态，对砖砌平拱过梁，其竖砖砌筑部分的高度不应小于240mm。过梁截面计算高度内砖的强度不应低于 MU7.5，砂浆强度不宜低于 M5。钢筋砖过梁的钢筋直径不应小于5mm且间距不宜大于120mm，钢筋伸入支座砌体内的长度不宜小于240mm，砂浆层的厚度不宜小于30mm。对钢筋混凝土过梁，其端部的支承长度不宜小于240mm。

4.7　墙　　梁

由钢筋混凝土托梁及其以上计算高度范围内的墙体共同承受荷载的组合结构称为墙梁。墙梁中承托砌体墙和楼盖（屋盖）的混凝土简支梁、连续梁和框架梁，称为托梁。墙梁按支承情况分为简支墙梁、连续墙梁、框支墙梁，如图 4-16 所示；按承受荷载情况可分为承重墙梁和自承重墙梁。除了承受托梁和托梁以上的墙体自重外，还承受由屋盖或楼盖传来的荷载的墙梁为承重墙梁，如底层为大空间、上层为小空间时所设置的墙梁；只承受托梁及托梁以上墙体自重的墙梁为自承重墙梁，如基础梁、连系梁。

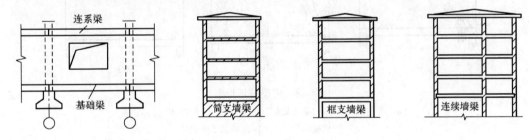

图 4-16　墙梁

4.7.1　墙梁的受力特点

当托梁及其上的砌体达到一定强度后，墙和梁共同工作，形成墙梁组合结构。试验表明，墙梁上部荷载主要通过墙体的拱作用将荷载传向两边支座，托梁在下部承受拉力，两者形成一个带拉杆的拱受力结构，如图 4-17（a）所示。当墙体上有洞口时，其内力传递如图 4-17（b）所示。

影响墙梁承载力的因素有很多，如墙的高度、墙面上洞口数量及其分布、墙体材料、托梁的断面和配筋及其材料等级等。根据影响因素的不同，墙梁可能发生的破坏形态有正截面受弯破坏、墙体或托梁受剪破坏和支座上方墙体局部受压破坏 3 种，如图 4-18 所示。托梁纵向受力钢筋配置不足时，发生正截面受弯破坏；当托梁的箍筋配置不足时，可能发生托梁斜截面剪切破坏；当托梁的配筋较强、两端砌体局部受压且承载力得不到保证时，一般发生墙体剪切破坏。墙梁除上述主要破坏形态外，还可能发生托梁端部混凝土局部受压破坏、洞口上部砌体剪切破坏等。因此，必须采取一定的构造措施，防止这些破坏形态的发生。

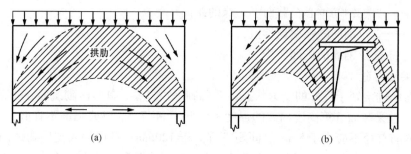

图 4-17　墙梁内力传递
（a）拱受力；（b）内力传递

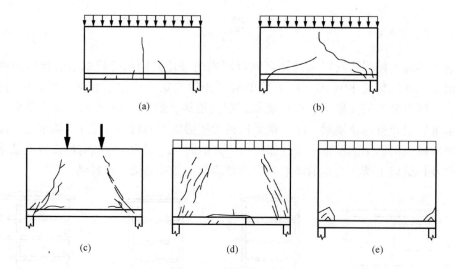

图 4-18　墙梁破坏形态
（a）弯曲破坏；（b）剪切破坏（一）；（c）剪切破坏（二）；
（d）剪切破坏（三）；（e）局部受压破坏

4.7.2　简支墙梁的设计

1. 墙梁荷载的确定

墙梁上的荷载一般包括梁自重、墙自重和楼盖传来的恒载与活载。

梁和墙自重可按梁和墙设计的截面及其长度确定。对楼盖传来的恒载与活载，当墙梁两端存在翼墙时，楼层荷载存在向翼墙传递的卸载现象，因此，应对楼盖传来的恒载与活载进行折减，折减系数 φ 可按下式计算，但当折减系数小于 0.5 时，按 0.5 选取。

$$\varphi = \frac{1}{1 + \frac{2.5 b_{\mathrm{f}} h_{\mathrm{f}}}{l_0 h}}$$

式中　b_{f} ——翼墙的宽度；

h_{f} ——翼墙的高度；

l_0 ——墙梁的计算跨度；

h ——墙梁的墙体厚度。

当墙梁顶面及以上各层的集中荷载不大于该层墙体自重及楼盖均布荷载总和的20%时,可把集中荷载除以梁的计算跨度而近似为均布荷载。此外,施工阶段所产生的荷载若施加于墙梁上,则施工荷载也须考虑。

2. 内力计算

托梁的弯矩 M_b 和轴力 N_{bt} 可依据下式进行计算:

$$M_b = M_1 + aM_2$$

$$N_{bt} = \left(0.7 + \frac{a}{l_0}\right)\frac{(1-a)M_2}{0.1(4.5 + l_0/H_0)H_0}\left(\text{当}\frac{a}{l_0} \geq 0.3\text{时,取}0.3\right)$$

式中　M_1 ——梁自重、墙自重产生的弯矩;

　　　　M_2 ——楼盖传来的恒载与活载产生的弯矩;

　　　　H_0 ——墙梁的计算高度;

　　　　l_0 ——墙梁的计算跨度;

　　　　a ——托梁弯矩系数。

当墙梁上有洞口时:

$$a = \frac{\psi_1 h_b}{0.1(4.5 + l_0/H_0)H_0}$$

当墙梁上无洞口时:

$$a = \frac{\psi_1 h_b}{0.1(4.5 + l_0/H_0)H_0} + \left(\frac{1.2l_0}{a + 0.1l_0} - 2\right)\frac{h_b}{l_0}$$

式中　ψ_1 ——荷载折减系数,承重墙取值0.4,非承重墙取值0.35;

　　　　h_b ——托梁截面高度。

墙体斜截面上的剪力可依据下式进行计算:

$$V \leq \xi\left(0.2 + \frac{h_b}{l_0}\right)fhh_w$$

式中　ξ ——当墙梁为无洞口时,取值为 $\xi = 1.0$,有洞口时, $\xi = 0.5 + 1.25\frac{a}{l_0} \leq 0.9$;

　　　　f ——墙体抗剪强度;

　　　　h ——托梁以上墙体的总高度;

　　　　h_w ——墙体计算高度。

3. 托梁的设计

根据计算的内力,即可进行墙梁中托梁的设计。如果托梁为单跨梁,可按钢筋混凝土结构的简支梁进行计算。如果是多跨梁,则应按钢筋混凝土结构的连续梁进行计算。在施工阶段,还应按钢筋混凝土构件进行弯剪承载力验算。

4.8　挑　　梁

在砌体结构中,挑梁是部分与墙体共同工作、部分自身工作的结构构件。对挑梁本身来讲,它属于悬臂受弯构件,但构件将依靠墙体对它的压力来平衡,因此,在砌体结构中，挑梁与过梁、墙梁具有不同的受力特点。

4.8.1 挑梁的受力特点

挑梁在外力作用下，其自身与墙体发挥作用，一般将经历弹性工作阶段、带裂缝工作阶段和破坏阶段 3 个工作阶段。

1. 弹性工作阶段

挑梁在未受外荷载之前，墙体自重及其上部荷载在挑梁埋入墙体部分的上、下界面产生初始压应力 [图4-19（a）]。当挑梁端部施加外荷载 F 后，随着荷载 F 的增加，将首先达到墙体通缝截面的抗拉强度而出现水平裂缝 [图4-19（b）]，出现水平裂缝时的荷载为倾覆时外荷载的 20%～30%，此为弹性工作阶段。

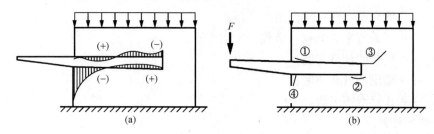

图 4-19　弹性工作阶段

（a）受力前的应力分布图；（b）受力后的应变图

2. 带裂缝工作阶段

随着外荷载 F 的继续增加，最开始出现的水平裂缝①将不断向内发展，同时挑梁埋入端下界面出现水平裂缝②并向前发展。随着上下界面水平裂缝的不断发展，挑梁埋入端上界面受压区和墙边下界面受压区也不断减小，从而在挑梁埋入端上角砌体处产生裂缝。随着外荷载的增加，此裂缝将沿砌体灰缝向后上方发展为阶梯形裂缝③，此时的荷载约为倾覆时外荷载的 80%。斜裂缝的出现预示着挑梁进入倾覆破坏阶段，在此过程中，也可能出现局部受压裂缝④。

3. 破坏阶段

随着外荷载 F 的继续增加，挑梁可能发生的破坏形态有以下 3 种：

（1）挑梁倾覆破坏：当挑梁倾覆力矩大于抗倾覆力矩时，挑梁尾端墙体斜裂缝不断开展，挑梁绕倾覆点发生倾覆破坏，如图 4-20（a）所示。

（2）梁下砌体局部受压破坏：当挑梁埋入墙体较深、梁上墙体高度较大时，挑梁下靠近墙边小部分砌体由于压应力过大发生局部受压破坏，如图 4-20（b）所示。

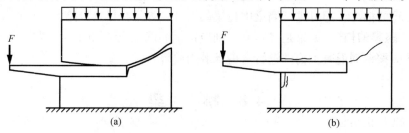

图 4-20　挑梁破坏形态

（a）倾覆破坏；（b）局部受压破坏

（3）挑梁自身弯曲破坏或剪切破坏。

4.8.2 挑梁的计算

根据挑梁的破坏形态，挑梁应进行承载力计算、抗倾覆验算和挑梁下砌体的局部受压承载力计算。

1. 承载力计算

在外部荷载作用下，挑梁的最大弯矩 M_0 可根据挑梁外伸部分的荷载状况来确定。如为端部集中荷载 F，则其产生的倾覆力矩为

$$M_0 = Fl(l \leqslant l_1) \qquad N \leqslant [N] = f_v b h_b$$

式中　l ——挑梁的悬臂长度；

　　　h_b ——挑梁的截面高度；

　　　f_v ——梁的抗剪强度设计值；

　　　b ——挑梁的宽度；

　　　l_1 ——挑梁伸入墙体的长度。

2. 抗倾覆验算

当梁伸入墙体的部分受到墙的自重和楼盖荷载所产生的抗倾覆力矩小于挑梁外伸部分承担荷载所引起的倾覆力矩时，挑梁将发生倾覆。为避免此类问题的发生，需进行抗倾覆验算，即挑梁的抗倾覆力矩 M_r 须大于倾覆力矩 M_0。

$$M_r \geqslant M_0 \qquad M_r = 0.8 G_r(l_2 - x_0)$$

式中　G_r ——挑梁的抗倾覆荷载（图 4-21），为挑梁尾端上部扩展角的阴影范围内，本层的砌体与楼面恒荷载标准值之和；

　　　l_2 —— G_r 作用点到外墙边的距离；

　　　x_0 ——倾覆点到外墙边的距离，当 $l_1 \geqslant 2.2 h_b$ 时，$x_0 = 0.3 h_b \leqslant 0.13 l_1$；否则，$x_0 = 0.13 l_1$。

3. 挑梁下砌体的局部受压承载力计算

挑梁下砌体局部受压承载力可按下式计算：

$$N_1 \leqslant \eta \gamma f A_1$$

式中　N_1 ——挑梁下的支承压力，可取 2 倍的挑梁倾覆荷载设计值；

　　　η ——梁端底面压应力图形的完整系数，可取 0.7；

　　　γ ——砌体局部抗压强度提高系数，一般取 1.25；

　　　A_1 ——挑梁下砌体局部受压面积，可取 $A_1 = 2.2 b h_b$。

4.8.3 挑梁的构造要求

（1）为了确保挑梁的正常工作，挑梁的纵向受力钢筋至少应有一半的钢筋面积伸入梁尾端。

（2）挑梁埋入砌体的长度与挑出长度之比宜大于 1.2。当挑梁上无砌体时，挑梁放在砌体上的长度与挑出长度之比宜大于 2。

（3）施工阶段的挑梁稳定性应考虑施工荷载的加入。在必要时，应加临时支撑予以保护。

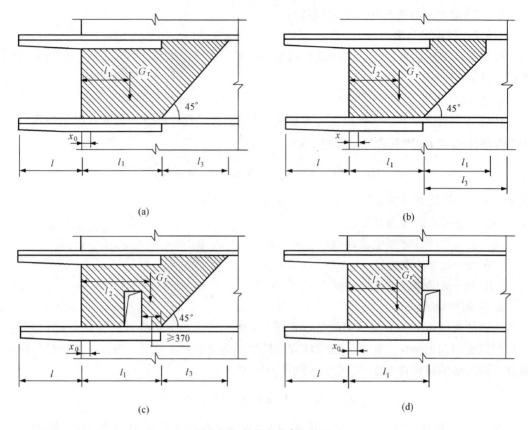

图 4-21　挑梁的抗倾覆荷载

（a）$l_3 \leqslant l_1$ 时；（b）$l_3 > l_1$ 时；（c）洞在 l_1 之内；（d）洞在 l_1 之外

4.9　砌体结构构造要求

针对砌体结构的特点，为了保证结构有足够的承载力、稳定性和耐久性，我国的砌体结构设计规范规定，除正常结构计算外，必须设置一些构造措施来满足结构承载要求。

4.9.1　一般构造要求

（1）砖强度等级低于 MU10 或采用石灰砂浆砌筑的普通黏土砖砌体，其耐久性差，容易腐蚀风化，因此规范规定 5 层及 5 层以上房屋的墙及受振动或层高大于 6m 的墙、柱所用材料的最低强度等级不得低于相应的规范规定，即砖强度等级不得低于 MU10，砌块强度等级不得低于 MU7.5，石材强度等级不得低于 MU30，砂浆强度等级不得低于 M5。对安全等级为一级或设计使用年限大于 50 年的建筑物或构筑物，墙柱所用材料的最低强度等级至少应在原基础上提高一级。

（2）为了避免墙柱截面过小而导致稳定性能变差，承重的独立砖柱截面尺寸不应小于 240mm×370mm。毛石墙的厚度不宜小于 350mm。毛料石柱截面较小边长不宜小于 400mm。当有振动荷载时，墙、柱不宜采用毛石砌体。

（3）为了增强砌体的整体性，规范规定，当屋架跨度大于 6m、砖砌体上的梁跨度大于4.8m、砌块和料石砌体上的梁跨度大于4.2m、毛石砌体上的梁跨度大于3.9m时，应在砌体支承处设置混凝土或钢筋混凝土垫块，或增加壁柱。当墙中设有圈梁时，垫块与圈梁宜浇成整体。

（4）预制钢筋混凝土板的支承长度在墙上不宜小于100mm，在钢筋混凝土圈梁上不宜小于80mm。

（5）砌体应分皮错缝搭砌，中型砌块上下皮搭砌长度不得小于砌块高度的三分之一，小型空心砌块上下皮搭砌长度不得小于150mm。当搭砌长度不满足上述要求时，应在水平灰缝内设置不少于2根直径4mm的钢筋网片，网片每端均应超过该垂直缝，其长度不得小于300mm。

（6）在砌体中留槽洞及埋设管道时，不应在截面长边小于500mm的承重墙或墙体独立柱内埋设管线，且不宜在墙体中穿行暗线或预留开凿沟槽。无法避免时，应采取必要的措施或按削弱后的截面验算墙体的承载力。

4.9.2 防裂构造要求

（1）为了防止或减轻房屋在正常使用条件下由温差和砌体干缩引起的墙体竖向裂缝，应在墙体中设置伸缩缝。伸缩缝应设在因温度和收缩变形可能引起应力集中、砌体产生裂缝可能性最大的地方。伸缩缝的间距应不大于表4-8中的规定值。

（2）设置伸缩缝的同时应在屋面设置保温、隔热层以降低温度应力，在钢筋混凝土屋面板与墙体圈梁的接触面处设置水平滑动层，顶层屋面板下设置现浇钢筋混凝土圈梁并与外墙拉通等措施作为补充。

（3）女儿墙应设置构造柱，构造柱间距不宜大于4m，构造柱应通到女儿墙顶并与现浇钢筋混凝土压顶整浇在一起。

表4-8　砌体结构伸缩缝的最大间距　　　　　　　　　　　　　　　　　　m

屋盖或楼盖类别		间　距
整体式或装配整体式钢筋混凝土结构	有保温层或隔热层的屋盖、楼盖	50
	无保温层或隔热层的屋盖	40
装配式无檩体系钢筋混凝土结构	有保温层或隔热层的屋盖、楼盖	50
	无保温层或隔热层的屋盖	50
装配式有檩体系钢筋混凝土结构	有保温层或隔热层的屋盖	75
	无保温层或隔热层的屋盖	60
瓦材屋盖、木屋盖或楼盖、轻钢屋盖		100

（4）为防止或减轻房屋底层墙体裂缝，可根据情况增大基础圈梁的刚度，或在底层的窗台下墙体灰缝内设置3道焊接钢筋网片或2根直径6mm的钢筋，钢筋伸入两边窗间墙内不小于600mm。

（5）对灰砂砖、粉煤灰砖、混凝土砌块或其他非烧结砖，宜在各层门窗过梁上方的水平灰缝内及窗台下第一和第二道水平灰缝内设置焊接钢筋网片或2根直径6mm钢筋，焊接钢筋网片或钢筋应伸入两边窗间墙内不小于600mm。当灰砂砖、粉煤灰砖、混凝土砌块或其他非烧结砖实体墙长大于5m时，宜在每层墙高度中部设置焊接钢筋网片或3根直径6mm的通长水平钢筋，竖向间距宜为500mm。

（6）当房屋刚度较大时，可在窗台下或窗台角处墙体内设置竖向控制缝。在墙体高度或厚度突然变化处，也宜设置竖向控制缝或采取其他可靠的防裂措施。竖向控制缝的构造和嵌缝材料应能满足墙体平面外传力和防护的要求。

（7）灰砂砖和粉煤灰砖砌体宜采用黏结性好的砂浆砌筑，混凝土砌块砌体应采用砌块专用砂浆砌筑。

4.9.3 其他构造要求

由于墙体材料具有脆性及砌体结构整体性能较差的原因，在历次强烈地震中，砌体结构建筑物和构筑物的破坏率都较高。但大量的实践表明，凡是采取了适当的构造措施，经过合理抗震设防的建筑物，还是具有一定抗震能力的。为此，我国的抗震规范对砌体结构做出了相应的规定。

1. 抗震设计的一般规定

震害表明，在一般场地条件下，砌体结构层数越多，高度越高，其震害和破坏率就越大，因此必须对砌体结构的层数和总高度做出限制。为此，规范规定，多层砌体结构房屋的总高度和层数一般情况下不应超过表 4-9 的规定。各层横墙很少的多层砌体房屋，还应根据具体情况适当降低总高度和减少层数。

表 4-9　多层砌体结构房屋的总高度和层数规定

房屋类别		最小墙厚度（mm）	设防烈度和设计基本地震加速度										
			6		7				8				9
			0.05g		0.10g		0.15g		0.20g		0.30g		0.40g
			高度	层数	高度	层数	高度	层数	高度	层数	高度	层数	高度	层数
多层砌体房屋	普通砖	240	21	7	21	7	21	7	18	6	15	5	12	4
	多孔砖	240	21	7	21	7	18	6	18	6	15	5	9	3
	多孔砖	190	21	7	18	6	15	5	15	5	12	4	—	
	混凝土砌块	190	21	7	21	7	18	6	18	6	15	5	9	3
底部框架-抗震墙砌体房屋	普通砖多孔砖	240	22	7	22	7	19	6	16	5	—		—	
	多孔砖	190	22	7	19	6	16	5	13	4	—		—	
	混凝土砌块	190	22	7	22	7	19	6	16	5	—		—	

同时，为了保证砌体结构整体弯曲的承载力，结构总高度与总宽度的最大比值也应符合一定的要求，见表 4-10。此外，由于砌体结构的横向水平地震力主要由横墙承受，因此，除了要求横墙须满足抗震承载力之外，还需要横墙间距保证楼盖传递水平地震力所需要的刚度，因此必须对横墙间距做出相应的限制，见表 4-11。

表 4-10　房屋最大高宽比规定

烈　　度	6 度	7 度	8 度	9 度
最大高宽比	2.5	2.5	2.0	1.5

表 4-11　房屋抗震横墙间距规定

房屋类别		烈度			
		6 度	7 度	8 度	9 度
多层砌体	现浇或装配整体式钢筋混凝土楼盖、屋盖	18	18	15	11
	装配式钢筋混凝土楼盖、屋盖	15	15	11	7
	木楼、屋盖	11	11	7	4
底部框架-抗震墙	上部各层	同多层砌体房屋			—
	底层或底部两层	21	18	15	—
多排柱内框架		25	21	18	—

2. 构造柱的设置要求

构造柱虽然对提高砌体的承载能力较为有限，但对墙体的约束和防止墙体开裂后砖的散落能起非常显著的限制作用。构造柱与圈梁一起将墙体分片包围，能限制开裂后砌体裂缝的延伸和砌体的错位，使砌体能够维持一定的竖向承载力，避免墙体倒塌。因此，我国的抗震设计规范对构造柱的设置提出了具体规定，如构造柱的最小截面为 240mm ×180mm，纵向钢筋宜采用 4 根直径不小于 12mm 钢筋；箍筋间距不宜大于 250mm，且在柱上下端宜适当加密。房屋 4 角的构造柱应适当加大截面与配筋。构造柱与墙体连接处应砌成马牙槎，并且应沿墙高每隔 500mm 设置 2 根直径 6mm 的拉结钢筋，每边伸入墙内不宜小于 1m。构造柱与圈梁连接处，构造柱的纵筋应穿过圈梁，保证构造柱纵筋上下贯通，参见图 4-22。构造柱钢筋的具体设置要求见表 4-12，对设置位置的要求见表 4-13。

表 4-12　构造柱钢筋的设置要求

位置	纵向钢筋				箍筋		
	最大配筋率（%）	最小配筋率（%）	最小直径（mm）	加密区范围（mm）	加密区间距（mm）	最小直径（mm）	
角柱	1.8	0.8	14	全高	100	6	
边柱			14	上端 700			
中柱	1.4	0.6	12	下端 500			

表 4-13　构造柱设置位置要求

房　屋　层　数				设置部位	
6 度	7 度	8 度	9 度		
≤5	≤4	≤3		楼、电梯间四角，楼梯斜梯段上下端对应的墙体处；外墙四角和对应转角；错层部位横墙与外纵墙交接处；大房间内外墙交接处；较大洞口两侧	隔 12m 或单元横墙与外纵墙交接处；楼梯间对应的另一侧内横墙与外纵墙交接处
6	5	4	2		隔开间横墙（轴线）与外墙交接处；山墙与内纵墙交接处
7	6、7	5、6	3、4		内墙（轴线）与外墙交接处；内墙的局部较小墙垛处；内纵墙与横墙（轴线）交接处

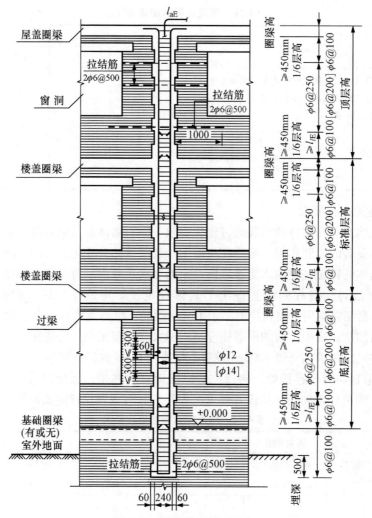

图 4-22　构造柱的设置要求

3. 钢筋混凝土圈梁的设置要求

钢筋混凝土圈梁是砌体结构有效的抗震措施之一。圈梁不仅可以增强房屋的整体性，限制墙体斜裂缝的开展和延伸，而且可以减轻地震时地基不均匀沉降对房屋的影响，提高楼盖的水平刚度。为此，抗震设计规范规定，多层普通砖、多孔砖房屋的现浇钢筋混凝土圈梁设置应符合表 4-14 的规定。同时，结构中设置的圈梁应闭合。圈梁宜与楼板设在同一标高处或紧靠板底。圈梁的截面高度不应小于 120mm，配筋不小于 4 根直径 10mm 的钢筋。

表 4-14　钢筋混凝土圈梁设置规定

墙类	烈度		
	6、7 度	8 度	9 度
外墙和内纵墙	屋盖处及每层楼盖处	屋盖处及每层楼盖处	屋盖处及每层楼盖处
内横墙	屋盖处与每层楼盖处、屋盖处间距不应大于 7m；楼盖处间距不应大于 15m；构造柱对应部位	屋盖处与每层楼盖处；屋盖沿所有横墙，且间距不应大于 7m；楼盖处间距不应大于 7m；构造柱对应部位	屋盖处与每层楼盖处；各层所有横墙

4. 墙体楼盖之间的连接

为了保证结构的整体性，结构中墙体的连接及墙体与楼盖之间的连接应在外墙转角及内外墙交接处沿墙高每隔500mm配置2根直径6mm的拉结钢筋，并每边伸入墙内不宜小于1m。后砌的非承重隔墙应沿墙高每隔500mm配置2根直径6mm的拉结钢筋与承重墙或柱拉结，每边伸入墙内不应少于500mm。墙体构造要求如图4-23所示。

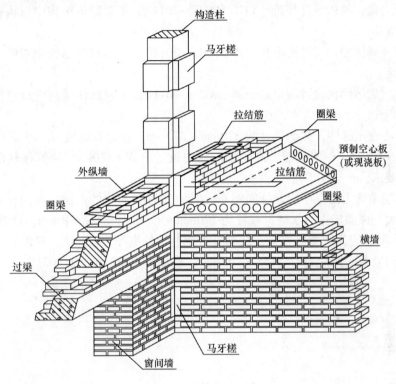

图4-23　墙体构造要求

对楼板，其在墙体上的搁置长度均不应小于120mm。当板的跨度大于4.8m并与外墙平行时，靠外墙的楼板应与墙或圈梁拉结。在8度及8度以上地区，门窗洞口处不应采用无筋砖过梁。过梁的支承长度不应小于240mm，9度时不应小于360mm。

5. 当相邻建筑高度相差6m以上且结构有错层、结构各部分结构刚度差异较大时，应设置防震缝，缝宽一般为50~100mm。

本章应掌握的主要知识

1. 了解和掌握砌块与砂浆的种类及其参数。
2. 掌握砌体的破坏特征及其强度的影响因素。
3. 熟练掌握砌体结构受压构件承载力计算方法。
4. 熟练掌握墙体竖向荷载的计算方法。
5. 熟练掌握砌体结构受压构件稳定性（高厚比）的分析方法。
6. 理解并牢记砌体结构的构造要求。

7. 了解过梁的种类及其受力特点，并掌握不同过梁的要求。

本章习题

1. 参阅《砌体结构设计规范》（GB 50003—2011），了解砌体结构中对构造柱的设置有哪些具体规定。

2. 参阅《砌体结构设计规范》（GB 50003—2011），了解砌体结构中对圈梁的设置有哪些具体规定。

3. 参阅《砌体结构设计规范》（GB 50003—2011），了解砌体结构中对拉结筋的设置有哪些具体规定。

4. 一轴心受压砖柱，截面尺寸为 $370mm \times 370mm$，柱计算高度 $H_0 = 5m$，采用 MU10 普通实心砖，M5 混合砂浆砌筑，承受轴向压力设计值 $N = 110kN$。验算该柱的抗压承载力是否满足要求。

5. 某单层单跨无吊车厂房，柱间距 6m，每开间有 3m 宽的窗洞，车间长 48m，采用钢筋混凝土大型屋面板作为屋盖，壁柱为 $370mm \times 490mm$，墙厚 240mm，计算高度 $H_0 = 6.84m$。该车间确定为刚弹性方案，试验算带壁柱墙的高厚比。（注：只做整片墙的高厚比验算，窗间墙截面惯性矩 $I = 8858 \times 10^5 mm^4$，砌体采用 M5 混合砂浆砌筑）

5 混凝土结构

混凝土结构是素混凝土结构、钢筋混凝土结构和预应力混凝土结构的总称。由于混凝土易于取材，施工便利，可塑性好，并在和钢筋及其他材料的组合下大幅提高了结构承载力，因而在工程结构中得到了广泛的应用，以钢筋混凝土所建成的结构已成为工程中的主要承载结构之一。

5.1 钢筋与混凝土材料

5.1.1 混凝土

混凝土是由胶凝材料、石料和水组成的多孔、多极、非均质复合材料，它将胶凝材料、石料和水按适当的比例拌和后，经一定时间的化学反应形成了坚硬的固体。由于混凝土具有很高的抗压强度，并具有其他材料所不具备的较多优点，因而成为工程中使用最多的工程结构材料之一。从总体上看，混凝土材料具有以下几个方面的特点：

（1）原材料来源丰富，价格低廉。

（2）利用模板可浇筑成任意形状、尺寸的构件或整体结构。

（3）抗压强度较高，并可根据需要配制不同强度的混凝土。

（4）具有良好的耐久性。在自然环境下，其耐久性比木材和钢材优越得多。

（5）耐火性能好。混凝土在高温下仍能保持较长时间的强度。

（6）混凝土抗拉强度较低，脆性大，抗裂性和抗冲击性能差。

（7）混凝土自重较大，给结构带来较大的荷载。

（8）施工中模板用量较大，周转材料多，耗费较高。

（9）混凝土凝结时间较长，施工工期较长。

（10）混凝土隔声隔震性能差。

在普通混凝土中，粗细骨料一般占混凝土体积的 70%～80%，因此，骨料在混凝土中承担着骨架和填充作用。而水泥和水构成的水泥浆尽管只占容积的 20%～30%，但能够把骨料颗粒凝结为整体，所以说，水泥浆是混凝土强度的来源，是维系混凝土材料整体性的关键组分。

混凝土的强度等级主要有两个指标，即混凝土的轴心抗压强度和轴心抗拉强度。我国《混凝土结构设计规范》［GB 50010—2010（2015 年版）］按照混凝土立方体抗压强度标准值将混凝土共划分为 14 个强度等级，即 C15、C20、C25、C30、C35、C40、C45、C50、C55、C60、C65、C70、C75、C80。不同强度等级的标准值见表 5-1。其中，立方体抗压强度标准值是指按标准方法制作、养护的边长为 150mm 的立方体试件在 28d 或设计规定龄期以标准试验法测得的具有 95% 保证率的抗压强度值。

表 5-1 混凝土强度标准值 N/mm²

强度种类	混凝土强度等级													
	C15	C20	C25	C30	C35	C40	C45	C50	C55	C60	C65	C70	C75	C80
轴心抗压强度 f_{ck}	10.0	13.4	16.7	20.1	23.4	26.8	29.6	32.4	35.5	38.5	41.5	44.5	47.4	50.2
轴心抗拉强度 f_{tk}	1.27	1.54	1.78	2.01	2.20	2.39	2.51	2.64	2.74	2.85	2.93	2.99	3.05	3.11

混凝土在荷载的长期作用下，变形会随着时间的不断增长而发生变化，这种现象称为混凝土的徐变。徐变会对结构产生一些不利影响，如在长期荷载作用下，结构的变形增大，引起预应力损失；徐变也会使结构产生内力重分布，使结构受力更加合理，因此，徐变对结构的影响有利有弊。试验表明，结构的初始应力越大，徐变越大；荷载加载时间越长，结构产生的徐变越小；混凝土水泥用量越多，水灰比越大，徐变也越大。在混凝土的后期养护过程中，水泥水化作用越充分，徐变就越小。

在混凝土的力学性质中，混凝土的弹性模量是反映混凝土应力-应变关系的一个重要物理量，它是应力与应变的比值。当混凝土的弹性模量越大时，表明它在某个应力作用下所产生的应变相对越小。因此，混凝土的弹性模量反映了材料受力后的相对变形性质。不同强度混凝土的弹性模量可按表 5-2 采用。

表 5-2 混凝土的弹性模量 10^4 N/mm²

混凝土强度等级	C15	C20	C25	C30	C35	C40	C45	C50	C55	C60	C65	C70	C75	C80
E_e	2.20	2.55	2.80	3.00	3.15	3.25	3.35	3.45	3.55	3.60	3.65	3.70	3.75	3.80

5.1.2 混凝土结构用钢

混凝土结构所用钢材一般主要有两类，一类是柔性钢筋，另一类是劲性型钢。

1. 柔性钢筋

柔性钢筋即为通常所称的钢筋，按加工方法不同，用于混凝土结构的钢筋主要有热轧钢筋、冷拉钢筋、热处理钢筋、冷轧钢筋、冷拔低碳钢丝、钢绞线等。钢筋混凝土结构主要使用热轧钢筋。

热轧钢筋由低碳钢或低合金钢热轧而成，按屈服强度标准值的大小，常用热轧钢筋分为 HPB300、HRB335、HRB400、HRBF400、RRB400、HRB500、HRBF500 七个级别。各级钢筋强度标准值参见表 5-3。按照外形不同，钢筋可分为光圆钢筋和变形钢筋（人字纹、螺旋纹、月牙纹）两种，如图 5-1 所示。光圆钢筋直径有 8mm、10mm、12mm、16mm 和 20mm 五种。带肋钢筋直径有 6mm、8mm、10mm、12mm、16mm、20mm、25mm、32mm、40mm 和 50mm 十种。这些钢筋中，纵向受力钢筋宜采用 HRB335、HRB400、HRBF400、RRB400、HRB500 钢筋；梁柱纵向受力钢筋宜采用 HRB400、HRBF400、HRB500、HRBF500 钢筋；箍筋宜采用 HPB300、HRB335 钢筋。钢筋和截面面积及理论质量见附录 1。

表 5-3　普通钢筋强度标准值　　　　　　　　　　　　N/mm²

牌号	符号	公称直径 d（mm）	屈服强度标准值 f_{yk}	极限强度标准值 f_{stk}
HPB300	Φ	6～14	300	420
HRB335	Φ	6～14	335	455
HRB400 HRBF400 RRB400	Φ Φ^V Φ^R	6～50	400	540
HRB500 HRBF500	Φ Φ^F	6～50	500	630

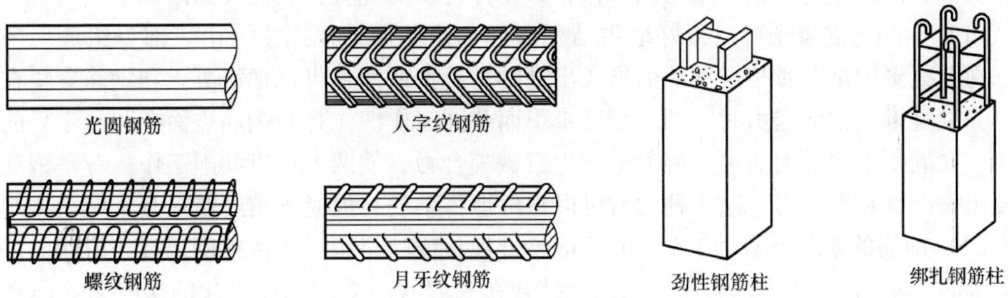

光圆钢筋　　　人字纹钢筋　　　劲性钢筋柱　　　绑扎钢筋柱

螺纹钢筋　　　月牙纹钢筋

图 5-1　钢筋外形

2. 劲性型钢

劲性型钢即指角钢、槽钢、工字钢、钢管和钢板等钢材。

在钢筋混凝土结构中，由于某些特殊环境或超大荷载的需求，一般性的钢筋混凝土结构已无法满足结构的承载要求，为此，由型钢、钢管、工字钢等材料与混凝土一同组成的新型钢筋混凝土结构便呈现出来，尤其在一些超大型设备基础、地质条件很差的工程中发挥着特别重要的作用。

3. 钢筋的代换

在工程建设中，经常会由于多种原因而使材料无法满足工程需求，特别是钢筋混凝土中的钢筋，在其施工中，并不一定就能完全按照设计要求供应所需规格的钢筋。为了不影响工程项目的正常实施，常采用其他近似规格的钢筋予以替换。如施工现场需要直径为 6mm 的钢筋但现场只有 8mm 的钢筋，或现场只有二级钢筋而施工需要一级钢筋，即可按照等强度原理进行钢筋代换。

钢筋的代换分为等强代换和非等强代换。等强代换是指被替换的钢筋属于同一强度级别。例如，设需要的钢筋为 $n_1 \phi d_1$，而现场只有 ϕd_2 的钢筋，则据：

$$n_1 \pi \left(\frac{d_1}{2} \right)^2 \times f = n_2 \pi \left(\frac{d_2}{2} \right)^2 \times f$$

可计算出用 ϕd_2 钢筋所需的量 n_2。其中，n_1 为原设计钢筋 ϕd_1 所需要的量，n_2 为 ϕd_2 钢筋所需的量，f 为钢筋的强度。

非等强代换是指被替换的钢筋不属于同一强度级别，此时，若设需要的钢筋为

$n_1\phi d_1$，而现场只有 ϕd_2 的钢筋，则据

$$n_1\pi\left(\frac{d_1}{2}\right)^2\times f_1 = n_2\pi\left(\frac{d_2}{2}\right)^2\times f_2$$

可计算出用 ϕd_2 钢筋所需的量 n_2。其中，n_1 为原设计钢筋 ϕd_1 所需要的量，n_2 为 ϕd_2 钢筋所需的量，f_1 为原设计钢筋 ϕd_1 的强度，f_2 为 ϕd_2 钢筋的强度。

5.1.3 钢筋和混凝土的相互作用

钢筋混凝土是由钢筋和混凝土这两种性质截然不同的材料组成的，混凝土的抗压强度较高，而抗拉强度很低，尤其不宜承载拉力和弯矩。钢筋的抗拉和抗压强度都很高，但单独工作时易失稳和易锈蚀。若将两者结合在一起，让混凝土承压、钢筋承拉，就可以有效地利用各自材料性能的长处，并在一定程度上起到提高构件承载能力的作用。

钢筋和混凝土能够很好地协同工作，并发挥各自的优势，其主要原因如下：

（1）钢筋与混凝土可以很好地黏结在一起。这种黏结作用主要由三部分组成：一是钢筋在混凝土中是以骨架或网片的形式出现的，骨架或网片可以把混凝土和钢筋聚集在一起，当混凝土或钢筋受力时，两者相互牵引而共同工作。二是当钢筋表面有凹凸不平的波纹时，在混凝土中受力后可与混凝土产生机械咬合力，使两者可以共同工作。三是钢筋与混凝土表面存在摩擦力。这 3 种力就可以很好地将钢筋与混凝土结合在一起。

（2）钢筋的膨胀系数为 1.2×10^{-5} mm/（mm·℃），混凝土的线膨胀系数为 1.0×10^{-5} mm/（mm·℃），由此可以看出，当两者结合在一起共同受到温度变化的影响时，两者的变形基本相等，相互产生的相对位移几乎可以忽略不计，即使存在相对位移，也会由于上述 3 种力的存在而消除，不至于破坏钢筋混凝土结构的整体性。

（3）当钢筋在混凝土中安置时，混凝土对钢筋具有保护作用。

5.2 受弯构件的正截面承载力设计

5.2.1 受弯构件

当构件在纵向平面内受到力偶或垂直于杆轴线的横向力作用时，构件的轴线将由直线变成曲线，如建筑中的梁、楼板、雨篷、挑檐等是工程实际中受弯的典型构件。工程中以弯曲变形为主的构件统称为受弯构件。

按支座情况不同，梁分为悬臂梁、简支梁和连续梁。其中，悬臂梁的一端是固定端，另一端为自由端；简支梁的一端是固定铰支座，另一端为可动铰支座；连续梁是当梁过长时，为了减小梁的断面尺寸而增加若干支座的梁。

在梁的计算简图中，梁用其轴线表示，梁上荷载简化为作用在梁轴线上的集中荷载或线荷载，支座则视其对梁的约束，简化为可动铰支座、固定铰支座或固定端支座。梁相邻两支座间的距离称为梁的跨度。悬臂梁、简支梁、连续梁的计算简图如图 5-2 所示。静定

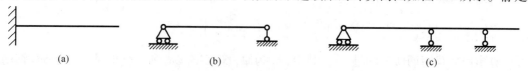

(a)　　　　　　　(b)　　　　　　　(c)

图 5-2 悬臂梁、简支梁、连续梁的计算简图

（a）悬臂梁；（b）简支梁；（c）连续梁

梁在简单荷载作用下的剪力图和弯矩图参见附录2。

5.2.2 受弯构件的受力状态

受弯构件最具有代表性的构件一般为单筋矩形截面简支梁，若以一承受两个等值集中荷载的简支梁为例（图5-3），其集中力之间形成纯弯段（忽略梁自重），则梁的正截面受力和变形可分为3个阶段。

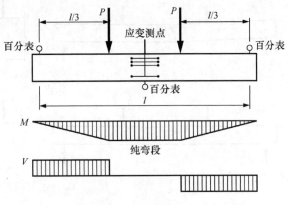

图5-3　简支梁受力图

1. 第一阶段——弹性工作阶段

从开始加荷到受拉区混凝土开裂前，简支梁整个截面均参与受力。加载初始，由于荷载较小，截面上混凝土的拉应力和压应力分布呈直线变化，混凝土处于弹性阶段。随着荷载的增加，当简支梁受拉区边缘拉应力达到混凝土的抗拉极限时，截面处于即将开裂的极限状态，这一阶段被定为混凝土的弹性阶段。因此，这一阶段的截面应力图形是受弯构件正截面抗裂度计算的依据。

2. 第二阶段——带裂缝工作阶段

当荷载继续增加时，受拉混凝土边缘应变超过其极限拉应变，混凝土开裂。在开裂截面，受拉混凝土逐渐退出工作，拉力主要由钢筋承担。随着荷载的继续增大，裂缝向受压区方向延伸，新裂缝也不断出现，混凝土受压区的塑性变形有所发展，压应力图呈曲线形分布。同时，由于裂缝的出现和扩展，梁的刚度下降。当荷载增加到使钢筋应力达到屈服强度时，标志着第二阶段的结束。由于一般钢筋混凝土梁在使用条件下多处于这个阶段，所以，这一阶段的应力状态是受弯构件使用阶段变形和裂缝宽度验算的依据。

3. 第三阶段——破坏阶段

随着受拉钢筋拉应力的增大，裂缝进一步向上开展，中和轴上移，混凝土受压区高度减小，裂缝宽度变大，构件挠度也急剧增加，并出现梁破坏前的预兆。同时，梁受压区压应变随受压区高度的减小而增大，当受压区边缘应变达到混凝土受压的极限压应变值时，截面达到极限承载力。此时，受压混凝土被压碎，构件完全破坏，第三阶段结束。这一阶段的截面应力图形是构件正截面承载力计算的依据。

在这个阶段中，如果梁内配置的钢筋较为适中，当受压区混凝土破坏时，受拉钢筋也基本上达到了承载极限，破坏时有明显的预兆，属于延性破坏。这表明，混凝土与梁的配筋都发挥了其应有的作用，这种梁被称为适筋梁。

当梁内配置的钢筋过多时，随着荷载的增大，受压混凝土被压碎。但钢筋尚未屈服而处于弹性阶段时，不能充分发挥受拉钢筋的作用，破坏没有明显的预兆，属于脆性破坏，这种梁被称为超筋梁。

当梁内配置的钢筋过少时，随着荷载的增大，受拉区混凝土一旦开裂，裂缝截面的全部拉力便转由钢筋承担。由于钢筋配置得过少，其拉应力很快超过屈服强度而被拉断，而受压区混凝土还没有达到极限状态，这种构件被称为少筋梁。图5-4分别描述适筋梁、超

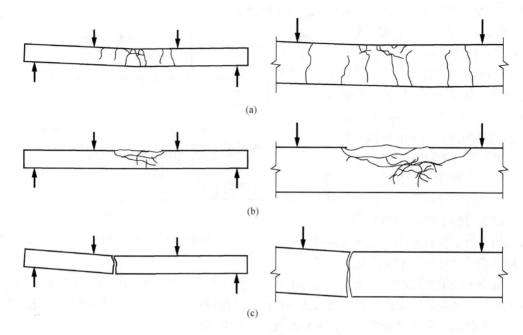

图 5-4　梁的正截面破坏

（a）适筋梁；（b）超筋梁；（c）少筋梁

筋梁及少筋梁的破坏形态。

在梁受力的 3 个阶段中，阶段二是梁的正常使用阶段，也就是说，普通钢筋混凝土梁是带裂缝工作的，而正常使用极限状态就是当裂缝宽度及挠度达到一定限值时的状态。状态三则是梁的承载力极限状态。

5.2.3　受弯构件正截面承载力计算方法

1. 假设条件

钢筋混凝土受弯构件是钢筋混凝土结构的基本构件之一，受弯构件内的钢筋主要包括架立钢筋、纵向受拉钢筋和箍筋。架立钢筋设置在梁的受压区内，其位置通常在截面受压区的角部。架立钢筋的作用主要是固定箍筋，并与受拉区的受力钢筋形成钢筋骨架，同时也能承受一些由于混凝土收缩及温度变化等引起的拉应力。箍筋的主要作用是既可将混凝土箍结在一起，又能抵抗梁中的剪力。纵向受力钢筋主要承担梁的弯矩所引起的拉应力。为了承担剪力，通常将纵向受拉钢筋在接近梁的端部弯起，如图 5-5 所示。

根据纵向受力钢筋配置的不同，受弯构件又分为单筋截面和双筋截面两种。前者是指只在受拉区配置纵向受力钢筋的受弯构件；后者是指同时在梁的受拉区和受压区配置纵向受力钢筋的受弯构件。配置在受拉区的纵向受力钢筋主要用来承受由弯矩在梁内产生的拉应力，配置在受压区的纵向受力钢筋则是用来补充混凝土受压能力的不足。由于双筋截面梁利用钢筋来协助混凝土承受压力不太经济，因此，实际工程中双筋截面梁一般只在有特殊需要时才考虑采用。

在设计钢筋混凝土受弯构件时，钢筋混凝土受弯构件正截面受弯承载力计算是以适筋梁破坏状态为依据的，为了便于工程应用，《混凝土结构设计规范》［GB 50010—2010（2015 年版）］规定，正截面承载力应按下列 4 个基本假定进行计算：

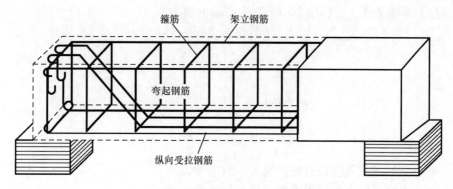

图 5-5　梁内钢筋配置图

（1）截面应保持平面，即构件正截面从发生弯曲变形直至最终破坏依然保持为平面，平均应变沿截面高度方向按线性规律分布。

（2）不考虑截面受拉区混凝土的抗拉作用，即假定全部拉力由纵向受拉钢筋承担。

（3）混凝土受压区压应力与压应变的关系遵循线性关系。

（4）钢筋的应力取钢筋应变与其弹性模量的乘积，但其取值应符合《混凝土结构设计规范》［GB 50010—2010（2015 年版）］的应力取值规定，且钢筋的极限应变取 0.01。

2. 计算公式

为便于建立矩形截面受弯构件正截面承载力计算公式，适筋梁的基本受力应力图形可由图 5-6(b) 所示的曲线应力图简化为图 5-6(c) 所示的等效矩形应力图。简化的原则是等效矩形应力图形的混凝土受压区合力大小不变、合力作用点与实际混凝土受压区效果一致。f_c 为混凝土轴心抗压强度设计值，$\alpha_1 f_c$ 为等效矩形应力图形的应力值，受压区高度 $x = \beta_1 x_0$，x_0 为受压区实际高度。α_1 和 β_1 与混凝土强度等级有关，见表5-4。

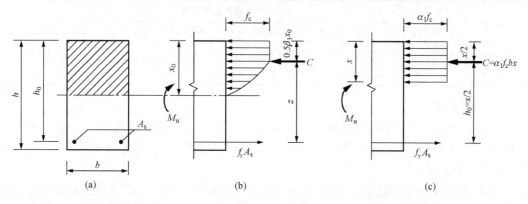

图 5-6　矩形截面受弯构件正截面应力图

（a）剖面；（b）曲线应力图；（c）等效矩形应力图

表 5-4　混凝土的 α_1 和 β_1 值

混凝土强度等级	≤ C50	C55	C60	C65	C70	C75	C80
β_1	0.8	0.79	0.78	0.77	0.76	0.75	0.74
α_1	1.0	0.99	0.98	0.97	0.96	0.95	0.94

根据静力平衡条件，可得出截面的静力平衡方程为

$$f_y A_s = \alpha_1 f_c bx$$

$$M \leqslant \alpha_1 f_c bx \left(h_0 - \frac{x}{2} \right)$$

$$x = h_0 \left(1 - \sqrt{1 - \frac{2M}{f_c b \alpha_1 h_0^2}} \right)$$

$$M \leqslant f_y A_s \left(h_0 - \frac{x}{2} \right)$$

式中　　f_y——钢筋抗拉强度设计值，见表 5-5；

　　　　f_c——混凝土轴心抗压强度设计值，见表 5-6；

　　　　x——等效矩形应力图形的混凝土受压区高度；

　　　　A_s——受拉钢筋截面面积；

　　　　h_0——截面的有效高度，纵向受拉钢筋合力点至截面受压边缘的距离；

　　　　b——梁的截面宽度；

　　　　M——弯矩设计值。

表 5-5　钢筋强度设计值　　　　　　　　　　　　　　　　　　　　　　　　　　　　N/mm^2

牌号	抗拉强度设计值 f_y	抗压强度设计值 f_y'
HPB300	270	270
HRB335	300	300
HRB400、HRBF400、RRB400	360	360
HRB500、HRBF500	435	435

表 5-6　混凝土轴心抗压抗拉强度设计值　　　　　　　　　　　　　　　　　　　　　N/mm^2

强度种类	混凝土强度等级													
	C15	C20	C25	C30	C35	C40	C45	C50	C55	C60	C65	C70	C75	C80
轴心抗压 f_c	7.2	9.6	11.9	14.3	16.7	19.1	21.1	23.1	25.3	27.5	29.7	31.8	33.8	35.9
轴心抗拉 f_t	0.91	1.10	1.27	1.43	1.57	1.71	1.80	1.89	1.96	2.04	2.09	2.14	2.18	2.22

3. 适用范围

为了使上述公式在结构设计中具有有效性，《混凝土结构设计规范》［GB 50010—2010（2015 年版）］对混凝土受压区高度 x 与截面有效高度 h_0 之比 ξ 做出了规定，并称 ξ 为相对受压区高度。

当构件正截面内受拉钢筋达到屈服应变值 f_y/E_s，同时受压区边缘混凝土也达到受弯时极限压应变 ε_{cu} 时，构件处于适筋和超筋界限的承载力极限状态，其等效代换后的受压区高度 x 与截面有效高度 h_0 的比值被称为界限相对受压区高度，并以 ξ_b 来表示。对普通钢筋来讲，ξ_b 可按下式来计算：

$$\xi_b = \frac{x}{h_0} = \frac{\beta_1}{1 + f_y/\varepsilon_{cu} E_s}$$

同时，为了避免出现少筋梁破坏的现象，也必须控制截面配筋率，使梁的配筋不得少于某一界限值，即最小配筋率 ρ_{min}，以保证钢筋混凝土梁能抵抗的极限弯矩不小于同样截

面相同强度等级的素混凝土梁的开裂弯矩。然而，在工程实际中，钢筋混凝土梁要受到混凝土的离散性、温度变化、混凝土收缩等诸多不利因素的影响，因此，我国《混凝土结构设计规范》〔GB 50010—2010（2015 年版）在考虑了上述各种因素并参考了大量工程实践经验后，规定了钢筋混凝土结构构件中纵向受力钢筋的最小配筋率，见表 5-7。

表 5-7　钢筋混凝土结构构件中纵向受力钢筋的最小配筋率 $\rho_{\min}$ %

受力类型			最小配筋率
受压构件	全部纵向钢筋	强度等级 500MPa	0.50
		强度等级 400MPa	0.55
		强度等级 300MPa、335MPa	0.60
	一侧纵向钢筋		0.20
受弯构件、偏心受拉、轴心受拉构件一侧的受拉钢筋			0.20 和 $45f_t/f_y$ 中的较大值

5.2.4　受弯构件的构造设计

1. 截面形式和尺寸选择

梁的截面形式主要有矩形、T 形、倒 T 形、L 形等形式，其中，矩形截面由于构造简单、施工方便而被广泛应用。梁板的截面尺寸首先必须满足承载力要求，其次须满足刚度和裂缝控制要求，同时还应利于模板定型化施工。

根据经验，梁的截面高度 h 一般可取 250mm、300mm……800mm、900mm、1000mm等。$h \leqslant 800$mm 时取 50mm 的倍数，$h > 800$mm 时取 100mm 的倍数；矩形梁的截面宽度宜采用 100mm、120mm、150mm、180mm、200mm、220mm、250mm，大于 250mm 时取50mm 的倍数。矩形截面梁适宜的截面高宽比为 2～3.5，根据工程实践经验，高跨比不宜小于表 5-8 所列数值。现浇板的厚度一般取为 10mm 的倍数，工程中现浇板的常用厚度为60mm、70mm、80mm、100mm、120mm。

表 5-8　梁板截面高跨比

构件种类			h/l
梁	整体肋形梁	主梁	
		简支梁	1/12
		连续梁	1/15
		悬臂梁	1/6
		次梁	
		简支梁	1/20
		连续梁	1/25
		悬臂梁	1/8
	矩形截面独立梁	简支梁	1/12
		连续梁	1/15
		悬臂梁	1/6
板	单向板		1/35～1/40
	双向板		1/40～1/50
	悬臂板		1/10～1/12
	无梁楼板	有柱帽	1/32～1/40
		无柱帽	1/30～1/35

2. 材料选择

混凝土的选择：混凝土强度等级共有 14 种，其中 C50 以下者为普通混凝土，C60 ~ C80 者为高强混凝土。普通混凝土现浇构件多采用 C20、C25、C30 及 C35，素混凝土强度等级不宜低于 C15，钢筋混凝土强度等级不宜低于 C20，采用 HRB400 及以上级别钢筋时，混凝土强度等级不宜低于 C25。

钢筋的选择：纵向受力钢筋宜采用 HRB400、HRB500 钢筋，箍筋宜采用 HPB300、HRB335、HRB400 钢筋。

3. 设计步骤

当利用基本公式进行截面设计和配筋计算时，因基本公式中包含较多的未知数，为此，在进行截面设计时，常常先选定混凝土的强度等级、钢筋种类和截面尺寸，然后利用承载力计算的基本公式计算混凝土受压区高度，进而求得所需纵向受拉钢筋的截面面积，最后根据受拉钢筋的截面面积和构造要求选用受拉钢筋的直径和根数。

4. 受弯构件的构造要求

受弯构件正截面承载力除应满足计算要求外，尚应满足一定的构造要求。构造要求：一方面是考虑构件的实际受力会受到与基本假定和计算公式不完全相符的诸多可变因素的影响，如混凝土的徐变、温度应力、施工尺寸偏差、受荷状态的改变等。另一方面要考虑能更好地改善构件的使用性能，例如混凝土与钢筋有可靠的黏结、增强构件的延性，以及满足施工和使用要求等。构造要求主要是根据长期工作经验而规定的，一般还不能或难以直接通过计算来确定。一般性的构造要求主要有：

架立筋直径一般不宜小于 12mm。梁纵向受力钢筋的直径应当适中，太粗不便于加工，与混凝土的黏结力也差；太细则根数增加，在截面内不好布置，甚至降低受弯承载力。梁纵向受力钢筋的常用直径为 12 ~ 25mm。梁内纵向受力钢筋宜采用 HRB335 级和 HRB400 级钢筋，最好不少于 3 根。若采用两种不同直径的钢筋，则钢筋直径相差至少 2mm，以便于施工中能肉眼识别。

为了便于浇注混凝土，增强钢筋周围混凝土的密实性，纵向受拉钢筋的净间距应满足图 5-7 所示的构造要求。若梁的下部纵向钢筋布置成两排，则上下两排钢筋应尽量对齐。最外层钢筋的保护层厚度不宜小于表 5-9 规定。

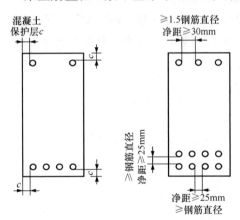

图 5-7　钢筋的净间距要求

表 5-9　钢筋的保护层厚度　　　　　　　　　　　　　mm

环境类型	板、墙、壳	梁、柱、杆
一	15	20
二 a	20	25
二 b	25	35
三 a	30	40
三 b	40	50

当梁的高度大于450mm时，还应在梁的两个侧面沿高度方向均匀配置纵向构造钢筋和拉筋。每侧纵向构造钢筋的截面面积不应小于截面有效高度内截面面积的0.1%，且其间距不宜大于200mm。

板内受力钢筋通常采用HPB300和HRB400钢筋。其受力钢筋的配置通常按每米板宽的用量确定。受力钢筋的直径通常采用6mm、8mm、10mm、12mm等。板内受力钢筋的间距不宜过密或过稀，过密则不易浇筑混凝土且难以保证混凝土与钢筋之间的黏结，过稀则可能使钢筋与钢筋之间的混凝土造成局部破坏。板内受力筋的间距一般为70～200mm。板内分布钢筋与受力钢筋相垂直且置于受力钢筋的上面。分布钢筋是一种构造钢筋，其作用是将板上的荷载更均匀地分布给受力钢筋，并且与受力钢筋绑扎或焊接在一起形成钢筋网片，保证施工时受力钢筋位置的正确，同时还能承受由于温度变化、混凝土收缩等在板内所引起的拉应力。分布钢筋按构造要求配置，其直径不宜小于6mm，单位长度内分布钢筋的截面面积不应小于另一方向单位长度受力钢筋截面面积的15%，间距不宜大于250mm。其基本构造布置如图5-8所示。

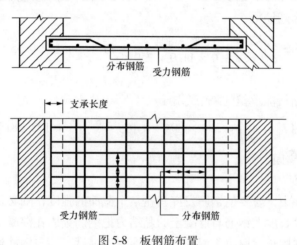

图5-8　板钢筋布置

【例5-1】某钢筋混凝土矩形截面简支梁，跨中弯矩设计值为80kN·m，梁的截面尺寸$B \times H$为200mm×450mm，混凝土为C25，钢筋拟选用HRB400级，确定纵向受力钢筋的数量。

【解】查表可知，$f_y = 360\text{N/mm}^2$，$\alpha_1 = 1.0$，$f_c = 11.9\text{N/mm}^2$，$\xi_b = 0.518$，$\rho_{min} = 0.2\%$。

（1）确定截面的有效高度：若钢筋为单排布置，保护层厚度取35mm，则截面的有效高度$h_0 = 450 - 35 = 415(\text{mm})$。

（2）判断是否为超筋梁：

$$x = h_0\left(1 - \sqrt{1 - \frac{2M}{f_c b \alpha_1 h_0^2}}\right) = 415\left(1 - \sqrt{1 - \frac{2 \times 80 \times 10^6}{11.9 \times 200 \times 1.0 \times 415^2}}\right) = 91(\text{mm})$$

$< 0.518 \times 415 = 215(\text{mm})$，由计算结果可知，不属于超筋梁。

（3）计算配筋量

$$A_s = \frac{\alpha_1 f_c b x}{f_y} = \frac{1.0 \times 11.9 \times 200 \times 91}{360} = 601.6(\text{mm}^2)。$$

根据规范，最小配筋量需大于 $\rho_{\min}bh_0$，即 $A_s \geqslant \rho_{\min}bh = 0.002 \times 200 \times 450 = 166(\mathrm{mm}^2)$。故不属于少筋梁，可按 $A_s = 601.6\mathrm{mm}^2$ 选取和确定。

【例 5-2】已知某钢筋混凝土矩形截面简支梁，梁的截面尺寸 $B \times H$ 为 250mm × 500mm，混凝土为 C25，钢筋拟选用 HRB335 级，纵向受力钢筋为 $4\phi16(A_s = 804\mathrm{mm}^2)$，求此截面所能承担的跨中弯矩。

【解】查表可知，$f_y = 300\mathrm{N/mm}^2$，$\alpha_1 = 1.0$，$f_c = 11.9\mathrm{N/mm}^2$，$\xi_b = 0.55$，$\rho_{\min} = 0.2\%$。

（1）确定截面的有效高度：

若钢筋为单排布置，保护层厚度取 35mm，则截面的有效高度 $h_0 = 500 - 35 = 465(\mathrm{mm})$。

（2）验证是否为少筋梁：

根据规范规定，最小配筋量需大于 $\rho_{\min}bh$，即

$A_s \geqslant \rho_{\min}bh_0 = 0.002 \times 250 \times 500 = 250(\mathrm{mm}^2)$。故不属于少筋梁。

（3）判断是否为超筋梁：

$$f_y A_s = \alpha_1 f_c bx, \quad x = \frac{f_y A_s}{\alpha_1 f_c b} = \frac{300 \times 804}{1.0 \times 11.9 \times 250} = 81.1(\mathrm{mm}) < 0.55 \times 465 = 255.75(\mathrm{mm})$$

（不属于）

（4）计算此截面所能承担的跨中弯矩：

$$M \leqslant f_y A_s \left(h_0 - \frac{x}{2} \right) = 300 \times 804 \times \left(465 - \frac{81.1}{2} \right) = 102.38(\mathrm{kN \cdot m})$$

5.2.5　钢筋的锚固

1. 钢筋锚固长度

钢筋混凝土构件中，若要使钢筋发挥其在某个截面的强度，则必须从该截面向前延伸一个长度，以借助该长度上钢筋与混凝土的黏结力把钢筋锚固在混凝土中，这一长度称为锚固长度。钢筋的锚固长度取决于钢筋强度及混凝土强度，并与钢筋外形有关，一般可根据钢筋应力达到屈服强度时钢筋才被拔动的条件确定。当计算中充分利用钢筋的抗拉强度时，普通受拉钢筋的锚固长度 L_a 按下式计算：

$$L_a = \alpha \frac{f_y}{f_t} d$$

式中　L_a——受拉钢筋的基本锚固长度；

f_y——普通钢筋、预应力钢筋的抗拉强度设计值；

f_t——混凝土轴心抗拉强度设计值，当混凝土强度等级高于 C40 时，按 C40 取值；

d——钢筋的公称直径；

α——锚固钢筋的外形系数，按表 5-10 采用。

表 5-10　锚固钢筋的外形系数

钢筋类型	光面钢筋	带肋钢筋	刻痕钢丝	螺旋肋钢丝	三股钢绞线	七股钢绞线
α	0.16	0.14	0.19	0.13	0.16	0.17

但是，值得注意的是，按上式计算的锚固长度还应按下列规定进行修正，经修正后的

锚固长度不应小于计算值的 0.7，且不应小于 250mm。

（1）对 HRB335、HRB400 和 RPB400 级钢筋，当直径大于 25mm 时乘以系数 1.1，在锚固区的混凝土保护层厚度大于钢筋直径的 3 倍且配有箍筋时乘以系数 0.8。

（2）当钢筋在混凝土施工中易受扰动（如滑模施工）时乘以系数 1.1。

（3）当 HRB335、HRB400 和 RPB400 级纵向受拉钢筋末端采用机械锚固措施时，可取按计算的锚固长度的 0.7。

（4）当计算中充分利用钢筋的抗压强度时，其锚固长度不应小于按公式计算的锚固长度的 0.7。

2. 钢筋接头

在施工中，常常会出现因钢筋长度不够而需要接长的情况。钢筋的接头形式有绑扎接头、焊接接头和机械连接接头。轴心受拉及小偏心受拉构件的纵向受力钢筋不得采用绑扎搭接接头；直径大于 28mm 的受拉钢筋及直径大于 32mm 的受压钢筋不宜采用绑扎搭接接头，应优先采用机械连接接头。

绑扎接头必须保证足够的搭接长度，而且光圆钢筋的端部还需做弯钩。纵向受拉钢筋绑扎搭接接头的搭接长度在任何情况下均不应小于 300mm。纵向受压钢筋采用搭接连接时，其受压搭接长度在任何情况下均不应小于 200mm。

同一构件中相邻纵向的绑扎搭接接头宜相互错开。在梁的纵向受力钢筋搭接长度范围内，箍筋间距不应大于搭接钢筋较小直径的 5 倍，且不应大于 100mm。位于同一连接区段内纵向受拉钢筋接头面积百分率不宜大于 50%，纵向受压钢筋可不受限制。

5.3 受弯构件的斜截面承载力设计

受弯构件在荷载作用下产生的内力，不仅有弯矩，一般同时还有剪力。在弯矩和剪力共同作用下，特别在剪力较大的区段内常常会出现斜裂缝，进而可能沿斜裂缝发生斜截面破坏。因此，受弯构件不仅需要进行正截面受弯承载力计算，还需进行斜截面受剪承载力计算。

为了承担剪力，受弯构件除应满足必要的截面尺寸和混凝土强度等级以外，还应配置足够的箍筋和必要的弯起钢筋。因为箍筋不仅可以和纵向钢筋、架立钢筋绑扎在一起，形成强劲的钢筋骨架，确保钢筋的正确位置，还可以增加斜截面的抗剪能力。当受弯构件承受的剪力较大时，由梁内部分纵向受力钢筋弯起而成的弯起钢筋也可承担一部分剪力，以确保构件满足构件抗剪要求。

5.3.1 受弯构件斜截面抗剪破坏形态

对无腹筋梁，受弯构件斜截面受剪破坏形态与梁内箍筋数量和剪跨比 λ 有关。剪跨比是指集中荷载作用点至支座的距离 a 与构件截面有效高度 h_0 的比值。根据箍筋数量和剪跨比的不同，受弯构件主要有斜拉破坏、剪压破坏和斜压破坏 3 种斜截面受剪破坏形态。

1. 斜拉破坏

当箍筋配置过少且剪跨比较大（$\lambda > 3$）时，常发生斜拉破坏。其特点是一旦出现斜裂缝，与斜裂缝相交的箍筋应力立即达到屈服强度。待箍筋对斜裂缝发展的约束作用消失后，斜裂缝迅速延伸到梁的受压区边缘，构件裂为两部分而破坏，如图5-9（a）所示。

2. 剪压破坏

当构件的箍筋适量且剪跨比适中（$\lambda = 1 \sim 3$）时将发生剪压破坏。其特点是当荷载增加到一定值时，首先在剪弯段受拉区出现斜裂缝，其中一条将发展成临界斜裂缝（即延伸较长和开展较大的斜裂缝）。荷载进一步增加，与临界斜裂缝相交的箍筋应力达到屈服强度。随后，斜裂缝不断扩展，斜截面末端剪压区不断缩小，最后剪压区混凝土在正应力和剪应力共同作用下达到极限状态而被压碎，这种破坏形态是建立斜截面受剪承载力计算公式的依据，如图5-9（b）所示。

3. 斜压破坏

当梁的箍筋配置过多过密或者梁的剪跨比较小（$\lambda < 1$）时，斜截面破坏形态将主要是斜压破坏。这种破坏是因梁的剪弯段腹部混凝土被一系列平行的斜裂缝分割成许多倾斜的受压柱体，在正应力和剪应力共同作用下混凝土被压碎而导致的。破坏时，箍筋应力尚未达到屈服强度，如图5-9（c）所示。

上述3种破坏形态中，剪压破坏通过计算来避免，斜压破坏和斜拉破坏分别通过采用截面限制条件与按构造要求配置箍筋来防止。

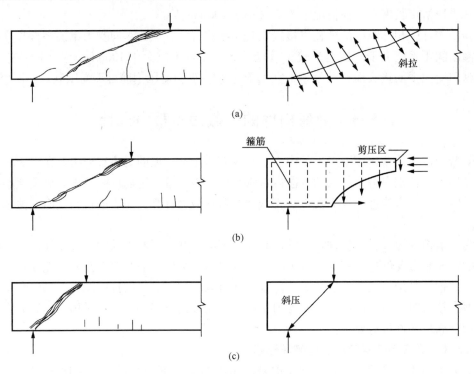

图5-9 斜截面受剪破坏形态
（a）斜拉破坏；（b）剪压破坏；（c）斜压破坏

5.3.2 受弯构件斜截面受剪承载力计算方法

通过受弯构件斜截面受剪破坏形态的分析可知，在荷载作用下，受弯构件不仅在各个截面上产生弯矩，同时还产生剪力，在弯曲正应力和剪应力共同作用下，受弯构件将产生与轴线斜交的主拉应力和主压应力。若其抗弯承载力不足，将沿正截面破坏。但当主拉应力超过混凝土的抗拉强度时，混凝土便沿垂直于主拉应力的方向出现斜裂缝，进而可能发生斜截面破坏。所以，钢筋混凝土受弯构件除应进行正截面承载力计算外，还须对弯矩和剪力共同作用的区段进行斜截面承载力计算。

1. 斜截面受剪承载力计算的基本公式

钢筋混凝土受弯构件斜截面受剪承载力的计算分析是以剪压破坏形态为依据的。斜截面受剪承载力的大小主要与配箍率和配箍特征、混凝土强度等级、截面尺寸、剪跨比、弯筋的数量等因素有关。当梁发生剪切破坏时，与斜裂缝相交的腹筋应力达到屈服强度，该斜截面上剪压区的混凝土也达到极限强度。若以力的方程来表示，则受弯构件斜截面抗剪承载力 V 即可依照局部平衡条件来求得，如图 5-10 所示，即 $V = V_c + V_{sv} + V_{sb}$，其中，$V_c$ 为剪压区混凝土抗剪承载力设计值，V_{sv} 为与斜裂缝相交的箍筋抗剪承载力设计值，V_{sb} 为与斜裂缝相交的弯起钢筋抗剪承载力设计值。

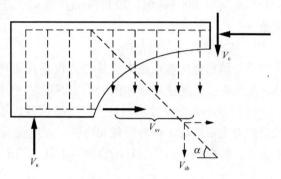

图 5-10　斜截面受剪承载力

根据这一基本原理，混凝土规范在理论研究和试验结果的基础上，结合工程实践经验给出了以下斜截面受剪承载力计算公式（不考虑预应力）。

（1）矩形截面梁在均布荷载作用下且配置弯起筋时，斜截面抗剪承载力为

$$V = V_{cs} + 0.8A_{sh}f_{yv}\sin\alpha_s = \alpha_{cv}bh_0f_t + \frac{nA_{sv1}}{S}f_{yv}h_0 + 0.8A_{sh}f_{yv}\sin\alpha_s$$

式中　α_{cv}——斜截面混凝土受剪承载力系数，一般受弯构件为 0.7 ［对集中荷载作用下的独立梁，$\alpha_{cv} = 1.75/(\lambda + 1)$，剪跨比 λ 小于 1.5 时取 1.5，大于 3 时取 3］；

　　b——梁的宽度；

　　h_0——梁的有效高度；

　　f_t——混凝土抗拉强度设计值；

　A_{sv1}——同一截面内单肢箍筋的截面面积；

　　S——沿构件长度方向的箍筋间距；

　　f_{yv}——箍筋抗拉强度设计值；

　　n——同一截面内箍筋的肢数；

　A_{sb}——弯起钢筋的截面面积；

　　f_y——弯起钢筋的抗拉强度设计值；

　　α_s——斜截面上弯起钢筋的切线与构件纵向轴线的夹角（一般取 45°，当梁高大于 800mm 时，取值为 60°）。

式中的系数 0.8 是考虑弯起钢筋与临界斜裂缝的交点有可能过分靠近混凝土剪压区时，弯起钢筋达不到屈服强度而采用的强度降低系数。

（2）当梁上作用有集中荷载且配置弯起筋时，斜截面抗剪承载力为

$$V \leqslant \frac{1.75}{\lambda + 1.0} bh_0 f_t + \frac{nA_{sv1}}{S} f_{yv} h_0 + 0.8 A_{sb} f_{yv} \sin\alpha$$

当 $\lambda \leqslant 1.5$ 时，λ 取 1.5；当 $\lambda \geqslant 3$ 时，λ 取 3.0。

（3）不配箍筋和弯起筋的板类受弯构件，抗剪承载力应符合下列规定：

$$V = 0.7\beta_h bh_0 f_t \beta_h = \left(\frac{800}{h_0}\right)^{1/4}$$

当 h_0 小于 800mm 时，取 800mm；当 h_0 大于 2000mm 时，取 2000mm；其余 h_0 按实际取值。

2. 基本公式的适用范围

梁的斜截面抗剪承载力计算公式仅适用于剪压破坏情况。为防止斜压破坏和斜拉破坏，规范对公式的适用条件做出了如下规定：

（1）最小截面尺寸。当发生斜压破坏时，梁腹的混凝土被压碎，但箍筋不屈服，其抗剪能力主要取决于构件的截面高度、宽度及混凝土强度。因此，只要保证构件截面尺寸不太小，就可防止斜压破坏的发生。因此，规范规定，受弯构件的最小截面尺寸应满足下列要求：

当 $\dfrac{h_0}{b} \leqslant 4.0$ 时，$V \leqslant 0.25\beta f_c bh_0$ f_c 为混凝土抗压强度设计值。

当 $\dfrac{h_0}{b} \geqslant 6.0$ 时，$V \leqslant 0.2\beta f_c bh_0$

当 $4.0 < \dfrac{h_0}{b} < 6.0$ 时，按线性内插法确定。

当混凝土的强度等级小于 C50 时，式中的 β 取值为 1.0。当混凝土的强度等级为 C80 时，式中的 β 取值为 0.8。其间按线性内插法确定。

（2）试验证明，在梁内配置箍筋不仅能够承担剪力，而且对混凝土有一定的约束作用。该作用可限制斜裂缝的继续扩展，提高剪压区混凝土的抗剪力，并对防止受压钢筋压屈外凸和增强构件的延性等也能起到一定程度的约束作用。但当箍筋配置过少时，常发生斜拉破坏。为避免出现斜拉破坏，当 $V \geqslant 0.7bh_0 f_t$ 时，规范规定：受弯构件的最小配箍率应满足下式要求。同时，箍筋的最小直径和最大间距需满足表 5-11 和表 5-12 的要求。配箍率是指每一道钢箍各肢的总截面面积与沿梁的纵轴方向每一个箍筋间距范围内梁的水平投影截面面积之比值。

$$\rho_{sv} = \frac{nA_{sv1}}{sb} \geqslant \rho_{svmin} = 0.24\frac{f_t}{f_{yv}}$$

表 5-11　箍筋的最大间距规定　　　　　　　　　　　　　　　　　mm

梁高 h	$V > 0.7f_t bh_0$	$V \leqslant 0.7f_t bh_0$
$150 < h \leqslant 300$	150	200
$300 < h \leqslant 500$	200	300
$500 < h \leqslant 800$	250	350
$h > 800$	300	400

表 5-12　箍筋的最小直径　　　　　　　　　　　　　　mm

梁高 H	箍筋直径	梁高 H	箍筋直径
$H \leqslant 800$	6	$H > 800$	8

3. 斜截面抗剪承载力的计算位置

按一般规律，受弯构件斜截面破坏位置多会发生在剪力较大、截面较小、箍筋或弯筋数量较少的截面。但由于构件截面是逐步过渡的，所以，一个受弯构件可能要取几个危险截面作为计算斜截面。每个计算斜截面的剪力设计值，一般均取该斜截面斜裂缝起点处的剪力值。

对承受均布荷载的简支梁，如果截面和箍筋数量不变且无弯起钢筋，则仅需对支座边缘为起点的斜截面进行受剪承载力计算。对有梁纵筋截面面积或箍筋直径改变的斜截面，在进行斜截面承载力计算时，应取钢筋量改变的斜截面起点处的剪力设计值作为此斜截面的剪力设计值。对有梁截面改变的斜截面，在进行斜截面承载力计算时，取截面改变处的剪力设计值作为此斜截面的剪力设计值。

当需要按计算配置弯起钢筋时，不仅要用支座边缘的剪力设计值验算第一排弯筋的用量，还要用第一排弯筋起点处的剪力设计值验算第二排弯筋用量。以此类推，直到按计算不需要配置弯筋为止。具体来讲，就是在计算梁斜截面受剪承载力时，弯起钢筋的计算位置应按下列规定采用（图 5-11）：

（1）因支座边缘处 1—1 截面承受最大的剪力，因此，可用该剪力值确定第一排弯起钢筋和该截面的箍筋。

（2）依据受拉区弯起钢筋弯起点处 2—2 截面和 3—3 截面的位置，可确定该截面后弯起钢筋的数量。

（3）箍筋截面面积或间距改变处截面 4—4。

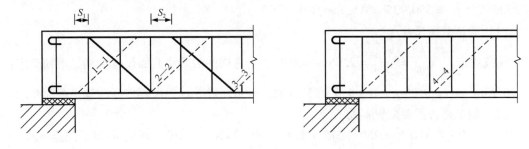

图 5-11　斜截面抗剪承载力计算位置

但需注意的是，弯起钢筋距支座边缘距离 S_1 及弯起钢筋之间的距离 S_2 均不应大于箍筋最大间距的规定，以保证可能出现的斜裂缝与弯起钢筋相交。

【例 5-3】 已知某钢筋混凝土矩形截面简支梁，梁的截面尺寸 $B \times H$ 为 250mm × 500mm，混凝土为 C25，支座处最大剪力设计值为 185.85kN。若箍筋拟选用 HPB300 级，试确定箍筋数量。

【解】 查表可知，$f_{yv} = 270 \mathrm{N/mm^2}$，$f_c = 11.9 \mathrm{N/mm^2}$，$f_t = 1.27 \mathrm{N/mm^2}$，$\beta = 1.0$，当保护层取 35mm 时，$h_0 = 500 - 35 = 465 (\mathrm{mm})$。

（1）符合截面尺寸：

据规范规定，当 $\frac{h_0}{b} = \frac{465}{250} = 1.86 \leqslant 4.0$ 时，受弯构件的最小截面尺寸应满足下列要求：$0.25\beta f_c b h_0 = 0.25 \times 1.0 \times 11.9 \times 250 \times 465 = 345.84$（kN）$> 185.85$kN，故截面满足要求。

（2）确定是否需要配置箍筋：

$V = 0.7 b h_0 f_t = 0.7 \times 250 \times 465 \times 1.27 = 103.35$（kN）$< 185.85$kN，故需要配置箍筋。

（3）计算箍筋量：

因不考虑弯起筋，故 $V = 0.7 b h_0 f_t + \frac{n A_{sv1}}{S} f_{yv} h_0$。

$$\frac{n A_{sv1}}{S} = \frac{V - 0.7 b h_0 f_t}{f_{yv} h_0} = \frac{(185.85 - 103.34) \times 10^3}{270 \times 465} = 0.657 (\text{mm}^2/\text{mm})$$

若选直径为 8mm 的钢筋做双肢箍筋，$A_{sv1} = 50.3\text{mm}^2$，则 $S \leqslant \frac{n A_{sv1}}{0.657} = \frac{2 \times 50.3}{0.657} = 153.12$（mm），考虑到施工便利，拟选箍筋间距为 150mm。

（4）验算配箍率：

$$\rho_{svmin} = 0.24 \frac{f_t}{f_{yv}} = \frac{0.24 \times 1.27}{270} = 0.112\% < \frac{n A_{sv1}}{sb} = \frac{2 \times 50.3}{150 \times 250} = 0.268\%，故可以选$$
择直径 8mm、间距为 150mm 做双肢箍筋。

【例5-4】一钢筋混凝土矩形截面简支梁，梁的截面尺寸 $B \times H$ 为 250mm × 550mm，混凝土为 C20，梁支座剪力为 210.24kN。若箍筋拟选用 HPB300 级，试确定箍筋数量。

【解】查表可知，$f_{yv} = 270\text{N/mm}^2$，$f_c = 9.6\text{N/mm}^2$，$f_t = 1.1\text{N/mm}^2$，$\beta = 1.0$，当保护层取 35mm 时，$h_0 = 550 - 35 = 515$（mm）。

（1）验证截面尺寸：

规范规定，当 $\frac{h_0}{b} = \frac{515}{250} = 2.06 \leqslant 4.0$ 时，受弯构件的最小截面尺寸应满足下列要求：

$0.25\beta f_c b h_0 = 0.25 \times 1.0 \times 9.6 \times 250 \times 515 = 309$（kN）$> 210.24$kN，故满足截面要求。

（2）确定是否需要配置箍筋：

$V = 0.7 b h_0 f_t = 0.7 \times 250 \times 515 \times 1.1 = 99.1$（kN）$< 210.24$kN，故需要配置箍筋。

（3）计算箍筋量：

因不考虑弯起筋，故 $V = 0.7 b h_0 f_t + \frac{n A_{sv1}}{S} f_{yv} h_0$。

$$\frac{n A_{sv1}}{S} = \frac{V - 0.7 b h_0 f_t}{f_{yv} h_0} = \frac{(210.24 - 99.1) \times 10^3}{270 \times 515} = 0.799 (\text{mm}^2/\text{mm})$$

若选直径为 8mm 的钢筋做双肢箍筋，$A_{sv1} = 50.3\text{mm}^2$，则 $S \leqslant \frac{n A_{sv1}}{0.799} = \frac{2 \times 50.3}{0.799} = 125.9$（mm），考虑到施工便利，拟选箍筋间距为 120mm。

（4）验算配箍率：

$$\rho_{svmin} = 0.24 \frac{f_t}{f_{yv}} = \frac{0.24 \times 1.1}{270} = 0.09\% < \frac{nA_{sv1}}{sb} = \frac{2 \times 50.3}{120 \times 250} = 0.335\%$$，故可以选择直径 8mm、间距 120mm 的钢筋做双肢箍筋。

【例 5-5】有一简支梁，梁的截面尺寸 $B \times H$ 为 250mm × 600mm，混凝土为 C25，梁支座剪力为 314kN。梁底部配有 HRB335 级 4 根直径 25mm 和 2 根直径 18mm 钢筋，箍筋选用 HPB300 级，试确定梁的抗剪钢筋数量。

【解】查表可知，$f_{yv} = 270\text{N/mm}^2$，$f_c = 11.9\text{N/mm}^2$，$f_t = 1.27\text{N/mm}^2$，$\beta = 1.0$，$f_y = 300\text{N/mm}^2$。当保护层取 40mm 时，$h_0 = 600 - 40 = 560(\text{mm})$。

（1）验证截面尺寸：

规范规定，当 $\dfrac{h_0}{b} = \dfrac{560}{250} = 2.24 \leqslant 4.0$ 时，受弯构件的最小截面尺寸应满足下列要求：

$0.25\beta f_c b h_0 = 0.25 \times 1.0 \times 11.9 \times 250 \times 560 = 416(\text{kN}) > 314\text{kN}$，故满足截面要求。

（2）确定是否需要配置箍筋：

$V = 0.7bh_0f_t = 0.7 \times 250 \times 560 \times 1.27 = 124.46 (\text{kN}) < 314\text{kN}$，故需要配置箍筋。

（3）计算箍筋量：

若暂时不考虑弯起筋，故 $V = 0.7bh_0f_t + \dfrac{nA_{sv1}}{S}f_{yv}h_0$。

$$\frac{nA_{sv1}}{S} = \frac{V - 0.7bh_0f_t}{f_{yv}h_0} = \frac{(314 - 124.46) \times 10^3}{270 \times 560} = 1.253(\text{mm})$$

若选直径为 8mm 的钢筋做双肢箍筋，$A_{sv1} = 50.3\text{mm}^2$，则 $S \leqslant \dfrac{nA_{sv1}}{1.253} = \dfrac{2 \times 50.3}{1.253} = 80.2$（mm），若选箍筋间距为 80mm，箍筋间距非常密集且肯定满足最小配箍率，即 $\rho_{svmin} = 0.24 \dfrac{f_t}{f_{yv}} = \dfrac{0.24 \times 1.27}{270} = 0.112\% < \dfrac{nA_{sv1}}{sb} = \dfrac{2 \times 50.3}{80 \times 250} = 0.50\%$。

（4）配置弯起钢筋：

由于箍筋过密，不能满足施工要求，为此，可考虑弯起部分纵筋来承担一部分剪力。如果采用 $\phi 8$、间距 150mm 的箍筋，则混凝土和箍筋可承担的剪力为

$$V = 0.7bh_0f_t + \frac{nA_{sv1}}{S}f_{yv}h_0 = 124.46 + \frac{2 \times 50.3}{150} \times 270 \times 560 = 225.86(\text{kN})$$

需要弯起筋承担的剪力为 $V = 0.8A_{sb}f_y\sin\alpha = 314 - 225.86 = 88.14(\text{kN})$

设弯起角为 45°，则弯起钢筋的数量为

$A_{sb} = \dfrac{135.67}{0.8f_y\sin\alpha} = \dfrac{88.14 \times 10^3}{0.8 \times 300 \times 0.707} = 519(\text{mm}^2)$，若弯起 2 根直径 25mm 的钢筋（$A_{sb} = 980\text{mm}^2$ 或 1 根直径 25mm 和 1 根直径 18mm 即可满足要求。

5.3.3　纵向钢筋的弯起

梁的纵向钢筋都是根据跨中或支座最大弯矩值计算配置的。从经济角度考虑，当截面弯矩减小时，纵向受力钢筋的数量也应随之减少。因此，为了充分利用纵向受力钢筋，并使其在支座处承担剪力或支座负弯矩，就需要在适当的位置将其截断或弯起来承担剪力或

支座负弯矩。但为了保证纵筋弯起后的一部分或被切断后，截面的抗弯能力仍能满足弯起后的截面承载要求，首先就必须定量地计算出每根纵筋 i 所能够抵抗弯矩的大小 M_i。这种按实际配筋多少求得的各根纵筋的截面抵抗弯矩所绘制的弯矩图叫作抵抗弯矩图。很显然，纵筋要弯起时，应在按正截面抗弯承载力计算该钢筋的强度全部被发挥的截面（称为充分利用点）以外。同时，弯起钢筋与梁纵向中心线的交点应位于按计算不需要该钢筋的截面（称为理论切断点）以外。也就是说，只要抵抗弯矩图能够完全包络住设计弯矩图，梁的抗弯承载力就会得到保证。此时包络住设计弯矩图的抵抗弯矩图就被称为包络图。因此，包络图应满足以下要求：

（1）抵抗弯矩图应全部包住设计弯矩图，以保证满足受力要求。

（2）抵抗弯矩图应接近设计弯矩图，以节省钢筋。

（3）钢筋的弯起或截断便于施工。

如某简支梁配置了 4 根直径 25mm 的钢筋，从图 5-12 所示横断面可以看出，①代表 2ϕ25，②、③各代表 1ϕ25，如图 5-12 所示。

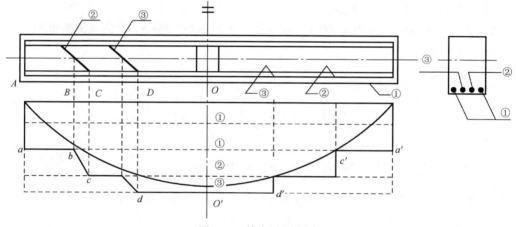

图 5-12　简支梁包络图

图 5-12 中，梁纵截面剖面图下方矩形图已按将 4 根直径 25mm 的钢筋面积比率分成的四等分，每根钢筋承受的弯矩占最大弯矩的四分之一。若将 4 根钢筋全部伸入支座，虽满足了包络图的第一项要求，但不满足第二三项要求。据图 5-12，在 0—0 截面，4ϕ25 全部发挥着承担弯矩的作用，为其充分利用点。在 D—d 截面，③号钢筋已不再承担弯矩，故该截面为③号钢筋的理论切断点。在 C—c 截面，②号钢筋已不再承担弯矩，故该截面为②号钢筋的理论切断点。但若在理论切断点切断纵向钢筋后，由于钢筋的面积骤减，剩余纵筋和混凝土的拉应力可能出现局部应力增大，并可能在纵筋切断处过早产生斜裂缝，因此，《混凝土结构设计规范》［GB 50010—2010（2015 年版）］规定，当 V 不大于 $0.7bh_0 f$ 时，应延伸至按正截面受弯承载力计算不需要该钢筋的截面以外不小于 $20d$ 处切断，且从该钢筋强度充分利用截面伸出的长度不应小于规范规定锚固长度 L_a 的 1.2 倍。当 V 大于 $0.7bh_0 f$ 时，应延伸至按正截面受弯承载力计算不需要该钢筋的截面以外不小于 h_0 且不小于 $20d$ 处切断，且从该钢筋强度充分利用截面伸出的长度不应小于 $1.2 L_a$ 与 h_0 之和。若按这两种情况确定的截断点仍位于负弯矩所对应的受拉区内时，则应延伸至按正截面受弯承载力计算不需要该钢筋的截面以外不小于 $1.3h_0$ 不小于 $20d$ 处切断，且从该钢

筋强度充分利用截面伸出的长度不应小于 $1.2L_a$ 与 $1.7h_0$ 之和。

【例5-6】 有一受均布荷载作用的外伸梁（图5-13）支撑在厚为370mm 的墙体上，简支跨跨度为7m，悬臂跨跨度为1.86m，所受荷载均为均布荷载。经计算，梁 *AB* 部分最大弯矩距支座 *A* 为3m，其值为293.8kN·m，支座 *A* 剪力为183.4kN。梁 *BC* 部分最大弯矩位于支座 *B* 处，其值为224.9kN·m，支座 *B* 左端剪力为247.6kN，支座 *B* 右端剪力为217.8kN。梁截面尺寸为250mm×650mm。混凝土强度等级拟选用为C25，纵向受力钢筋拟采用 HRB335 级钢筋，箍筋采用 HPB300 级钢筋。据此条件对该梁进行配筋设计。

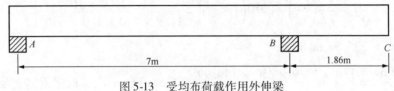

图5-13　受均布荷载作用外伸梁

【解】

（1）绘制内力图：

按照结构力学静力计算方法，根据设计所提供的内力，绘制出梁的设计弯矩图和剪力图，如图5-14 所示。

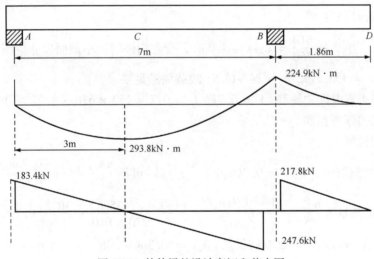

图5-14　外伸梁的设计弯矩和剪力图

（2）*AB* 跨中截面受弯配筋计算：

查表可知，当混凝土强度等级为 C25，纵向受力钢筋采用 HRB335 级钢筋时，$f_c = 11.9N/mm^2$，$f_y = 300N/mm^2$，$\alpha_1 = 1.0$，$\xi_b = 0.55$，$\rho_{min} = 0.2\%$。

① 确定截面的有效高度：

若当保护层为40mm 时，$h_0 = 650 - 40 = 610(mm)$。

② 判断是否为超筋梁：

$$x = h_0\left(1 - \sqrt{1 - \frac{2M}{f_c b\alpha_1 h_0^2}}\right) = 610\left(1 - \sqrt{1 - \frac{2 \times 293.8 \times 10^6}{11.9 \times 250 \times 1.0 \times 610^2}}\right) = 192.1(mm) <$$

$0.55 \times 610 = 335.5(mm)$（不属于）

③ 计算配筋量：

$A_s = \dfrac{\alpha_1 f_c bx}{f_y} = \dfrac{1.0 \times 11.9 \times 250 \times 192.1}{300} = 1904.99(\text{mm}^2)$。根据规范，最小配筋量需

大于 $\rho_{min} bh_0$，即 $A_s \geq \rho_{min} bh_0 = 0.002 \times 250 \times 610 = 305(\text{mm}^2)$。故不属于少筋梁，可按

$A_s = 1904.99\text{mm}^2$ 配筋。根据钢筋表及构造要求，选取 $5\,\Phi\,22(A_s = 1900\text{mm}^2)$。

（3）支座 B 截面受弯配筋计算：

$$x = h_0\left(1 - \sqrt{1 - \dfrac{2M}{f_c b \alpha_1 h_0^2}}\right) = 610\left(1 - \sqrt{1 - \dfrac{2 \times 224.9 \times 10^6}{11.9 \times 250 \times 1.0 \times 610^2}}\right) = 139.99(\text{mm})$$

$< 0.55 \times 610 = 335.5(\text{mm})$

$A_s = \dfrac{\alpha_1 f_c bx}{f_y} = \dfrac{1.0 \times 11.9 \times 250 \times 139.99}{300} = 1388.33(\text{mm}^2)$。根据钢筋表及构造要求，

选取 $2\,\Phi\,22 + 2\,\Phi\,20(A_s = 1388\text{mm}^2)$。

（4）受剪配筋计算：

查表可知，$f_{yv} = 270\text{N/mm}^2$，$f_y = 300\text{N/mm}^2$，$f_c = 11.9\text{N/mm}^2$，$f_t = 1.27\text{N/mm}^2$，$\beta = 1.0$。

① 验算截面尺寸：

规范规定，当 $\dfrac{h_0}{b} = \dfrac{610}{250} = 2.44 \leqslant 4.0$ 时，受弯构件的最小截面尺寸应满足下列要求：

$0.25\beta f_c bh_0 = 453.7(\text{kN}) > 247.6\text{kN}$，故截面满足要求。

② 确定是否需要配置箍筋：$V = 0.7bh_0 f_t = 0.7 \times 250 \times 610 \times 1.27 = 135.6(\text{kN}) < 183.4\text{kN}$，故需要配置箍筋。

③ 计算配箍量：

当不考虑弯起筋时，据 $V = 0.7bh_0 f_t + \dfrac{nA_{sv1}}{S} f_{yv} h_0$ 可得 $\dfrac{nA_{sv1}}{S} = \dfrac{V - 0.7bh_0 f_t}{f_{yv} h_0}$，

A 支座的配箍量为 $\dfrac{nA_{sv1}}{S} = \dfrac{V - 0.7bh_0 f_t}{f_{yv} h_0} = \dfrac{(183.4 - 135.6) \times 10^3}{270 \times 610} = 0.290(\text{mm}^2/\text{mm})$。

若选直径为 8mm 的钢筋做双肢箍筋，$A_{sv1} = 50.3\text{mm}^2$，则

$S = \dfrac{nA_{sv1}}{0.29} = \dfrac{2 \times 50.3}{0.29} = 346.89(\text{mm}) > S_{max} = 250\text{mm}$，故选直径为 8mm 的钢筋做双肢

箍筋不合适，若选直径为 6mm 的钢筋做双肢箍筋，$A_{sv1} = 28.3\text{mm}^2$，则

$S = \dfrac{nA_{sv1}}{0.29} = \dfrac{2 \times 28.3}{0.29} = 195.17(\text{mm}) < S_{max} = 250\text{mm}$，考虑到施工便利，拟选箍筋间

距为 200mm（考虑到梁比较高，便于浇灌混凝土，同时也可以让弯起筋发挥作用留有余

地）。此时，完全由箍筋和混凝土可承担的剪力为 $V = 0.7bh_0 f_t + \dfrac{nA_{sv1}}{S} f_{yv} h_0 = 182.21(\text{kN})$。

因为 A 支座弯矩为 183.4kN，故不需计算，弯起一根 $1\,\Phi\,22(A_s = 380\text{mm}^2)$ 即可满足要求。

B 支座左边的弯起筋配筋量：

需弯起筋承担的剪力为 $V_{sb} = V - V_c - V_{sv} = 247.6 - 182.21 = 65.38(\text{kN})$，$V_{sb} = $

$0.8A_{sb}f_y\sin\alpha$，$A_{sb} = \dfrac{V_{sb}}{0.8f_y\sin\alpha} = \dfrac{65380}{0.8 \times 300 \times 0.707} = 385.31(\text{mm}^2)$，结合跨中截面受弯配筋情况，选$2\,\Phi\,22(A_s = 380\text{mm} \times 2\text{mm})$来满足$B$支座左边的抗剪要求。

B支座右边的弯起筋配筋量：$V_{sb} = V - V_c - V_{sv} = 217.8 - 182.21 = 35.59(\text{kN})$。

$A_{sb} = \dfrac{V_{sb}}{0.8f_y\sin\alpha} = \dfrac{35590}{0.8 \times 300 \times 0.707} = 209.74(\text{mm}^2)$，结合跨中截面受弯配筋情况，选$1\,\Phi\,22(A_s = 380\text{mm}^2)$来满足$B$支座左边的抗剪要求。

根据上面计算结果可知，该梁抗弯抗剪所需配筋见表5-13。

表 5-13

	A支座	AB跨中截面	B支座	B支座左边	B支座右边
抗弯配筋量	—	$5\,\Phi\,22$	$2\,\Phi\,22 + 2\,\Phi\,20$	—	—
抗剪配筋量	$1\,\Phi\,22$	—	—	$2\,\Phi\,22$	$1\,\Phi\,22$
箍盘配筋量	$\Phi\,6@200$				

（5）抵抗弯矩图：

由于AB跨中截面的弯矩全部由$5\,\Phi\,22$来承担，则将此部分弯矩按5根直径22mm的钢筋面积比例分成五等分，每根承受的弯矩占最大弯矩的五分之一。

在B支座，由于B支座的弯矩将由$2\,\Phi\,22 + 2\,\Phi\,20$来承担，故将此部分弯矩按2根直径22mm的钢筋面积和2根直径20mm的钢筋面积比例分成四份，每根钢筋承受的弯矩按其面积占总弯矩的相应比率来分配，据此可确定出每根钢筋的充分利用点和理论切断点。

（6）钢筋的弯起和布置：

在配置纵筋的分布和弯起时，需考虑跨中、支座和弯起钢筋的协调。AB跨中$5\,\Phi\,22$钢筋中，可在理论切断点之后弯起2根伸入B支座作为负弯矩钢筋，同时在B支座左侧做抗剪弯起钢筋。在B支座右侧弯起$1\,\Phi\,22$钢筋作为抗剪弯起钢筋，同时在A支座右侧弯起$1\,\Phi\,22$钢筋作为抗剪弯起钢筋，AB跨中其余$3\,\Phi\,22$钢筋（图5-15中①号钢筋）均伸入两边支座。此外，在B支座另配置$2\,\Phi\,20$负弯矩钢筋，既可承担弯矩，又可作钢筋的骨架。弯起钢筋的弯起角度为45°，弯起段的水平投影长度为梁高减去钢筋的上下保护层厚度，即$650 - 25 - 40 = 585(\text{mm})$。

各钢筋具体布置如下：

（1）规范规定，架立筋直径一般不宜小于12mm。为此选$2\,\Phi\,14$作为架立筋，即①号钢筋。①号钢筋$2\,\Phi\,14$伸入A支座至构件边缘25mm处。在与⑥搭接处，规范规定，在受压区不得小于200mm，故①长度为4930mm $[7000 + 185 - $梁左端保护层$25 - 185 - 50 - 660 - 1710 + 200 + $两端弯钩$2 \times 6.25d(175)]$。

（2）规范规定，当梁的高度大于450mm时，还应在梁的两个侧面沿高度方向均匀配置纵向构造钢筋和拉筋。每侧纵向构造钢筋的截面面积不应小于截面有效高度内截面面积的0.1%，且其间距不宜大于200mm。$610 \times 250 \times 0.1\% = 152.5$，因钢筋一般不宜小于12mm，故选$1\,\Phi\,14(A_s = 153.9)$作为侧立筋，即②号钢筋。该钢筋沿梁通长布置，长度为9145mm（$7000 + 1860 + 185 - $梁两端保护层$2 \times 25 + $两端弯钩$2 \times 6.25d$）。也可以选择$2\,\Phi\,12$作为纵向构造钢筋。

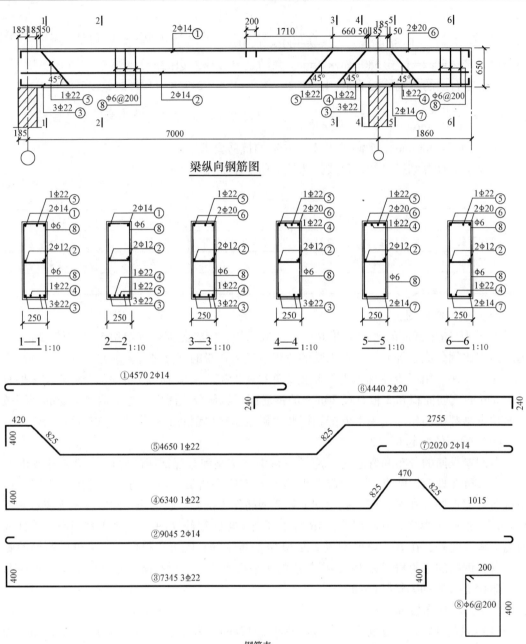

梁纵向钢筋图

钢筋表

编号	简图	规格	数量	单位质量(kg/m)	单位长度(mm)	总长(mm)	总质量(kg)
①		Φ14	2	1.21	4745	9490	11.48
②		Φ14	2	1.21	9145	18290	22.13
③		Φ22	3	2.98	8145	24436	72.82
④		Φ22	1	2.98	9875	9875	29.43
⑤		Φ22	1	2.98	9875	9875	29.43
⑥		Φ20	2	2.47	4920	9840	24.30
⑦		Φ14	2	1.21	2195	4390	5.31
⑧		Φ6	46	0.22	1275	58650	12.90

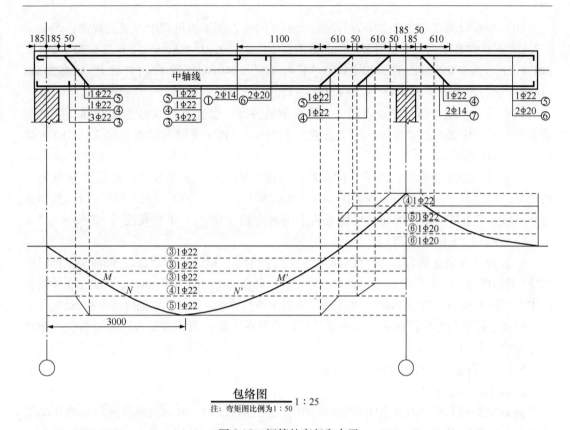

包络图 ———— 1 : 25
注: 弯矩图比例为 1 : 50

图 5-15　钢筋的弯起和布置

（3）根据计算，*A* 支座左侧需要弯起钢筋抗剪，为减少钢筋加工类别，让⑤号钢筋在 *A* 支座左侧弯起，③号钢筋 3⌀22 直接伸入 *A* 支座。同时，规范规定，当 $V > 0.7bh_0f_t$ 时，钢筋混凝土梁的下部纵向受力钢筋伸入支座内的锚固长度不应小于 $12d$ 或 L_a，$L_a = (\alpha \times f_y \times d)/f_t = (0.14 \times 300 \times d)/1.27 = 33d < 35d$，故选 $35d$ 为锚固长度。所以钢筋在伸入支座后须在端部弯起 $35d - 370 = 400(\mathrm{mm})$。因此③号钢筋长度为 8145mm（$7000 + 185 + 185 -$ 梁左端保护层 $25 + 2 \times 400$）。

（4）④号钢筋 1⌀22 在 *M*、*M′* 点为理论断点，因与支座 *A* 较近且剪力已满足要求，故直接伸入 *A* 支座，在端部弯起 400mm。在支座 *B* 处，根据抗剪计算要求，并结合规范规定（小于箍筋最大间距），在离开支座 *B* 两端 50mm 处为④号钢筋的上弯点，弯曲角度为 45°。弯起点至各自钢筋的充分利用点的距离均大于 $0.5h_0$，符合要求。根据④号钢筋与梁中轴线的交点，可确定出相应的理论截断点和相应的包络线。其长度为 9875mm（$7000 + 1860 + 185 - 2 \times 25 + 400 - 2 \times 585 + 2 \times 585 \times 1.41$）。

（5）⑤号钢筋 1⌀22 在 *N*、*N′* 点为理论断点，可按构造弯起伸入 *A* 支座，在端部弯起 400mm。在支座 *B* 处，根据抗剪计算要求，并结合规范规定（小于箍筋最大间距），在离开④号钢筋下弯点 50mm 处确定为⑤号钢筋的上弯点。弯起点至各自钢筋的充分利用点的距离均大于 $0.5h_0$，符合要求。根据⑤号钢筋与梁中轴线的交点，可确定出相应的理论截断点和相应的包络线。其长度为 9875mm（$7000 + 1860 + 185 - 2 \times 25 + 400 - 2 \times 585 + 2 \times 585 \times 1.41$）。

（6）根据计算要求，B 支座需另配置 2Φ20 的⑥钢筋承担负弯矩。规范规定，当 $V > 0.7bh_0f_t$ 时，在其不需要点后需要增加的锚固长度应大于 $1.2L_a + h_0 = 1.2 \times 33 \times 20 + 610 = 1402$（mm），取 1400mm，且伸到两端应下弯 $12d = 240$mm，故⑥钢筋长度为 4920mm（1860 – 梁右端保护层 25 + 185 + 50 + 660 + 1710 + 2×240）。

（7）⑦号钢筋为悬臂梁架立筋，为减少钢筋种类，也选 2Φ14 作为架立筋，按照构造要求，端部增加 $6.25d$ 弯钩。故⑦长度为 2195mm（1860 – 梁右端保护层 25 + 185 + 两端弯钩 $2 \times 6.25d$）。

（8）⑧号钢筋为箍筋。因梁有侧立筋，考虑到侧立筋的拉结要求，把箍筋分为上下两部分，但两部分都为 200mm × 400mm（200 = 250 – 2 × 25，400 = 200 + 225 – 25）其中通过中间侧立筋重复搭接 200mm。箍筋弯钩采用斜弯钩（135°）。单根长度为 1275mm［2 × 200 + 2 × 400 + 2 × 6.25d(75)］。

（9）由于在简支梁的中部底端布置有 5Φ22 的钢筋，梁的宽度为 250，梁两端保护层和 5Φ22 钢筋所占长度为 $5 \times 22 + 2 \times 25 = 160$（mm），剩余 $250 – 160 = 90$（mm），因此，5 根钢筋的 4 个间距为 $90/4 = 22.5$（mm），基本满足混凝土浇筑要求，因此，钢筋可按一排布置。

根据上述抵抗弯矩图确定受力纵筋的钢筋布置后，即可明确各受力纵筋的形状及细部尺寸并绘制配筋施工图。

5.3.4 斜截面受弯构件的构造要求

1. 箍筋的构造要求

箍筋主要用来承担由剪力和弯矩在梁内引起的主拉应力，并通过绑扎或焊接把其他钢筋联系在一起，形成空间骨架。当外部荷载产生的剪力小于混凝土截面的抗剪能力即 $V \leqslant 0.7bh_0f_t$ 时，按计算是不需设置箍筋的。但规范规定，对于高度大于 300mm 的梁，仍需沿梁的全长设置箍筋。箍筋应从梁边 50mm 处开始设置，且箍筋的直径和间距应符合箍筋的最小直径和最大间距要求。

箍筋的形式可分为开口式和封闭式两种，如图 5-16 所示。除无振动荷载且计算不需要配置纵向受压钢筋的现浇 T 形梁的跨中部分可用开口箍筋外，其余均应采用封闭式箍筋。当梁的宽度 $b \leqslant 150$mm 时，箍筋的肢数可采用单肢；当 $b \leqslant 400$mm 且一层内的纵向受压钢筋不多于 4 根时，可采用双肢箍筋；当 $b > 400$mm 且一层内的纵向受压钢筋多于 3 根或当梁的宽度不大于 400mm 但一层内的纵向受压钢筋多于 4 根时，应设置复合箍筋。箍筋的弯钩一般为 135°，弯钩端头段长度不小于 50mm，且不小于 $5d$。箍筋的常用直径为 6mm、8mm、10mm。对截面高度大于 800mm 的梁，其箍筋直径不宜小于 8mm。

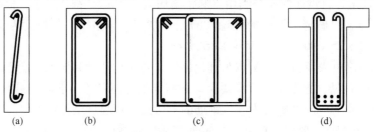

(a) (b) (c) (d)

图 5-16　箍筋的形式

（a）单肢；（b）双肢；（c）复合；（d）开口式

2. 纵向钢筋的锚固

纵向钢筋锚固长度的确定方法与受弯构件相同。但由于端部剪力较大，从抗剪角度考虑，规范规定，钢筋混凝土简支梁和连续梁简支端的下部纵向受力钢筋伸入支座内的锚固长度不应小于表 5-14 和图 5-17（a）的规定。同时规定，伸入梁支座范围内锚固的纵向受力钢筋数量不宜少于 2 根。因条件限制不能满足上述规定锚固长度时，可采取附加锚固措施，如在钢筋上加焊锚固钢板［图 5-17（b）］，或将钢筋端部焊接在梁端的预埋件上［图 5-17（c）］等。

表 5-14　纵向受力钢筋伸入支座内的锚固长度

锚固条件		$V \leqslant 0.7f_t bh_0$	$V > 0.7f_t bh_0$
钢筋类型	光面钢筋（带弯钩）	5d	15d
	带肋钢筋		12d
	C25 及以下混凝土，跨边有集中力作用		15d

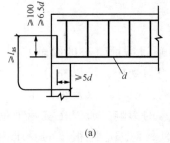 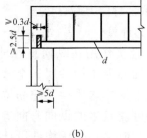 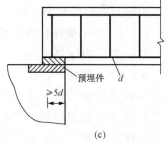

　　　　（a）　　　　　　　　（b）　　　　　　　　（c）

图 5-17　纵向钢筋的锚固

（a）支座钢筋锚固长度；（b）钢筋上加焊锚固钢板；（c）钢筋端部焊接在梁端的预埋件上

特别是在剪力较大的悬臂梁内，由于梁全长受负弯矩作用，临界斜裂缝的倾角较小，因此，不应在梁的上部截断负弯矩钢筋。

对简支板或连续板，简支端下部纵向受力钢筋伸入支座的锚固长度应大于 5d（d 为受力钢筋直径）。伸入支座的下部钢筋数量采用弯起式配筋时，其间距不应大于 400mm，截面面积不应小于跨中受力钢筋截面面积的三分之一；当采用分离式配筋时，跨中受力钢筋应全部伸入支座。

3. 纵向受拉钢筋的弯起与截断后的要求

在工程中，纵向受拉钢筋的弯起应在充分利用点之外，并充分利用点之间的距离要大于 0.5h_0，在此之外，在增加一定的锚固长度后才允许截断。同时，为了充分利用纵向受力钢筋并使其在支座处承担剪力或支座负弯矩，弯起钢筋在其弯终点外应有一直线段的锚固长度，以保证在斜截面处发挥其强度。对此，规范规定，当 $V \leqslant 0.7bh_0 f_t$ 时，弯起钢筋直线段位于受拉区，其延伸长度应自不需要点外不小于 20d 和 1.3h_0（d 为弯起钢筋的直径）或大于 1.2L_a。当 $V > 0.7bh_0 f_t$ 时，延伸长度应自不需要点外大于 1.2$L_a + h_0$。

为了防止弯折处混凝土挤压力过于集中，弯折半径应不小于 10d，如图 5-18 所示。当纵向受力钢筋不能在需要的地方弯起或弯起钢筋不足以承受剪力时，可单独为抗剪设置弯起钢筋。此时，弯起钢筋应采用"鸭筋"形式，严禁采用"浮筋"，如图 5-19 所示。

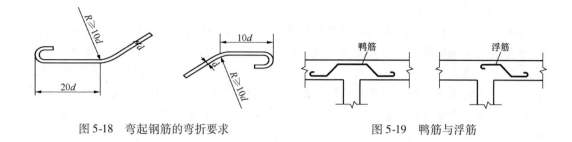

图 5-18　弯起钢筋的弯折要求　　　　　图 5-19　鸭筋与浮筋

5.4　钢筋混凝土受压构件

结构中以承受压力为主的构件称为受压构件。钢筋混凝土结构中最常见的受压构件就是混凝土柱。钢筋混凝土受压构件按照纵向压力作用位置的不同，分为轴心受压和偏心受压两种类型。当纵向压力的作用线与构件截面重心轴线重合时称为轴心受压，当纵向压力的作用线与构件截面重心轴线不重合时称为偏心受压。

5.4.1　轴心受压构件的承载力计算

轴心受压构件当纵向压力 N 直接作用在纵向重心轴（通过截面重心的纵轴）时，即为轴心受压构件。钢筋混凝土轴心受压构件属于全截面均匀受压，可以充分利用混凝土材料的抗压性能。由于混凝土的非均质性、配筋位置的准确性，以及纵向压力作用点可能存在的初始偏心与构件可能发生的纵向弯曲等因素的影响，所以在实际工程中，不存在理想的轴心受压构件。但轴心受压构件设计简便，对偏心距很小的受压构件（如偏心距为截面边长的 1/6 或构件计算长度的 1/600 时），可以近似按轴心受压构件进行设计。

5.4.1.1　轴心受压构件的破坏特征

与其他构件相比，柱是一种相对较为细高的受压构件。对这类受压构件，一个重要的力学特征参数就是柱的长细比，它是柱的计算长度 l_0 与平行于纵向弯曲方向的截面回转半径 i 之比（$i = \sqrt{I/A}$，A 为截面面积，I 为惯性矩）。对矩形截面受压构件的长细比，受压构件可用 $\dfrac{l_0}{h}$ 来表示。

柱的计算长度取值与柱两端的支承条件有关。当为刚性屋盖单层房屋排架柱、露天吊车柱和栈桥柱时，其计算长度可按表 5-15 确定。表中 H 表示从基础顶面算起的柱子全高；H_l 为从基础顶面至装配式吊车梁底面或现浇式吊车梁顶面的柱子下面高度，H_u 为从装配式吊车梁底面或现浇式吊车梁顶面算起的柱子上部高度。

表 5-15　刚性屋盖单层房屋排架柱、露天吊车柱和栈桥柱计算长度

柱的类别		l_0		
		排架方向	垂直排架方向	
			有柱间支撑	无柱间支撑
无吊车房屋柱	单跨	1.5H	1.0H	1.2H
	两跨及多跨	1.25H	1.0H	1.2H

柱的类别		l_0		
		排架方向	垂直排架方向	
			有柱间支撑	无柱间支撑
有吊车房屋柱	上柱	$2.0H_u$	$1.25H_u$	$1.5H_u$
	下柱	$1.0H_l$	$0.8H_l$	$1.0H_l$
露天吊车柱和栈桥柱		$2.0H_l$	$1.0H_l$	—

对一般多层房屋中梁柱为刚接的框架结构，各层柱的计算长度则可按表 5-16 确定。此时表中 H 则表示底层柱从基础顶面到一层楼盖顶面的柱高度，而对其余各层柱则为上下两层楼盖顶面之间的高度。

表 5-16　框架结构各层柱的计算长度

楼盖类型	柱的类型	l_0
现浇楼盖	底层柱	$1.0H$
	其余各层柱	$1.25H$
装配式楼盖	底层柱	$1.25H$
	其余各层柱	$1.5H$

对轴心受压短柱而言，当柱受到压力作用时，试验研究证明，整个截面的应变分布是均匀的。随着荷载的增加，应变也迅速增加。当达到混凝土极限压应变 0.002mm 时，出现纵向裂缝，箍筋间的纵向钢筋呈灯笼状外鼓，构件因混凝土的压碎而破坏，如图 5-20 所示。

轴心受压短柱破坏时，一般先是纵向钢筋达到屈服强度，最后混凝土才达到极限压应变。此时，若采用高强度钢筋，则可能出现在混凝土达到极限压应变时，钢筋还没有达到屈服，钢筋的强度没有被充分利用，因此，在轴心受压柱中采用高强度钢筋是不经济的。

对轴心受压长柱而言，其破坏形式可能有两种，一种为强度破坏，另一种为失稳破坏。当长细比较大时，由初始偏心或偶然偏心产生的附加弯矩将伴随构件的挠曲变形而增大，使构件接近于偏心受压的工作状态。构件受荷后，凸边出现横向裂缝，抗弯截面减小，受压区混凝土受压急剧增大而被压碎，最后发生强度破坏。或者因长细比过大，初始偏心或偶然偏心使构件凸边出现横向裂缝，纵向钢筋向外鼓出，挠度急速发展而失稳破坏，如图 5-21 所示。这两种破坏都使长柱的极限承载能力大为降低，并远低于短柱的极

图 5-20　轴心受压短柱破坏形态

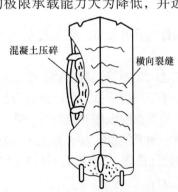

图 5-21　轴心受压长柱破坏形态

限承载能力。为此，我国《混凝土结构设计规范》［GB 50010—2010（2015 年版）］采用钢筋混凝土轴心受压构件的稳定系数 φ 来表述这一问题。试验证明，稳定系数 φ 主要与构件的长细比有关，其具体取值见表 5-17。表中 b 为矩形截面短边，d 为圆形截面直径，i 为截面的最小回转半径。

表 5-17　筋混凝土轴心受压构件的稳定系数

l_0/b	≤8	10	12	14	16	18	20	22	24	26	28
l_0/d	≤7	8.5	10.5	12	14	15.5	17	19	21	22.5	24
l_0/i	≤28	35	42	48	55	62	69	76	83	90	97
φ	1.0	0.98	0.95	0.92	0.87	0.81	0.75	0.70	0.65	0.60	0.56
l_0/b	30	32	34	36	38	40	42	44	46	48	50
l_0/d	26	28	29.5	31	33	34.5	37.5	38	40	41.5	43
l_0/i	104	111	118	125	132	139	146	153	160	167	174
φ	0.52	0.48	0.44	0.40	0.36	0.32	0.29	0.26	0.23	0.21	0.19

5.4.1.2　轴心受压构件的承载力计算

钢筋混凝土轴心受压构件，当配置的箍筋满足构造要求时，在考虑长柱因纵向弯曲而降低承载力的基础上，《混凝土结构设计规范》［GB 50010—2010（2015 年版）］给出轴心受压构件承载力计算公式：

$$N \leqslant 0.9\varphi(f_c A + f'_y A'_s)$$

式中　φ ——钢筋混凝土轴心受压构件的稳定系数，按表 5-17 选取；

　　　f_c ——混凝土轴心抗压强度设计值；

　　　A ——构件截面面积，当配筋率大于 3% 时，要扣除 A'_s 的面积；

　　　f'_y ——纵向受压钢筋的抗压强度设计值；

　　　A'_s ——全部纵向钢筋的截面面积。

据此，设计钢筋混凝土轴心受压构件截面的步骤如下：

（1）在已知轴向压力设计值的前提下，初步选定混凝土和纵筋的材料强度等级及构件截面形状与尺寸。

（2）确定构件的计算长度。若构件截面两个主轴方向的支承条件不同，应取计算长度的较大值。

（3）据长细比确定钢筋混凝土轴心受压构件的稳定系数。

（4）按轴心受压构件承载力公式进行分析。

（5）据计算结果选配纵筋并应符合构造要求。

【例 5-7】有一钢筋混凝土柱，截面为 400mm × 400mm 的正方形，柱计算长度为 5m。柱承受轴心压力设计值 $N = 2000$kN，材料选用 C30 混凝土，纵筋选择 HPB335 级钢筋，试对该柱进行配筋设计。

【解】据题意并查表可知，$f'_y = 300$N/mm²，$f_c = 14.3$N/mm²。

（1）计算长细比并获取稳定系数：

$$\frac{l_0}{h} = \frac{5000}{400} = 12.5，查表可知，\varphi = 0.9425。$$

（2）计算所需配筋：

$$N \leqslant 0.9\varphi(f_c A + f'_y A'_s)，A'_s = \frac{\frac{N}{0.9\varphi} - f_c A}{f'_y} = \frac{\frac{2000000}{0.9 \times 0.9425} - 14.3 \times 400 \times 400}{300} =$$

$1513(\mathrm{mm}^2)$，选 $4 \underline{\Phi} 22(A_s = 1520\mathrm{mm}^2)$。

（3）验证配筋率：

混凝土受压构件纵向受力钢筋的配筋率不应小于 0.6%，也不宜大于 5%。0.6% < $\frac{1520}{400 \times 400} = 0.95\% < 5\%$，满足要求。

【例 5-8】某钢筋混凝土轴心受压柱的截面尺寸为 400mm×400mm，轴心压力设计值 $N = 2400\mathrm{kN}$，柱计算长度为 4.8m。柱混凝土选用 C30，纵筋选择 HRB335 级钢筋，试对该柱进行配筋设计。

【解】据题意并查表可知，$f'_y = 300\mathrm{N/mm}^2，f_c = 14.3\mathrm{N/mm}^2$。

（1）计算长细比并获取稳定系数：

$$\frac{l_0}{h} = \frac{4800}{400} = 12，查表可知，\varphi = 0.95。$$

（2）计算所需配筋：

$$N \leqslant 0.9\varphi(f_c A + f'_y A'_s)，A'_s = \frac{\frac{N}{0.9\varphi} - f_c A}{f'_y} = \frac{\frac{2400000}{0.9 \times 0.95} - 14.3 \times 400 \times 400}{300} =$$

$1730(\mathrm{mm}^2)$，选 $8 \underline{\Phi} 18(A_s = 2036\mathrm{mm}^2)$。

（3）验证配筋率：

混凝土受压构件纵向受力钢筋的配筋率不应小于 0.6%，也不宜大于 5%。0.6% < $\frac{2036}{400 \times 400} = 1.27\% < 5\%$，满足要求。

【例 5-9】某一钢筋混凝土轴心受压柱的截面尺寸为 350mm×350mm，柱的计算长度为 5.4m，混凝土等级选用 C30，已配置纵向受力钢筋为 $4 \underline{\Phi} 20(A_s = 1256\mathrm{mm}^2)$，纵筋为 HRB335 级钢筋，试求该柱的承载力。

【解】据题意并查表可知，$f'_y = 300\mathrm{N/mm}^2，f_c = 14.3\mathrm{N/mm}^2$。

（1）计算长细比并获取稳定系数：

$$\frac{l_0}{h} = \frac{5400}{350} = 15.4，查表可知，\varphi = 0.885。$$

（2）验证配筋率：

混凝土受压构件纵向受力钢筋的配筋率不应小于 0.6%，也不宜大于 5%。0.6% < $\frac{1256}{350 \times 350} = 1.03\% < 5\%$，满足要求。

（3）计算承载力：

$N = 0.9\varphi(f_c A + f_y' A_s') = 0.9 \times 0.885 \times (14.3 \times 350 \times 350 + 300 \times 1256) = 1688.2(\text{kN})$

【例 5-10】 有一钢筋混凝土柱，截面为 350mm × 350mm 的正方形，柱计算长度为 4.9m。柱承受轴心压力设计值 $N = 1300\text{kN}$，材料选用 C30 混凝土，纵筋选择 HPB335 级钢筋，试对该柱进行配筋设计。

【解】 据题意并查表可知，$f_y' = 300\text{N/mm}^2$，$f_c = 14.3\text{N/mm}^2$。

（1）计算长细比并获取稳定系数：

$\dfrac{l_0}{h} = \dfrac{4900}{350} = 14$，查表可知，$\varphi = 0.92$。

（2）计算所需配筋：

$N \leqslant 0.9\varphi(f_c A + f_y' A_s')$，$A_s' = \dfrac{\dfrac{N}{0.9\varphi} - f_c A}{f_y'} = \dfrac{\dfrac{1500000}{0.9 \times 0.92} - 14.3 \times 350 \times 350}{300} =$

$\dfrac{1570048 - 1751750}{300} = -605.6(\text{mm}^2)$，不需要钢筋。

（3）配置钢筋：

混凝土受压构件纵向受力钢筋的配筋率不应小于 0.6%，也不宜大于 5%，350 × 350 × 0.6% = 735，$\phi6@240$。

同时，由于规范规定箍筋直径不应小于 6mm，箍筋间距不应大于 400mm 及构件截面的短边尺寸，且不应大于纵向受力钢筋最小直径的 15 倍。故箍筋选择 $\phi6@240$。

5.4.2 偏心受压构件的承载力计算

当纵向压力平行于纵向形心轴但不通过截面形心或者在构件截面上同时作用有轴心压力和弯矩时，即为偏心受压构件。偏心受压构件又可分为单向偏心受压构件和双向偏心受压构件。当构件仅在其一个轴向承受弯矩和剪力时为单向偏心受压构件。如在构件的两个方向同时承受弯矩作用，则为双向偏心受压构件，如框架结构中的角柱。对工程管理专业的学生来讲，熟悉单向偏心受压构件的受力分析即可。

5.4.2.1 偏心受压构件的破坏类型及破坏特征

根据偏心距和纵向钢筋的配筋率不同，偏心受压构件将发生不同的破坏形态，按其截面破坏特征可分大偏心受压破坏和小偏心受压破坏两类。

1. 大偏心受压破坏

大偏心受压构件破坏也称受拉破坏。当偏心压力产生的偏心距较大且受拉钢筋配置得较少时，构件一般发生受拉破坏。其破坏特征是在破坏前，常在受拉一侧出现横向裂缝并随荷载的增大向受压侧扩展延伸。在更大荷载作用下，受拉钢筋首先屈服。随着钢筋的塑性伸长，裂缝继续延伸，受压区截面逐渐减小。直至最终破坏时，受压区混凝土达到极限压应变，受压钢筋也达到抗压强度设计值而屈服，如图 5-22 所示。

2. 小偏心受压破坏

小偏心受压破坏也称受压破坏。当偏心压力产生的相对偏心距较小或受拉钢筋配置的较多时，构件常发生受压破坏，如图 5-23 所示。

图 5-22　大偏心受压构件破坏形态　　　　图 5-23　小偏心受压构件破坏形态

发生小偏心受压破坏的构件截面应力状态有两种类型，第一种是当偏心距很小时，构件全截面受压。此时距轴向力较近一侧的混凝土压应力较大，另一侧的压应力较小，构件的破坏由受压较大一侧的混凝土压碎而引起，该侧的钢筋达到受压屈服强度。只要偏心距不太小，另一侧的钢筋虽处于受压状态但不会屈服。

第二种是当偏心距较小或偏心距较大但受拉钢筋配置过多时，构件截面处于大部分受压而小部分受拉的状态。随着荷载的增加，受拉区虽有裂缝产生但开展较为缓慢；构件的破坏也是由于受压区混凝土的压碎而引起的，而且压碎区域较大。破坏时，受压一侧的纵向钢筋一般都能达到屈服强度，但受拉钢筋不会屈服。

3. 大小偏心受压的界限

大偏心受压破坏的主要特征是受拉纵筋首先屈服，然后受压区混凝土达到极限压应变而使构件破坏；小偏心受压破坏的主要特征是受压较大一侧混凝土先被压碎，因此，两者的本质区别是受拉钢筋能否达屈服强度，同时受压区混凝土也达到极限压应变。这和适筋梁与超筋梁的界限破坏特征完全相同，因此，当 $\xi \leqslant \xi_b$ 时为大偏心受压；当 $\xi > \xi_b$ 时为小偏心受压。ξ 为混凝土受压区高度 x 与截面有效高度 h_0 之比。

5.4.2.2　偏心距对偏心受压构件的影响

偏心距是偏心受压构件分析中的一个主要技术参数，常用 e_0 来表示，其值等于产生偏心距的弯矩与其所对应的轴力之比，即 $e_0 = M/N$。但在构件的偏心受压过程中，由于材质的不均匀性、裂缝的扩展等变化，偏心距可能增大，即在原有基础上产生附加偏心距 e_a，因此，《混凝土结构设计规范》［GB 50010—2010（2015 年版）］规定，当进行偏心受压构件的正截面承载力计算时，应计入轴向压力在偏心方向存在的附加偏心距 e_a，其值一般取 20mm 或偏心方向截面最大尺寸的 1/30 为附加偏心距值（取两者最大值）。这样，偏心距就包含 e_0 和 e_a 两部分。在偏心受压构件分析中，这两部分之和被称为初始偏心距 e_i，即 $e_i = e_a + e_0$。

更为重要的是，钢筋混凝土偏心受压构件受力后必然产生纵向弯曲，如果柱的长细比较小，所产生的纵向弯曲很小，可以忽略不计。但对长细比较大的柱，因其纵向弯曲较大，偏心受压构件控制截面所受的实际弯矩更大，此时所产生的附加弯矩也就不可忽略。为此，《混凝土结构设计规范》［GB 50010—2010（2015 年版）］规定，对弯矩作用平面内截面对称的偏心受压构件，当同一主轴方向的杆端弯矩比 M_1/M_2 不大于 0.9 且轴压比不大于 0.9 时，可不考虑轴向压力在该方向挠曲杆件中产生的附加弯矩影响；否则，就需按下式确定轴向压力在该方向挠曲杆件中产生二阶效应后控制截面的弯矩设计值 M。

$$M = C_m \eta_{ns} M_2 \quad C_m = 0.7 + 0.3 \frac{M_1}{M_2}$$

$$\eta_{ns} = 1 + \frac{1}{1300(M_2/N + e_a)/h_0} \left(\frac{l_0}{h}\right)^2 \zeta_c \quad \zeta_c = \frac{0.5 f_c A}{N}$$

式中 M_1、M_2 ——已考虑侧移影响的偏心受压构件两端截面按结构弹性分析确定的对同一主轴的组合弯矩设计值（绝对值较大端为 M_2，较小端为 M_1）；

l_0 ——构件的计算长度；

C_m ——构件端截面偏心距调节系数，当小于 0.7 时取 0.7；

η_{ns} ——弯矩增大系数；

ζ_c ——截面曲率修正系数，当大于 1.0 时取 1.0；

A ——构件截面面积；

h ——截面高度（当为环形截面时取外直径；对圆形截面，取直径）；

h_0 ——截面有效高度；

f_c ——偏心受压构件的混凝土抗压强度；

N ——与弯矩设计值 M_2 相应的轴向压力设计值。

5.4.2.3 矩形截面偏心受压构件的承载力

（1）根据偏心受压构件的破坏特征，大偏心受压构件为受拉破坏。由静力平衡条件（图 5-24），大偏心受压构件受压承载力计算的基本公式为（不包含预应力）

$$N \leqslant \alpha_1 f_c bx + f_y' A_s' - f_y A_s \quad Ne \leqslant \alpha_1 f_c bx \left(h_0 - \frac{x}{2}\right) + f_y' A_s'(h_0 - a_s')$$

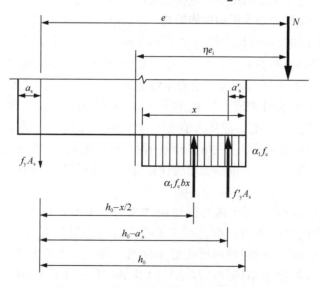

图 5-24 大偏心受压构件静力平衡计算图

式中　N ——偏心受压构件的轴向压力设计值；

$\quad\quad\alpha_1$ ——等效矩形截面系数，其取值与受弯构件相同；

$\quad\quad f_c$ ——混凝土轴心抗压强度设计值；

$\quad\quad b$ ——偏心受压构件的截面宽度；

$\quad\quad x$ ——偏心受压构件的混凝土的受压区高度；

$\quad\quad A'_s$ ——纵向受压钢筋的截面面积；

$\quad\quad f'_y$ ——纵向受压钢筋的强度设计值；

$\quad\quad f_y$ ——纵向受拉钢筋的强度设计值；

$\quad\quad A_s$ ——纵向受拉钢筋的截面面积；

$\quad\quad h_0$ ——截面的有效高度；

$\quad\quad e$ ——轴向压力作用点至受拉钢筋合力作用点的距离，$e = e_i + \dfrac{h}{2} - a_s$；

$\quad\quad a'_s$ ——纵向受压钢筋的合力作用点到截面受压边缘的距离；

$\quad\quad a_s$ ——纵向受拉钢筋的合力作用点到截面受拉边缘的距离。

该公式的适用条件是 $\xi \leqslant \xi_b$，即 $\xi = x/h_0 \leqslant \xi_b$。

（2）根据偏心受压构件的破坏特征，小偏心受压构件为受压破坏。由静力平衡条件，小偏心受压构件受压承载力计算的基本公式为（不包含预应力）

$$N \leqslant \alpha_1 f_c bx + f'_y A'_s - \sigma_s A_s$$

$$Ne \leqslant \alpha_1 f_c bx \left(h_0 - \frac{x}{2} \right) + f'_y A'_s (h_0 - a'_s)$$

式中的各符号含义与大偏心受压构件的计算公式相同。由于小偏心受压构件受拉一侧的钢筋可能受拉也可能受压，其应力一般较小，一般达不到纵向受拉钢筋的强度设计值，因此，在小偏心受压构件的承载力计算公式中，纵向受拉钢筋的强度设计值 f_y 被替换为 σ_s。σ_s 的确定将与偏心受压构件混凝土的受压区高度 x 紧密相关，其计算方法为

$$\sigma_s = E_s \varepsilon_{cu} \left(\frac{\beta_1 h_{0i}}{x} - 1 \right)$$

式中　h_{0i} ——第 i 层纵向钢筋截面重心至截面受压边缘的距离；

$\quad\quad E_s$ ——钢筋的弹性模量；

$\quad\quad \varepsilon_{cu}$ ——非均匀受压时的混凝土极限压应变，$\varepsilon_{cu} = 0.0033 - (f_{cu,k} - 50) \times 10^{-5}$；

$\quad\quad f_{cu,k}$ ——混凝土立方体抗压强度标准值；

$\quad\quad \beta_1$ ——参数，见表5-4。

5.4.3　矩形截面偏心受压构件的配筋设计

偏心受压构件的截面配筋方式按配筋结果可分为对称配筋和非对称配筋。所谓对称配筋，是指受压构件截面的受压区和受拉区配置相同强度等级、相同面积、同一规格的纵向受力钢筋。根据受力分析结果，虽然可能多用了些钢筋，但构造简单，施工方便。非对称配筋是指根据受力分析结果，构件截面两侧配置不同的纵向钢筋，它可以结合构件受力情况，充分发挥钢筋的各自作用并节省钢筋，但施工不便且容易发生拉压钢筋位置错放的情况。为此，在实际工程中常采用对称配筋。由于对称配筋是非对称配筋的特殊情形，因此，偏心受压构件的基本计算公式仍可应用。偏心受压构件对称配筋的设计方法可按如下

步骤进行：

（1）根据构件受力分析，得出构件的轴力 N 和弯矩 M，以及初定截面尺寸 $b \times h$，同时选定构件材料 f_c、构件的计算长度 l_0、截面高度 h、截面面积 A 等参数，并进行大小偏心判定。

当 $x = \dfrac{N}{\alpha_1 f_c b} \leqslant \xi_b h_0$，按大偏心受压计算；当 $x = \dfrac{N}{\alpha_1 f_c b} > \xi_b h_0$，按小偏心受压计算。

（2）计算偏心距 e_0、附加偏心距 e_a 和初始偏心距值 e_i，其中 $e_0 = \dfrac{M}{N}$，$e_i = e_a + e_0$，e_a 按情况选取。

（3）计算出偏心受压构件的截面曲率修正系数 ζ_c，求弯矩增大系数 η_{ns}。

（4）求轴向压力作用点至受拉钢筋合力作用点的距离 e，$e = e_i + \dfrac{h}{2} - a_s$。

（5）根据选定的构件材料 f_c、f_y 和 f_y'，计算 A_s' 和 A_s。

矩形截面对称配筋的大偏心受压钢筋混凝土构件：

当 $x > 2a_s'$ 时，$A_s' = A_s = \dfrac{Ne - \alpha_1 f_c bx\left(h_0 - \dfrac{x}{2}\right)}{f_y'(h_0 - a_s')} \geqslant \rho_{min} bh$

当 $x \leqslant 2a_s'$ 时，$A_s' = A_s = \dfrac{Ne'}{f_y(h_0 - a_s')} \geqslant \rho_{min} bh$，其中，$e' = e_i + \dfrac{h}{2} - a_s'$，$\rho_{min}$ 取 0.2%。

对矩形截面对称配筋的小偏心受压钢筋混凝土构件，也可按下式进行计算：

$A_s' = A_s = \dfrac{Ne - \alpha_1 \xi f_c bh_0^2(1 - 0.5\xi)}{f_y'(h_0 - a_s')} \geqslant \rho_{min} bh$，其中，$e = e_i + \dfrac{h}{2} - a_s$，$\rho_{min}$ 取 0.2%。

此时，规范规定 ξ 的确定方法如下：

$$\xi = \frac{N - \alpha_1 \xi_b f_c bh_0}{\alpha_1 f_c bh_0 + \dfrac{Ne - 0.43\alpha_1 f_c bh_0{}^2}{(\beta_1 - \xi_b)(h_0 - a_s')}} + \xi_b$$

式中 $\quad \beta_1$ ——截面中和轴高度修正系数。

当混凝土强度等级不超过 C50 时，取 0.8；当混凝土强度等级为 C80 时，取 0.74。其间按线性内插法取用。

5.4.4 受压构件的构造要求

1. 材料要求

混凝土强度等级对受压构件的承载力有较大影响。为了充分利用混凝土抗压强度，受压构件宜采用强度等级较高的混凝土。一般来讲，柱的混凝土强度等级不应低于 C30，必要时可采用更高强度等级的混凝土。

在柱中，纵向受力钢筋简称纵筋。纵筋的主要作用是协助混凝土承担压力和承担由弯矩及附加弯矩产生的拉力。除此之外，纵筋还具有减少构件徐变、减小构件的脆性和非均质性、增强构件的延性、承担构件的收缩应力与温度应力及防止脆断等重要作用。为保证纵筋更好地发挥作用，《混凝土结构设计规范》［GB 50010—2010（2015 年版）］规定，受压构件的受力钢筋不宜采用高强度钢筋，因为高强度钢筋与混凝土共同受压时，不能充分发挥其强度。柱中纵向受力钢筋一般采用 HRB335 级、HRB400 级或 HRBF400 级钢筋，箍筋一般采用 HPB300、HRB335 级钢筋。

当在柱中布置纵向受力钢筋时，钢筋混凝土受压柱纵向受力钢筋直径不宜小于 12mm，且应选用直径较大的钢筋，以减小纵向弯曲。圆柱纵向受力钢筋宜沿周边均匀布置，根数不应少于 6 根。布置钢筋时，轴心受压构件的纵向受力钢筋应沿截面周边均匀对称布置；偏心受压构件的受力钢筋应设置在弯矩作用方向的两对边，柱中纵向受力钢筋的间距不应小于 50mm 且不宜大于 300mm。当偏心受压柱的截面高度大于 600mm 时，在柱的侧面应设直径为 10～16mm 的纵向构造钢筋，并相应设置复合箍筋或拉筋。

同时《混凝土结构设计规范》[GB 50010—2010（2015 年版）] 规定，混凝土受压构件纵向受力钢筋的配筋率不应小于 0.6%，一侧纵向受力钢筋的配筋率不应小于 0.2%，但全部纵向受力钢筋的配筋率不宜大于 5%。根据工程经验，配筋率控制在 0.8%～1.3% 较为经济，而常用配筋率多在 1%～2% 之间。

2. 截面形状和尺寸要求

轴心受压构件的截面多为正方形或圆形，偏心受压构件的截面多为矩形或 I 形。一般来讲，柱的截面尺寸不宜过小，以避免其长细比过大而过多降低受压承载力。正方形和矩形截面柱的最小尺寸一般不宜小于 250mm×250mm。

3. 箍筋要求

箍筋的主要作用是与纵筋形成钢筋骨架和抵抗剪力，以保证钢筋骨架的整体刚度，并保证构件在破坏阶段时箍筋对纵向受力钢筋和混凝土的约束作用。

箍筋一般采用 HPB300、HRB335。箍筋随受压构件截面形状和配置方式的不同分为普通箍筋（方形、矩形或多边形）和螺旋式箍筋（螺旋形或横向焊接网片）两类。受压构件截面的周边箍筋应做成封闭状，箍筋末端应做成 135°弯钩，弯钩末端平直段长度不应小于箍筋直径的 10 倍。当柱截面有缺角时，不可采用有内折角的箍筋形式，而应采用分离式箍筋形式（图 5-25）。钢筋混凝土柱中常用的箍形式如图 5-26 所示。

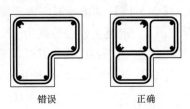

错误　　　　正确

图 5-25　有内折角的箍筋形式

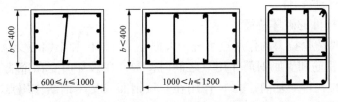

图 5-26　钢筋混凝土中常用的箍筋形式

箍筋直径不应小于 6mm，箍筋间距不应大于 400mm 及构件截面的短边尺寸，且不应大于纵向受力钢筋最小直径的 15 倍。当柱中全部纵向受力钢筋的配筋率大于 3% 时，箍筋直径不应小于 8mm，间距不应大于纵向受力钢筋最小直径的 10 倍，且不应大于 200mm。

5.5 钢筋混凝土受拉构件

钢筋和混凝土的主要特长分别是承受拉力和承受压力，因此，在钢筋混凝土结构中，结合钢筋和混凝土的主要特性，在设计钢筋混凝土构件时主要发挥其各自优势。除此之外，还有一些构件因结构所需，需承担拉力或扭矩的作用。尽管混凝土的抗拉强度很低且容易开裂，但鉴于其具有其他方面的优点，在一些拉扭构件中也得以应用，如混凝土建造的水池池壁、圆形筒仓、屋架弦杆、雨篷边梁、框架角梁或薄壳容器等。因此，对工程管理专业的学生来说，了解构件的拉扭受力状态并掌握分析这些构件的内力计算方法也是十分必要的。

5.5.1 轴心受拉构件

试验表明，当拉力很小时，由于存在钢筋与混凝土之间的黏结力，截面上各点的应变值相等。但随着荷载的逐渐增加，混凝土出现裂缝和塑性变形并不断发展。当混凝土的应力达到其抗拉强度值时，构件断裂，出现的裂缝与构件轴线垂直并且贯穿于整个截面，混凝土全部退出工作状态。此时，所有拉力荷载全部由钢筋承担。当轴向拉力使裂缝截面内钢筋的应力达到其抗拉强度时，构件进入破坏阶段。因此，轴心受拉构件的承载力最终取决于钢筋的数量和抗拉强度。据此，其受拉承载力计算公式

$$N = f_y A_s$$

式中　　N ——轴向拉力设计值；

　　　　f_y ——纵向受拉钢筋抗拉强度设计值；

　　　　A_s ——纵向受拉钢筋的全部截面面积，$A_s \geq \rho_{min} bh$。

【例 5-11】 某钢筋混凝土屋架下弦截面尺寸为 150mm × 240mm，承受轴向拉力设计值为 210kN，混凝土强度等级为 C30，纵向受拉钢筋采用 HRB335 级。试计算该屋架下弦所需纵向受拉钢筋截面面积并选配钢筋。

【解】 查表可知，$f_y = 300 \text{kN/mm}^2$，据轴向拉力承载力计算公式可知，所需纵向受拉钢筋截面面积 $A_s = \dfrac{N}{f_y} = \dfrac{210 \times 10^3}{300} = 700 (\text{mm}^2)$。

若 ρ_{min} 取 0.4%，$\rho_{min} bh = 0.004 \times 150 \times 240 = 144 (\text{mm}^2) < 700 \text{mm}^2$，故可按 $A_s = 700 \text{mm}^2$ 来配筋，选取 4 ⊈ 16（$A_s = 804 \text{mm}^2$）。

5.5.2 偏心受拉构件

1. 偏心受拉构件的破坏特征

偏心受拉构件依据拉力的作用点可分为大偏心受拉构件和小偏心受拉构件。当轴向拉力 N 作用在受拉钢筋和受压钢筋作用点之间时，构件在破坏时全截面受拉，此时的构件被称为小偏心受拉构件。轴向拉力 N 作用在受拉钢筋或受压钢筋作用点之外时，构件在破坏时截面部分受拉开裂但仍有受压区，此时的构件被称为大偏心受拉构件。

对小偏心受拉构件，由于构件截面完全受拉，故小偏心受拉构件在拉力作用下，破坏截面全部开裂。由于不考虑混凝土受力，因此拉力完全由钢筋承担。对大偏心受拉构件，由于轴向拉力 N 作用在受拉钢筋和受压钢筋合力作用点之外，故大偏心受拉构件在整个受力过程中存在混凝土受压区，截面不会通裂。当构件破坏时，受压混凝土达到抗压强度

设计值，受拉钢筋也达到抗拉屈服强度。

2. 偏心受拉构件正截面力计算

对小偏心受拉构件，根据平衡条件，小偏心受拉构件的计算公式为

$$Ne = f_y A'_s (e + e') \qquad Ne' = f_y A_s (e + e')$$

式中　　N ——偏心受压构件的轴向压力设计值；

f_y ——纵向受拉钢筋的强度设计值；

A_s ——近 N 一侧纵向钢筋截面面积；

A'_s ——远 N 一侧纵向钢筋截面面积；

e ——轴向拉力作用点至 A_s 合力作用点的距离，$e = \dfrac{h}{2} - e_0 - a_s$；

e' ——轴向拉力作用点至 A'_s 合力作用点的距离，$e' = \dfrac{h}{2} + e_0 - a'_s$；

h ——截面高度；

e_0 ——轴向压力对截面重心的偏心距；

a'_s ——纵向受压钢筋作用点到截面受压边缘的距离；

a_s ——纵向受拉钢筋作用点到截面受压边缘的距离。

对大偏心受拉构件，由于受拉构件破坏时，截面部分开裂且仍有受压区，故破坏时受压和受拉钢筋及受压区混凝土都能达到抗压强度设计强度。根据平衡条件，大偏心受拉构件的计算公式为

$$N = f_y A_s - f'_y A'_s - \alpha_1 f_c bx \qquad Ne = \alpha_1 f_c bx \left(h_0 - \dfrac{x}{2} \right) + f'_y A'_s e'$$

式中　　α_1 ——等效矩形截面系数，其取值与受弯构件相同；

x ——偏心受拉构件混凝土的受压区高度；

e ——轴向拉力作用点至 A_s 合力作用点的距离，$e = e_0 - \dfrac{h}{2} + a_s$；

其他符号的含义与小偏心受拉构件计算公式符号的含义相同。

3. 构造要求

（1）轴心受拉构件及小偏心受拉构件的纵向钢筋不得采用绑扎搭接接头。

（2）受拉构件一侧的纵向受力钢筋最小配筋率不应小于 0.2% 和 $0.45 f_t / f_y$ 中较大者。

（3）轴心受拉构件纵向受力钢筋应沿截面四周边均匀对称布置，并优先选择直径较小的钢筋。

（4）轴心受拉构件中应设置箍筋，并与纵向受力钢筋形成骨架。箍筋一般采用 HPB300、HRB335 级钢筋，直径一般为 $6 \sim 8mm$，箍筋间距一般不大于 $200mm$。偏心受拉构件设置的箍筋除应满足上述要求外，还应满足偏心受拉构件斜截面抗剪承载力要求，其数量、间距和直径应通过斜截面承载力计算来确定。

5.6　钢筋混凝土受扭构件

由材料力学可知，当平面外力偶作用于构件时，构件截面内部即产生抵抗力偶矩，即该截面的扭矩。同样，当钢筋混凝土构件截面内存在扭矩时，构件就受到了扭力的作用，

如悬臂板式雨篷梁、框架边梁均为钢筋混凝土受扭构件，如图 5-27 所示。在扭矩作用下，构件截面的破坏既不是正截面破坏，也不是斜截面破坏，而是扭曲破坏。对矩形截面而言，是三边受拉、一边受压。但在实际工程中很少有纯扭构件，多是在弯矩、剪力和扭矩共同作用下的弯剪扭构件。因此，受扭构件根据外力作用的不同可分为纯扭、剪扭、弯扭和弯剪扭四种。

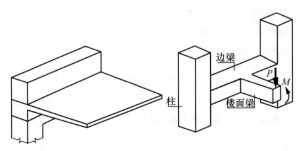

图 5-27　混凝土受扭构件

5.6.1　受扭构件的破坏特征

纯扭构件破坏时，一般先在构件某一长边侧面出现一条与构件轴线呈 45°的斜裂缝。该裂缝在构件的底部和顶部分别延伸，使该构件产生三面受拉、一面受压的受力状态。构件最后破坏时，受压面的混凝土被压碎，破坏面为斜向空间扭曲面，如图 5-28 所示。

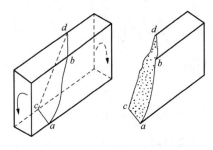

图 5-28　混凝土受扭破坏曲面

在裂缝出现后，如果构件配置了适量的抗扭钢筋就不会立即破坏。随着扭矩的不断增大，在构件表面逐渐形成多条大致与杆轴呈 45°并为螺旋形状的裂缝。在裂缝处，原来由混凝土承担的主拉应力由与裂缝相交的钢筋来承担。同时，因构件内一般也配有一定量的箍筋，因而箍筋也必然承担一部分扭矩。研究表明，混凝土开裂后的受力性能和破坏形态与受扭箍筋和受扭纵筋的配置比 δ 有关。经试验，两者的关系如下：

$$\delta = \frac{f_y A_s S}{f_{yv} A_{sv} U_{cor}}$$

式中　f_y ——抗扭纵向受拉钢筋的强度设计值；

A_s ——抗扭纵向钢筋截面面积；

f_{yv} ——抗扭箍筋强度设计值；

A_{sv} ——抗扭箍筋的单肢截面面积；

S ——抗扭箍筋的间距；

U_{cor} ——截面核心的周长，$U_{cor} = 2(b_{cor} + h_{cor})$，$h_{cor}$ 为构件高度 h 减去钢筋保护层厚度，b_{cor} 为构件宽度 b 减去钢筋保护层厚度。

为保证构件在受扭破坏过程中材料性能都得以充分发挥，《混凝土结构设计规范》[GB 50010—2010（2015 年版）] 通过控制纵筋与箍筋的配筋强度比来保证箍筋及纵筋能同时屈服，并规定 $0.6 \leq \delta \leq 1.7$，且 $\delta = 1.2$ 为最佳纵筋箍筋的配筋强度比。

在构件配置了适量的抗扭钢筋后，钢筋混凝土受扭构件的破坏就根据纵筋箍筋的不同配比存在少筋破坏、适筋破坏、部分超筋破坏和超筋破坏四种破坏特征。

（1）少筋破坏：当抗扭纵筋和抗扭箍筋之一配置得过少时，其破坏特征与素混凝土构件类似，一旦开裂，构件很快发生脆性破坏。为此，在设计时必须设计成大于最小配筋率和最小配箍率。

（2）适筋破坏：在正常配置抗扭纵筋和抗扭箍筋的情况下，构件破坏时，扭曲面 3 个受拉边的抗扭钢筋首先屈服，而后另一边受压区混凝土被压碎。在破坏过程中，构件具有延性破坏的特征。

（3）部分超筋破坏：若抗扭纵筋或抗扭箍筋之一超过正常配筋，构件破坏时，配筋率正常者先屈服，而配筋超常者达不到屈服强度。

（4）超筋破坏：若抗扭纵筋和抗扭箍筋均配置过多，混凝土会在两者均未屈服的情况下突然被压碎，破坏表现出明显的脆性性质，因此，设计时应避免出现此类构件。

5.6.2 矩形截面混凝土受扭构件的承载力计算公式

当扭矩很小时，截面混凝土接近弹性工作状态。扭矩沿截面四周从外向内产生剪应力流，其剪应力分布规律如图 5-29 所示。最大剪应力发生在长边中点处。构件在纯扭作用下，截面处于纯剪状态。但由于混凝土并非弹性材料，故混凝土纯扭构件的受扭承载力 T 总比实测的受扭承载力低。其受扭承载力 T 为 $T = \alpha f_t W_t$，其中，α 常取 0.7，f_t 为混凝土抗拉强度设计值，W_t 为截面抗扭抵抗矩。对矩形截面，$W_t = b^2(3h - b)/6$。

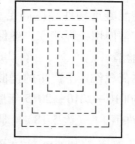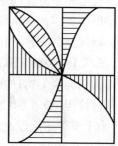

由于混凝土塑性的发展，逐渐向截面内部进行内力的重新分布，且只有当截面中各点的剪应力都达到混凝土的抗拉强度才会发

图 5-29 矩形截面混凝土受扭构件剪应力分布图

生破坏。同时，由于钢筋的存在，一部分扭矩也将由钢筋来承担，故钢筋混凝土受扭构件的承载力将由混凝土和抗扭钢筋两部分组成。其计算方法为

$$T = 0.35 f_t W_t + 1.2\sqrt{\xi}\frac{f_{yv}A_{sv}}{S}b_{cor}h_{cor} = 0.35 f_t W_t + 1.2 b_{cor}h_{cor}\frac{f_{yv}A_{sv}}{S}\sqrt{\frac{f_y A_s S}{f_{yv}A_{sv}U_{cor}}}$$

式中　f_{yv} ——抗扭箍筋强度设计值；

　　　A_{sv} ——抗扭箍筋的单肢截面面积；

　　　其他符号同上。

5.6.3 构造要求

在弯剪扭构件中，配置在截面弯曲受拉边的纵向受力钢筋截面面积不应小于按受弯构件正截面受拉钢筋最小配筋率计算出的钢筋截面面积与按受扭纵向钢筋配筋率的最小值计算并分配到弯曲受拉边的钢筋截面面积之和。

受扭纵筋应沿截面周边均匀对称布置，其间距应不大于 200mm 和梁的短边尺寸，在截面四角必须设置抗扭纵筋，受扭纵筋的接头和锚固均须按钢筋充分受拉考虑。

因受扭构件的四边均有可能受扭，故箍筋必须做成封闭式。箍筋的末端应做成不小于 135°的弯钩，且应钩住纵筋，弯钩的平直段伸出长度应不小于 10 倍的箍筋直径，且箍筋

的直径和间距还应符合受弯构件对箍筋的有关规定，如图 5-30 所示。

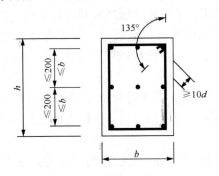

图 5-30 受扭构件构造要求

5.7 钢筋混凝土构件的变形和裂缝验算

钢筋混凝土构件在荷载作用下会产生挠曲和裂缝。过大的挠度和裂缝不仅会给人们一种不安全和不舒服的感觉，而且会使结构表面抹灰层开裂或脱落，严重时还会影响结构的正常使用。因此，钢筋混凝土构件除应满足承载力要求外，还需进行挠曲变形和裂缝验算，以保证其不超过正常使用极限状态，确保结构构件的正常使用。

5.7.1 挠曲变形验算

钢筋混凝土构件在荷载作用下产生的挠曲变形主要通过挠度来表示，对此，《混凝土结构设计规范》［GB 50010—2010（2015 年版）］规定构件在荷载作用下产生的挠曲变形 f 要小于或等于挠度允许值 $[f]$（表 5-18），即 $f \leqslant [f]$。

表 5-18 受弯构件挠度允许值

构件类型		挠度限值
吊车梁	手动吊车	$l_0/500$
	电动吊车	$l_0/600$
屋盖、楼盖及楼梯构件	当 $l_0 \leqslant 7\text{m}$ 时	$l_0/200(l_0/250)$
	当 $7\text{m} \leqslant l_0 \leqslant 9\text{m}$ 时	$l_0/250(l_0/300)$
	当 $l_0 > 9\text{m}$ 时	$l_0/300(l_0/400)$

注：1. 表中 l_0 为构件的计算跨度；计算悬臂构件的挠度限值时，其计算跨度 l_0 按实际悬臂长度的 2 倍取用。

2. 表中括号内的数值适用于对挠度有较高要求的构件。

对屋盖、楼盖及楼梯构件，$[f] = \left(\dfrac{1}{200} \sim \dfrac{1}{400}\right)l_0$，$l_0$ 为构件计算跨度。

对吊车梁，$[f] = \left(\dfrac{1}{500} \sim \dfrac{1}{600}\right)l_0$

当不能满足 $f \leqslant [f]$ 时，说明构件的弯曲刚度不足，应采取措施增强构件刚度。一般来讲，提高混凝土强度等级、增加纵向钢筋的数量、选用合理的截面形状（如 T 形、I 形等）等都能提高梁的弯曲刚度，但效果最为明显的是增加构件的截面高度。

对连续均质的弹性材料，材料力学已给出承受不同形式荷载的挠度计算公式。如简支

梁承受均布荷载 q 时，其跨中最大挠度的计算公式为

$$f = \frac{5qL^4}{384EI}$$

式中　EI——弹性材料的截面抗弯刚度。

当简支梁仅在跨中承受集中荷载 F 时，其跨中最大挠度计算公式为

$$f = \frac{PL^3}{48EI}$$

对钢筋混凝土受弯构件，由于在使用阶段的裂缝扩展和混凝土塑性变形的增大，EI 将逐渐降低，所以截面抗弯刚度是个变数。为此，钢筋混凝土受弯构件的截面抗弯刚度就用符号 B 来表示。B 的确定方法如下：

$$B = \frac{M_k}{M_q(\theta - 1) + M_k} B_s$$

式中　M_k——按荷载标准组合计算的弯矩值，取计算区段的最大弯矩值；

　　　M_q——按荷载准永久组合计算的弯矩值，取计算区段的最大弯矩值；

　　　θ——考虑荷载长期作用对挠度增大的影响系数（当 ρ' 为 0 时，$\theta = 2.0$；当 $\rho' = \rho$ 时，$\theta = 1.6$。ρ' 为中间数值时，按内插法取值。其中，$\rho' = A'_s/bh_0$，$\rho = A_s/bh_0$）；

　　　B_s——荷载准永久组合计算的受弯构件短期刚度。B_s 的确定方法如下：

$$B_s = \frac{E_s A_s h_0^2}{1.15\psi + 0.2 + \dfrac{6\alpha_E \rho}{1 + 3.5\gamma'_f}}$$

式中　α_E——钢筋弹性模量与混凝土弹性模量的比值；

　　　γ'_f——T 形、I 形截面受压翼缘面积与腹板有效面积的比值；

　　　ψ——裂缝间纵向受拉钢筋应变的不均匀系数；

　　　ρ——纵向受拉钢筋的配筋率。

5.7.2　裂缝宽度验算

混凝土是一种由多种材料组合而成的脆性材料，从微观角度讲，即使没有荷载，混凝土本身也有很微小的裂缝。当混凝土构件承受荷载后，随着荷载的逐步增大，一些裂缝就会增大，特别是位于混凝土构件受拉区的裂缝就会出现更加明显的变化。因此，可以说混凝土构件基本上是带裂缝工作的。但裂缝过大时，不仅会使钢筋锈蚀，降低混凝土构件的耐久性，并且裂缝的出现和扩展还会降低构件的刚度，从而使构件变形增大，甚至影响其正常使用。

钢筋混凝土构件的裂缝主要有两种，一种是由于混凝土的收缩或温度变化引起的裂缝，另一种则是由荷载引起的裂缝。对混凝土收缩或温度变化引起的裂缝，主要是采取控制混凝土浇筑质量、改善水泥性能、选择骨料成分、改进结构形式、设置伸缩缝等措施解决，不需进行裂缝宽度计算。对于荷载引起的裂缝，则需要进行裂缝宽度验算。

《混凝土结构设计规范》［GB 50010—2010（2015 年版）］规定，钢筋混凝土构件在荷载长期效应组合作用下的最大裂缝宽度 ω 应满足 $\omega \leqslant [\omega]$，$[\omega]$ 为最大裂缝宽度限值。

对钢筋混凝土结构构件，$[\omega]$ 为 $0.2 \sim 0.4$mm（表5-19）。

表 5-19　钢筋混凝土结构构件裂缝宽度限值　　　　　　　　mm

环境类别	钢筋混凝土结构		预应力混凝土结构	
	裂缝控制等级	$w_{\lim}$	裂缝控制等级	$w_{\lim}$
一	三级	0.30（0.40）	三级	0.20
二 a		0.20		0.10
二 b			二级	—
三 a，三 b			一级	—

一般情况下，构件最大裂缝宽度的计算公式为

$$\omega = 2.1\frac{M_{\text{K}}}{0.87h_0A_{\text{s}}E_{\text{s}}}\left(1.1 - \frac{0.5655f_{\text{tk}}h_0E_{\text{s}}A_{\text{te}}}{M_{\text{K}}}\right)\left(1.9C + 0.08\frac{\sum n_id_i^2A_{\text{te}}}{\sum n_id_iv_iA_{\text{s}}}\right) \leq [\omega]$$

式中　　M_{K}——按荷载效应标准组合值计算的弯矩值；

C——混凝土保护层厚度，当 C 小于 20 时，取 $C = 20$，当 C 大于 65 时，取 $C = 65$；

n_i——第 i 种纵向受拉钢筋的根数；

v_i——第 i 种纵向受拉钢筋的相对黏结特性系数，带肋钢筋为 1.0，光圆钢筋为 0.7；

d_i——第 i 种纵向受拉钢筋的直径；

A_{te}——有效混凝土受拉截面；

A_{s}——受拉钢筋截面面积；

f_{tk}——混凝土抗拉强度标准值。

当不能满足该式时，说明裂缝宽度过大，应采取措施降低裂缝宽度。一般来讲，影响裂缝宽度的主要因素有 5 个方面：

（1）纵向钢筋的应力。裂缝宽度与钢筋应力近似呈线性关系。

（2）纵筋的直径。当构件内受拉纵筋截面相同时，采用细而密的钢筋则会增大钢筋表面积，因而使黏结力增大，裂缝宽度变小。

（3）纵筋表面形状。带肋钢筋的黏结强度较光面钢筋大得多，可减小裂缝宽度。

（4）纵筋配筋率。构件受拉区混凝土截面的纵筋配筋率越大，裂缝宽度相对越小。

（5）保护层厚度。保护层越厚，裂缝宽度相对越大。

针对这些原因，减小裂缝宽度的措施就包括：①适度增加受力钢筋；②在钢筋截面面积不变的情况下，采用较小直径的钢筋；③采用变形钢筋；④提高混凝土强度等级；⑤增大构件截面尺寸；⑥调整混凝土保护层厚度。其中，采用直径较小的变形钢筋是减小裂缝宽度最简单且经济的措施。但施工中用直径较小的变形钢筋代替粗钢筋时，应进行构造设计，满足混凝土的浇筑要求。

本章应掌握的主要知识

1. 熟知钢筋和混凝土的材料等级及其参数。

2. 理解和掌握受弯构件正截面受力状态。

3. 熟练掌握受弯构件正截面承载力设计方法。

4. 理解和掌握受弯构件斜截面破坏形态。

5. 熟练掌握受弯构件斜截面承载力设计方法。

6. 熟知钢筋的锚固方法与相关规定。

7. 理解和掌握钢筋混凝土受压构件的破坏形态。

8. 熟练掌握钢筋混凝土轴心受压构件的设计方法。

9. 理解和掌握钢筋混凝土受拉和受扭构件的受力特征与计算原理。

10. 了解钢筋混凝土构件的变形和裂缝验算原理。

11. 熟练掌握不同类型钢筋相互替换的计算方法。

本章习题

1. 详细叙述适筋梁的破坏过程并推导其正截面承载力计算公式。

2. 有一单筋矩形截面梁，已知弯矩设计值为 $M = 246 \text{kN} \cdot \text{m}$，截面尺寸为 $b \times h = 300\text{mm} \times 600\text{mm}$，拟采用 C30 混凝土，纵向受力钢筋拟采用 HRB335 级，环境类别为三类环境，求所需受拉钢筋。

3. 一单跨简支板，计算跨度 $l = 4.0\text{m}$，承受均布荷载 $q = 9\text{kN/m}$。混凝土强度等级为 C30，拟采用 HRB300 级钢筋，板厚为 120mm，试对板进行配筋设计。

4. 详细叙述受弯构件剪切破坏过程并推导其斜截面受剪承载力计算公式。

5. 某办公楼矩形截面简支梁截面尺寸为 $250\text{mm} \times 450\text{mm}$，承受均布荷载。已知支座边缘剪力设计值为 185kN，若混凝土为 C25 级，箍筋拟采用 HRB300 级钢筋，试确定箍筋的数量。

6. 有一承受均布荷载的简支梁，梁的截面尺寸为 $300\text{mm} \times 600\text{mm}$，已知支座边缘剪力设计值为 373kN。混凝土为 C30，梁底部配有 HRB335 级 4Φ20 和 2Φ16 的钢筋，箍筋选用 HPB300 级，试确定梁的抗剪钢筋数量。

7. 某一钢筋混凝土轴心受压柱的截面尺寸为 $400\text{mm} \times 400\text{mm}$，柱的计算长度为 6m，混凝土的等级选用 C30，已配置纵向受力钢筋为 4Φ20，纵筋为 HRB300 级钢筋，试求该柱的承载力。

6　钢　结　构

钢结构是采用钢板、型钢等钢材通过连接而组成的结构体系。与其他材料的结构相比，钢结构具有强度高、质量轻、结构制作工业化程度高、施工工期短等特点，因此，在现代工程建设中，钢结构得到了广泛的应用。

6.1　钢结构的特点

钢结构与用其他材料建成的结构相比，具有以下几个方面的特点：

1. 材料强度高，塑性与韧性好

与混凝土、砖石和木材等建筑材料相比，钢材强度高且具有良好的塑性和韧性。强度高，可以减小构件截面，减轻结构自重，也有利于吊装运输和抗震，使钢材适合建造大跨度、承载重的结构。塑性好可使结构在一般条件下不会因超载而突然断裂，可以依靠变形增大调整内力并进行内力重分配，为结构补强加固提供了余地。韧性好可使钢结构适合在动力荷载下工作，使结构对动力荷载具有较强的适应性。

2. 材质均匀

钢材内部组织比较接近于匀质且具有各向同性。当应力小于比例极限时，几乎是完全弹性的，和力学计算的假定比较符合，为准确计算和保证质量提供了可靠的条件。

3. 钢结构构件制作方便且周期短

与混凝土、砖石结构的施工相比，钢结构制作工业化程度高，所用材料均可在工厂制作和拼装，具备成批生产加工的条件，且制作精度较高。同时，钢结构的可焊性好，运到施工现场后通过组装，便于形成整体结构。施工中安装简便，施工机械化程度高，周期短，可全天候施工作业。

4. 密闭性好

钢结构的材料通过焊接连接可以做到完全密封，适宜建造对气密性和水密性有较高要求的高压容器、大型油库油罐、输油或输水压力管道等。

5. 结构形式灵活

钢结构可以较大程度地超越结构形式的束缚，通过各种线形构件，组合出多种形式的空间结构和新奇优美的造型。

6. 耐腐蚀性差

由于钢材在有水及氧环境中易腐蚀，因此，处于较强腐蚀性介质内的建筑物不宜采用钢结构，其维护费用较高，特别是薄壁钢结构构件必须注意防腐保护。在施工过程中也应尽可能避免钢结构构件长期受潮或淋雨。但在没有侵蚀性介质的一般环境中，构件经过彻底除锈并涂上有效的防锈油漆，锈蚀问题即可解决。

7. 耐热不耐火

钢材受热时，当温度在 200℃ 以内时，其主要力学性能降低不多，但当温度超过

200℃以后，材质发生较大变化，强度逐步降低；当温度达到600℃时，钢材已不能继续承载，因此，《钢结构设计标准》（GB 50017—2017）规定钢材表面长期受辐射温度超过150℃后即需增加隔热防护和防火保护措施。

8. 容易发生失稳和变形破坏

钢结构质量轻的优点来自其构件一般截面小而薄，但受压时易发生失稳和变形破坏，所以需要附设加劲肋或缀材达到增强结构的稳定性、减小结构使用阶段变形的目的，从而相应增加了构件连接的工作量和繁杂程度。在低温和某些条件下，钢结构可能还会发生脆性断裂，还有厚板的层状撕裂，这对钢结构的安全使用极为不利。

9. 材料可重复利用

钢结构产业对资源和能源的利用相对合理，对环境破坏相对较少，不仅施工中的边角废料可以回收利用，而且在结构报废后可全部回收循环利用，因此，钢结构建筑被称为绿色建筑。同时，由于在施工中较少使用砂、石、水泥等散料，从而在很大程度上避免了扬尘、废水等污染问题。

6.2 钢结构的结构类型及其应用范围

6.2.1 钢结构的结构类型

钢材具有很好的抗拉、抗压、抗弯和抗剪性能，并且易于加工和连接。同时，钢板和型钢通过组合可以制成承载力很高的梁柱、梁板等形式多样的组合构件。常用的钢结构类型主要有梁式结构、桁架式结构、框架式结构和空间结构。

1. 梁式结构

梁式结构是钢结构应用最广的结构形式之一，常被制成以主次横梁为主的楼盖或平台来承受竖向荷载。梁与梁之间既可焊接，也可铆接，还可螺栓连接。

2. 桁架式结构

细长钢结构杆件可以进行很好的组合并制成大跨度结构构件，此类构件主要以平面类的桁架结构形式出现。构件中的各杆件主要以承受拉力为主，既可充分发挥钢材的性能，又可以保持结构的稳定性。因此，在大跨度结构中，钢结构构件占据了主要地位。

3. 框架式结构

由于型钢具有很好的稳定性和抗压强度，自身荷载又较小，因此，由钢材制成的框架式结构多被用于工程结构的承载骨架。

4. 空间结构

随着社会的不断进步，一些大跨度、大空间、多样化的结构被广泛需要，但一般材料已难以满足空间结构复杂内力的承载要求，因此，以钢材为主而组成的各种格构式构件就成为主要的空间结构构件。

6.2.2 钢结构的应用范围

鉴于钢结构所具有的特点，钢结构常被用于跨度大、层数高、荷载大、振动大、密闭性高等工程结构中，如在设有起重量较大或设备较重的重型厂房中，由于设备的运行维护或维修改造需要特殊的条件，一般结构难以满足设备局部的高强度、高韧性承载要求，也需要钢结构作为主要的承载结构。

在大空间的公共建筑和工业建筑中，结构跨度越大，自重在全部荷载中所占比重也就越大，减轻自重就可以获得明显的经济效果。因此，质量轻、强度高的大跨度钢结构就成为首选对象。在一些以承受风荷载为主的高耸结构如电视塔、环境气象监测塔、无线电桅杆等结构中，钢结构以其较好的抗弯、抗剪和抗扭性能而被广泛采用。

在工程中，很多电力设备运行厂房、高低压输电线塔架等也采用钢结构（图 6-1），其主要原因：一是钢结构易于制成各种特殊形状来满足使用要求；二是钢结构与其他材料组成的结构相比轻质、高强、耐久；三是由于与其他工程相比，钢结构工程更易被外部环境所影响，施工战线长，环境变化大，因而对结构构件的安装和建造就需要考虑更多的便利性。钢结构可以很好地满足这些方面的要求，因而，从发展趋势来看，钢结构将成为工程结构的主流。

图 6-1　钢结构

6.3　钢结构材料

6.3.1　钢材的分类

钢材按用途可分为结构钢、工具钢和特殊用钢，其中结构钢又分为建筑用钢和机械用钢；按化学成分可分为碳素钢和合金钢；按冶炼方法可分为平炉钢、转炉钢和电炉钢等；按脱氧方法可分为沸腾钢、半镇静钢、镇静钢和特殊镇静钢；按成型方法可分为轧制钢（热轧和冷轧）、锻钢和铸钢；按硫、磷含量和质量控制可分为有高级优质钢、优质钢和普通钢等。

我国的工程钢结构用钢主要为碳素结构钢和低合金高强度结构钢两种。碳素结构钢的牌号由字母 Q、屈服点等级、质量等级代号、脱氧方法代号四个部分组成。其中 Q 是汉语屈字拼音的首位字母，代表钢材屈服点数值。屈服点等级分为 195N/mm、215N/mm、235N/mm、255N/mm、275N/mm 五个等级。质量等级代号有 A、B、C、D，表示质量由低到高；脱氧方法代号有 F、B、Z、TZ，分别表示沸腾钢、半镇静钢、镇静钢、特殊镇静钢。钢材强度主要由其中碳元素含量的多少来决定，钢号由低到高代表了含碳量的高低。低合金高强度结构钢是在钢的冶炼过程中添加少量合金元素，以提高钢材的强度、耐腐蚀性及低温冲击韧性等。低合金高强度结构钢均为镇静钢或特殊镇静钢，所以它的牌号只有 Q、屈服点等级、质量等级三部分，其中质量等级有 A～E 五个级别。A 级无冲击性能要求，B、C、D、E 级均有冲击性能要求。不同质量等级对碳、硫、磷、铝等含量的要求也有区别。我国将低合金高强度结构钢分为 Q235、Q345、Q390、Q420 和 Q460 五种，其符号的含义与碳素结构钢牌号的含义相同。

目前，工程结构用钢的主要类型有钢板、热轧型钢和薄壁型钢。

1. 钢板

钢板包括厚钢板、薄钢板和扁钢等。厚钢板的厚度一般为 4.5～60mm，宽度为 600～3000mm，长度为 4～12m，广泛用于焊接构件。薄钢板的厚度为 0.35～4mm，宽度为 500～1500mm，长度为 0.5～4m，是冷弯薄壁型钢的原料。扁钢的厚度为 4～60mm，宽度为 12～200mm，长度为 3～9m。钢板的表示方法是用钢板横断面符号"—"后加板的"厚×宽×长"，单位为毫米，如"— 12×800×2100"。

2. 热轧型钢

热轧型钢包括角钢、工字钢、槽钢和钢管等，如图 6-2 所示。

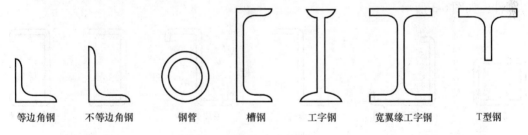

| 等边角钢 | 不等边角钢 | 钢管 | 槽钢 | 工字钢 | 宽翼缘工字钢 | T型钢 |

图 6-2　热轧型钢

角钢分为等边和不等边两种，主要用来制作桁架等格构式结构的杆件和支撑等连接杆件，等边角钢的表示方法是在符号"L"后加"边长×厚度"，如 L125×8；不等边角钢的表示方法是在符号"L"后加"长边宽×短边宽×厚度"，如 L125×80×8，单位均为 mm。角钢的长度一般为 3～19m，规格有 L20×3～L200×24 和 L25×16×3～L200×125×18。

工字钢分为普通工字钢和轻型工字钢，这两种工字钢两个主轴方向的惯性矩相差较大，不宜单独用作受压构件，而宜用作腹板平面内受弯的构件或由工字钢与其他型钢组成的组合构件或格构式构件。普通工字钢的型号是用符号"工"后加截面高度的厘米数来表示；20 号以上的工字钢，又按腹板的厚度不同，同一号数分为 a、b、c 等类别，a 类腹板较薄，如工 36a 表示截面高度为 36cm 的 a 类工字钢。轻型工字钢的腹板和翼缘均比普通工字钢的薄，因而在相同质量的前提下，截面回转半径较大。轻型工字钢的表示方法与普通工字钢的表示方法相同，但其符号"工"前加字母 Q 表示轻型工字钢。

槽钢分为普通槽钢和轻型槽钢两种，适于檩条等双向受弯的构件，也可用其组成组合或格构式构件。普通槽钢的表示方法是在符号"["后标明截面高度和钢号数。按腹板的厚度不同，同一号数普通槽钢又分为 a、b、c 等类别。如［36a 指截面高度为 36cm、腹板厚度为 a 类的槽钢。号码相同的轻型槽钢，其翼缘和腹板较普通槽钢宽而薄，回转半径较大，质量较轻。轻型槽钢的表示方法是在符号"["前加字母 Q 表示轻型槽钢。

钢管有热轧无缝钢管或由钢板卷好的焊接钢管两种。钢管截面对称、外形圆滑、受力性能良好，由于回转半径较大，常用作桁架、网架、网壳等平面和空间格构式结构杆件，在钢管混凝土柱中也有广泛应用。规格用符号 ϕ 后加外径×壁厚表示，如 $\phi400 \times 6$，单位为 mm。

另外，H 型钢是目前使用很广泛的热轧型钢，与普通工字钢相比，其翼缘板的内外两侧平行，便于与其他构件连接。其基本类型可分为宽翼缘 H 型钢（代号 HW，翼缘宽度 b 与截面高度 h 相等）、中翼缘 H 型钢［代号 HM，$b = (1/2 \sim 2/3)h$］及窄翼缘 H 型钢［代号 HN，$b = (1/3 \sim 1/2)h$］。T 型钢代号分别为 TW、TM、TN。H 型钢和 T 型钢的型号都为代号后加"高度×宽度×腹板厚度×翼缘厚度"，例如 HW400 $\times 400 \times 13 \times 21$ 和 TW200 $\times 400 \times 13 \times 21$ 等，单位均为 mm。宽翼缘和中翼缘 H 型钢可用于钢柱等受压构件，窄翼缘 H 型钢则适用于钢梁等受弯构件。

3. 薄壁型钢

薄壁型钢是用薄钢板经模压弯曲成型的型钢，其壁厚一般为 1.5~6mm，截面形式和尺寸可按工程要求设计，通常有角钢、卷边角钢、槽钢、卷边槽钢、Z 形钢、卷边 Z 形钢、方管、圆管及各种形状的压型钢板等。压型钢板是近年来开始使用的薄壁型材，是由热轧薄钢板经冷压或冷轧成型的，所用钢板厚度为 0.4~2mm，主要用作轻型屋面及墙面等构件，如图 6-3 所示。

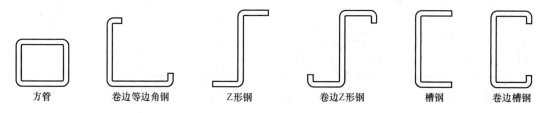

| 方管 | 卷边等边角钢 | Z 形钢 | 卷边 Z 形钢 | 槽钢 | 卷边槽钢 |

图 6-3　薄壁型钢

6.3.2　钢结构对材料性能的要求

钢结构所用钢材可能会处于不同的工作环境中，如温度的高低、有无腐蚀性介质等；也有可能承受不同形式的荷载，如静力荷载或动力荷载等。因此，需要钢结构所用钢材必须满足钢结构的设计要求。一般来讲，钢结构对钢材性能的要求主要有以下方面：

1. 较高的屈服点和抗拉强度

钢材较高的屈服点和抗拉强度可以减小构件的截面，从而减轻结构自重，结构的安全也才可以得到更可靠的保障。

2. 较好的塑性性能

钢材有两种不同的破坏形式，即塑性破坏和脆性破坏。塑性破坏的主要特征是破坏前具有较大的塑性变形，且变形持续时间较长，因而易被发现，可避免或减少安全事故的发生。同时，钢材塑性破坏前的较大塑性变形还有益于钢结构的内力重分布，使结构受力更加均衡，充分发挥各个构件的承载能力。这种性能对提高结构的承载能力和结构的抗震能力具有特别重要的意义。脆性破坏的主要特征是破坏前塑性变形很小或根本没有塑性变形而突然断裂。由于破坏前没有任何预兆，不易于察觉和补救，可能会给结构整体带来非常不利的影响，因此，钢结构中要尽可能使用具有较好塑性变形能力的钢材。

3. 良好的加工性能

钢材应具有良好的加工性能，以保证其易于组成各种形式的结构。加工性能包括冷热加工性能和可焊性能。良好的加工性能可以保证钢材易于加工成型，而且不会因加工对钢材的强度、塑性及韧性等带来不利影响。

基于这些基本要求，钢结构所用的钢材就要以强度高、塑性与韧性好、可焊性好且不易发生热脆、冷脆的钢材为宜。此外，在具体选用时，还应考虑使用和施工中的不同因素，诸如结构或构件的重要性，以及荷载性质（静载或动载）、连接方法（焊接、铆接或螺栓连接）、工作性质（承重或构造）、工作条件（温度、湿度及腐蚀介质）、经济条件等。

6.4 钢结构基本构件

在钢结构中，处于不同位置的构件，其受力状态不同。一般来讲，钢结构构件多以轴心受力构件、弯曲构件、拉弯和压弯构件等形式出现。

1. 轴心受力构件

轴心受力构件主要分为轴心受拉构件和轴心受压构件两大类。轴心受拉构件广泛应用于桁架、塔架和网架等结构构件中，轴心受压多出现在结构的承压柱构件中。

轴心受力构件的截面形式主要有三种：第一种是热轧型钢截面，如圆钢、钢管、方管、角钢、工字钢和槽钢等［图6-4（a）］；第二种是用型钢和钢板连接而成的实腹式组

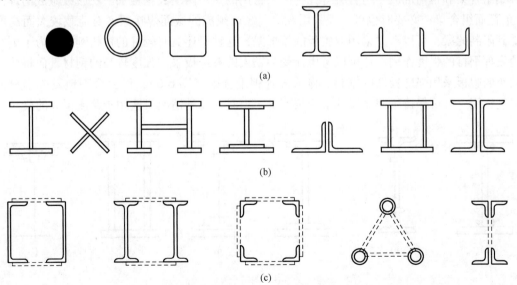

(a)

(b)

(c)

图 6-4 轴心受力构件的截面形式

（a）第一种；（b）第二种；（c）第三种

合截面构件［图6-4（b）］；第三种是格构式组合截面构件［图6-4（c）］。

对轴心受拉构件，其截面主要是根据抗拉强度要求提供抗拉所需的截面面积，同时要满足构件的刚度要求。对轴心受压构件，当压力较小时多采用实腹式构件，当压力较大时多采用格构式组合截面构件，以便节省钢材并取得较好的经济效果。

2. 弯曲构件

在钢结构中，弯曲构件主要以梁的形式出现，如吊车梁、工作平台梁、楼盖梁、檩条等。

钢梁按制作方法的不同可以分为型钢梁和组合梁两大类，型钢梁又可分为热轧型钢梁和冷弯薄壁型钢梁两种。热轧型钢梁常用普通工字钢、槽钢或H型钢做成，构造简单，制造省工，成本较低，因此，应用较为广泛，如图6-5（a）、图6-5（b）、图6-5（c）所示。其中，H型钢的截面分布最合理且翼缘内外边缘平行，便于与其他构件连接，属优先采用的截面形式。对荷载较小、跨度不大的梁，可用带有卷边的冷弯薄壁槽钢［图6-5（d）］或工字钢制作，但冷弯薄壁型钢的防腐要求较高。

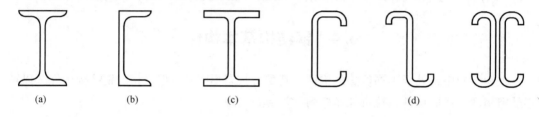

图 6-5　型钢梁
（a）H型钢；（b）槽钢；（c）工字钢；（d）冷弯薄壁型

当荷载和跨度较大时，型钢梁常不能满足承载能力或刚度的要求，此时可采用组合梁。组合梁按其连接方法和使用材料的不同，可以分为焊接组合梁（简称为焊接梁）、异种钢组合梁和钢与混凝土组合梁等几种。最常用的是由两块翼缘板加一块腹板做成的焊接I形截面组合梁，必要时也可考虑采用双层翼缘板组成的截面焊接梁。对荷载较大而高度受到限制的梁，可以考虑采用双腹板的箱形梁，这种梁还具有较好的抗扭刚度。为了更好地发挥钢材的强度作用，还可以考虑让受力较大的翼缘板采用强度较高的钢材，而将受力较小的腹板采用强度较低的钢材，做成异种钢组合梁（图6-6），以更合理地发挥钢材的强度作用，且可保持梁截面尺寸沿跨长不变。当然，此种情况只适用于跨度很大的梁。

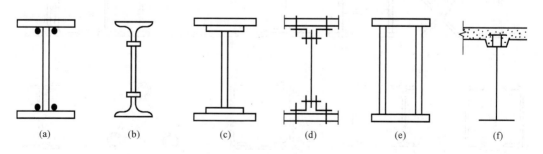

图 6-6　钢组合梁
（a）钢板焊接组合梁；（b）T型钢焊接组合梁；（c）截面焊接梁；（d）异种钢组合梁；
（e）双腹板箱形梁；（f）钢与混凝土组合梁

此外，钢梁按支承情况不同又可以分为简支梁、悬臂梁和连续梁。钢梁一般多采用简支梁，不仅制造简单、安装方便，而且可以避免支柱沉陷所产生的不利影响。

3. 拉弯和压弯构件

轴向拉力和弯矩共同作用的构件为拉弯构件，轴向压力和弯矩共同作用的构件为压弯构件。在钢结构中，拉弯构件较少而压弯构件较多。当桁架下弦有节间荷载作用时，下弦杆为拉弯构件；当有节间荷载作用的屋架上弦杆时，上弦杆为压弯构件。

对拉弯构件，当承受的弯矩较小而轴向拉力很大时，它的截面形式与一般轴心拉杆相同。如果拉弯杆件要承受很大弯矩，则应在弯矩作用的平面内采用高度较大的截面。

对压弯构件，当承受的弯矩较小而轴向压力很大时，它的截面形式和一般轴心压杆相同。当弯矩很大时，除采用高度较大的双轴对称截面外，有时还采用单轴对称截面，使承受压力较大一侧的材料相对集中一些，以便获得较好的经济效果。

6.5 钢结构基本构件的设计

6.5.1 轴心受拉构件

在轴心拉力作用下，构件截面应力是均匀分布的。为了确保构件的安全使用，当截面应力不超过材料强度的设计值时，强度满足设计要求。据此，《钢结构设计标准》（GB 50017—2017）规定了轴心受拉构件净截面上的平均拉应力强度计算公式为

$$\sigma = \frac{N}{A_n} \leqslant f$$

式中　　N——轴心拉力设计值；

　　　　A_n——扣除截面上孔洞面积后的净截面面积；

　　　　f——钢材的抗拉强度设计值，见表 6-1。

同时，为了防止拉杆因自重作用在运输、安装过程中产生过大的变形或在动荷载作用下发生剧烈晃动，规范规定拉杆不能过分柔软而应有必要的刚度。对此，《钢结构设计标准》（GB 50017—2017）要求受拉构件的长细比 λ 不得超过其容许长细比 $[\lambda]$，即 $\lambda = l_0/i \leqslant [\lambda]$。其中，$l_0$ 为拉杆的计算长度，i 为截面回转半径。受拉构件的容许长细比见表 6-2。

表 6-1　钢材的抗拉强度设计值　　　　　　　　　　　　　　　N/mm²

钢材牌号		钢材厚度或直径（mm）	强度设计值			屈服强度 f_y	抗拉强度 f_u
			抗拉、抗压、抗弯 f	抗剪 f_v	端面承压（刨平顶紧）f_{ce}		
碳素结构钢	Q235	≤16	215	125	320	235	370
		>16，≤40	205	120		225	
		>40，≤100	200	115		215	
低合金高强度结构钢	Q345	≤16	305	175	400	345	470
		>16，≤40	295	170		335	
		>40，≤63	290	165		325	
		>63，≤80	280	160		315	
		>80，≤100	270	155		305	

续表

钢材牌号		钢材厚度或直径（mm）	强度设计值			屈服强度 f_y	抗拉强度 f_u
			抗拉、抗压、抗弯 f	抗剪 f_v	端面承压（刨平顶紧）f_{ce}		
低合金高强度结构钢	Q390	≤16	345	200	415	390	490
		>16，≤40	330	190		370	
		>40，≤63	310	180		350	
		>63，≤100	295	170		330	
	Q420	≤16	375	215	440	420	520
		>16，≤40	355	205		400	
		>40，≤63	320	185		380	
		>63，≤100	305	175		360	
	Q460	≤16	410	235	470	460	550
		>16，≤40	390	225		440	
		>40，≤63	355	205		420	
		>63，≤100	340	195		400	

表6-2　受拉构件的容许长细比

项次	构件名称	承受静力荷载或间接承受动力荷载的结构		直接承受动力荷载的结构
		一般建筑结构	有重级工作制吊车的厂房	
1	桁架的杆件	350	250	250
2	吊车梁或吊车桁架以下的柱间支撑	300	200	—
3	其他拉杆、支撑、系杆等(张紧的圆钢除外)	400	350	—

【例6-1】某轻钢屋架的下弦杆为 Q235 级圆钢，花篮螺栓张紧，轴心拉力设计值 $N = 90kN$。试设计此拉杆。

【解】考虑到圆钢制作中可能存在的构造偏心对拉杆的承载能力有不利影响，《钢结构设计标准》（GB 50017—2017）规定其抗拉强度设计值应乘以折减系数 0.95。若假设欲确定的圆钢直径大于 16mm，则其抗拉强度设计值 $f = 205N/mm^2$，由公式可得 $A_n = \dfrac{N}{f} = \dfrac{90 \times 10^3}{205} = 439.02(mm^2)$，据此即可选择圆钢直径为 $\phi25$。在花篮螺栓张紧连接处，因圆钢要加工螺纹，因此在此段应更换为直径大于 25mm 的圆钢，且加工后的净截面面积不得小于 $439.02mm^2$。

6.5.2　轴心受压构件

在钢结构中，轴心受压构件的受力性能与轴心受拉构件相同，构件截面应力也是均匀分布的。为此，《钢结构设计标准》（GB 50017—2017）规定轴心受压构件的净截面上平均压应力强度计算公式也与轴心受拉构件相同。但对轴心受压构件来说，若受压构件丧失稳定性，则会导致整体结构在未达到结构强度破坏荷载时，就可能发生屈曲并产生较大的变形，丧失整体稳定性，因此，轴心受压构件的承载力通常是由构件的稳定性来控制的。

6.5.2.1　轴心受压构件整体稳定计算

对轴心受压杆件，当轴向压力 N 较小时，杆件处于直线平衡状态，在轴力作用下，杆件不会出现弯曲。若杆件受到一横向力影响，杆件则可能偏离原有的平衡位置而发生较小弯曲。若取消横向力后，杆件又可恢复到原来的直线平衡状态，则这种状态被视为稳定状态；若对杆件施以横向力后，杆件出现弯曲，且在取消横向力后杆件不能恢复到原来的直线平衡状态，但依然保持微弯曲的平衡状态，则这种状态为临界状态。若轴向压力达到 N_{cr}，杆件在横向力作用下不断弯曲直到丧失稳定，则称为杆件失稳或屈曲。此时的轴向压力 N_{cr} 即为临界力。当杆件承受的压力超过临界力时，杆件就丧失了稳定。

在工程实际中，由于受压杆件总是存在一些缺陷，如杆件制作完成后的初始弯曲或扭转、荷载作用位置与截面形心的偏移、焊接产生的残余应力等，都会使杆件在未受力之前就存在某些不足，因而，对有了初弯曲和初偏心的杆件而言，在其承受压力后，就会产生侧向挠度，杆件截面就会产生附加弯矩，并且随着压力的增加而增加。这就使轴心受压杆件的受力状态如同偏心受力构件。在轴向压力和附加弯矩的共同作用下，杆件截面边缘纤维比完全在轴向压力作用下提前出现塑性变形，因此，杆件的缺陷不仅降低了杆件的承载力，并给其稳定性带来不利影响。

在工程中，除了上述的初弯曲、初偏心和残余应力外，杆件的截面形式和长度、材料的力学性能、杆端约束情况等也会影响轴压构件的整体稳定性和承载力，因此，在进行轴心受压构件稳定性计算时，就需要考虑杆件的不同截面形式和尺寸、杆件的支座约束、杆件的加工条件和残余应力分布及其大小等多种因素。由此可以看出，杆件稳定承载力的计算是较为复杂的，为此，在进行轴心受压构件稳定计算时，《钢结构设计标准》（GB 50017—2017）在考虑了杆件的不同截面形式和尺寸、杆件的支座约束、杆件的加工条件和残余应力分布、不同的屈曲方向及杆长 1/1000 的初弯曲等因素基础上，按极限承载力理论给出了组成构件的板件厚度小于 40mm 的截面系列轴心受压柱的极限承载力及其所对应最大长度的柱子曲线。

轴心受压构件的截面类别可以按残余应力的分布及大小对稳定承载力的影响进行简单判别：当截面宽高比小于 0.8、翼缘残余应力为拉应力的普通工字钢截面和钢管时属于 a 类，截面外侧残余应力较大的截面属于 c 类，其他介于两者之间的截面为 b 类。

当板件厚度大于 40mm 时，由于其截面上的残余应力在厚度方向的分布变化较大，构件的外表面分布的残余应力主要是压应力，对构件的稳定性影响较大，因此，《钢结构设计标准》（GB 50017—2017）专门对组成板件厚度大于 40mm 的 I 形截面、H 形截面、箱形截面的类别做了专门的规定，增加了 d 类截面的整体稳定系数 φ 值。

有了柱子曲线，在考虑了轴心受压构件整体稳定系数 φ 的基础上，轴心受压构件整体稳定性计算就可以按公式 $\sigma = N/\varphi A \leq f$ 进行计算，其中，N 为构件承受的轴向压力，A 为构件的截面面积。同时要求受压构件的长细比 λ 不得超过其容许长细比 $[\lambda]$，即 $\lambda = l_0/i \leq [\lambda]$。受压构件的容许长细比见表 6-3。

表 6-3 受压构件的容许长细比

项次	构件名称	容许长细比
1	柱、桁架和天窗架中的杆件	150
	柱的缀条、吊车梁或吊车桁架以下的柱间支撑	
2	支撑（吊车梁或吊车桁架以下的柱间支撑除外）	200
	用以减小受压构件长细比的杆件	

【例6-2】 一轴心受压柱，其轴向力为15000N，截面面积为91.43mm²，在两个主轴方向的计算长度分别为 $l_x = 6m$，$l_y = 3m$，其相应的截面回转半径分别为 $i_x = 10.81cm$，$i_y = 6.32cm$，试验算该柱的整体稳定是否满足要求。

【解】 $\lambda_x = l_x/i_x = 600/10.81 = 55.5$，$\lambda_y = l_y/i_y = 300/6.32 = 47.5$。截面属于b类截面，按 λ_x 查表可知，$\varphi_x = 0.83$，$\varphi_y = 0.868$。据轴心受压构件整体稳定性计算公式可知 $\sigma = N/\varphi A = 15000/0.83 \times 91.43 = 197.7(N/mm) < f = 215N/mm^2$，故满足要求。

6.5.2.2 轴心受压构件局部稳定计算

实腹式轴心受压构件是靠腹板和翼缘来承受轴向压力的。在轴向压力作用下，腹板和翼缘都有达到极限承载力而丧失稳定的危险。但对整个构件来说，这种失稳是局部现象，因此，这种失稳被称为局部失稳。图 6-7（a）和图 6-7（b）分别表示在轴向压力作用下，腹板和翼缘发生侧向鼓出和翘曲的失稳现象。但在实际结构中，构件在丧失局部稳定性后，结构整体还可以继续维持和工作。然而，由于部分构件屈曲而退出工作，结构的有效承载能力降低，从而给结构整体的承载力带来了不利影响。

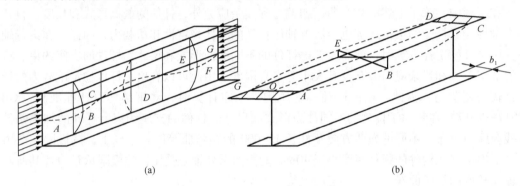

图 6-7 轴心受压构件的局部失稳

（a）腹板失稳；（b）翼缘失稳

实践证明，实腹轴心受压构件的局部稳定与其自由外伸部分翼缘的宽厚比和腹板的宽厚比有关，通过对这两个宽厚比的限制，就可以保证构件的局部稳定。

为了保证构件不发生局部失稳，在单向压应力作用下，实腹式轴心受压构件屈曲时的临界应力 σ_{cr} 应满足下式要求：

$$\sigma_{cr} = \frac{\sqrt{\eta}\chi\beta\pi^2 E}{12(1-\mu^2)}\left(\frac{t}{b_1}\right)^2$$

式中　χ ——板边缘的弹性约束系数，对外伸翼缘取 1.0；

　　　β ——屈曲系数，对外伸翼缘取 0.425；

　　　η ——弹性模量折减系数；

　　　μ ——材料的泊松比，取 0.3；

　　　E ——弹性模量；

　　　b_1 ——翼缘板的自由外伸宽度；

　　　t ——腹板的厚度。

6.5.2.3 轴心受压构件的弯扭失稳和扭转失稳

对轴心受压构件而言，上述分析只涉及构件的弯曲变形，但当构件截面为双轴对称截面如 I 字形、十字形或 T 形对称截面时，还有可能发生弯扭失稳和扭转失稳，如图 6-8 所示。

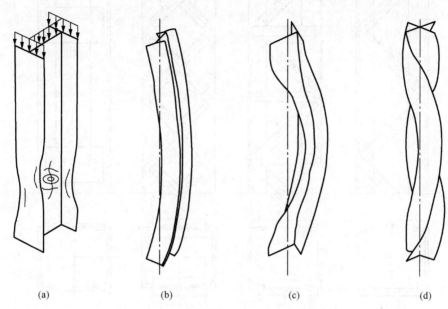

图 6-8　轴心受压构件失稳的类型
（a）局部失稳；（b）弯曲失稳；（c）弯扭失稳；（d）扭转失稳

　　弯扭失稳是构件发生弯曲变形的同时伴随着截面的扭转，它是单轴对称截面构件或无对称轴截面构件失稳的基本形式。扭转失稳是构件各截面均绕其纵轴旋转的一种失稳形式，当双轴对称截面构件的轴力较大而构件较短或为开口薄壁杆件时，在荷载作用下就有可能发生此种失稳。为了避免发生此类破坏，《钢结构设计标准》（GB 50017—2017）不仅在构件设计方面做出了明确的规定，而且在构件的构造设计方面也做出了相应的规定，因此，在轴心受压杆件的设计中，在确保构件满足设计计算公式要求的同时，也须确保构件的构造设计满足规范要求。

6.5.3　钢组合柱

　　格构式钢组合柱简称格构柱，是钢结构中承受竖向荷载的主要构件之一，特别是在大型或超大型结构体系中，格构柱是必不可少的主要构件。格构柱一般由肢件和缀材组成，肢件一般采用对放的轧制型钢或焊接组合截面。型钢多用槽形或 I 字形截面。缀材也有两种，一种是缀板，另一种是缀条。用缀板将肢件连接成的格构式钢组合柱适用于荷载较小的结构，用缀条将肢件连接成的格构式钢组合柱适用于荷载较大的结构。常见的格构式钢组合柱如图 6-9 所示。

　　缀材的作用在于保证被连接的两个肢件能形成整体，共同承受和传递外荷载。缀条常用单角钢，一般不小于 45mm × 4mm，与肢件轴线成 40 ~ 60°夹角斜放，有时增设横条，垂直于肢轴放置。缀板用钢板制造，一般按等距离垂直构件轴线放置，板厚一般不小于 6mm 或两肢件轴线距离的四十分之一，宽度不小于两肢件轴线间距离的三分之二。

　　格构柱的设计与实腹式轴心受压构件相似，主要有承载力计算即强度计算、刚度计算、整体稳定计算和局部稳定性计算四个方面。由于有两个轴，贯穿于两个肢件截面的轴称为实轴（y 轴），与肢件截面平行的轴称为虚轴（x 轴），整个构件绕实轴的受力情况与

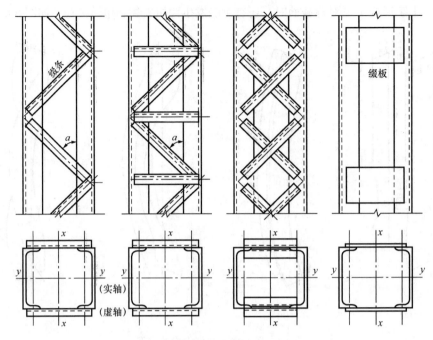

图 6-9　格构式钢组合柱

绕虚轴的受力情况不同，因而计算方法也有一定差别。

1. 承载力计算

格构柱的承载力分析要进行两个方面的计算，一是对格构柱实轴方向的计算，二是对格构柱虚轴方向的计算。

在实轴方向，计算方法是先确定格构柱实轴方向的长细比 λ_y，然后查出稳定性影响系数 φ 值后，按 $N \leqslant \varphi f A$ 计算。

在虚轴方向，由于格构式分肢间缀材刚度较弱，绕虚轴方向除产生弯曲变形外还将产生相当大的剪切变形，从而使得失稳临界应力比原始失稳临界应力降低较多，其长细比却比原始长细比增大。在此情况下，先计算出长细比 λ_{ox}，然后查出稳定性影响系数 φ 值，按 $N \leqslant \varphi f A$ 计算。

当缀材为缀板时，$\lambda_{ox} = \sqrt{\lambda_x^2 + \lambda_1^2}$，$\lambda_1 = l_0 / i_1$。

当缀材为缀条时，$\lambda_{ox} = \sqrt{\lambda_x^2 + 27 \dfrac{A}{A_{1x}}}$。

式中　　λ_x ——整个构件对 x 轴的长细比；

λ_1 ——分肢对最小刚度轴的长细比；

l_0 ——计算长度，取值为相邻两缀板的净距离；

i_1 ——分肢对最小刚度轴的回转半径；

A ——构件的毛截面面积；

A_{1x} ——构件截面中垂直于 x 轴的各缀条毛截面面积之和。

2. 格构柱的稳定性验算

格构式受压构件的分肢稳定性计算是把构件各分肢在缀材联系点间的杆段作为一个单

独的轴心受压构件来考虑的，并计算构件对最小刚度轴的稳定性。对此，规范要求分肢失稳的临界应力应大于整个构件失稳的临界应力，同时考虑到制造装配偏差、初始弯曲等缺陷的影响，规定当缀材为缀板时，$\lambda_1 \leqslant 0.7\lambda_{\max}$；当缀材为缀条时，$\lambda_1 \leqslant 0.5\lambda_{\max}$ 且不大于40。

3. 缀材的设计

在轴心压力作用下，理想的轴心受压构件的截面上不会产生剪力，但实际构件将发生侧向弯曲变形，同时产生附加弯矩和剪力。按照格构式构件截面边缘纤维屈服准则，当达到设计承载力 $N \leqslant \varphi fA$ 且相应中点也达到最大弯矩时，中点截面边缘纤维压应力达到屈服强度，两端剪切力也最大，此时剪力为 $F_{Vmax} = Af/\varphi$。为方便计算，规范取偏低值后确定，

$$F_V = \frac{Af}{85}\sqrt{\frac{f_y}{235}}。$$

在格构柱中，缀条式格构构件可视为一个由分肢为弦杆、缀条为腹杆组成的平行弦桁架体系。在这个体系中，缀条为轴心受压构件，斜缀条的内力为 $F_{V1} = F_V \sin^{-1}\alpha$，$\alpha$ 为缀条与肢件轴线的夹角。

当为缀板时，缀板式格构构件可视为一个由分肢和缀板组成的单跨多层刚架体系。在这个体系中，假定该单跨多层刚架受力后产生弯曲变形，由隔离体平衡可求得缀板的剪力为 $F_{V1} = F_V l/a$。其中，l 为相邻两缀板轴线间的距离，a 为分肢轴线间的距离。

6.5.4 受弯构件

在钢结构的受弯构件中，受弯构件主要以钢梁的形式出现，因此，对受弯构件的分析就多以钢梁为例，如图6-10（a）所示。

1. 钢梁的强度计算

钢梁在荷载作用下，其初始最外边缘的应力 σ 不超过屈服强度 f_y 时，其应力与应变呈线性关系，构件也处于弹性工作状态，如图6-10（b）所示。但随着荷载的增加，钢梁的上下翼缘板逐渐屈服，腹板也可能出现部分屈服变形，部分截面进入塑性状态。若继续增加荷载，梁的变形就会加大，直至梁截面出现塑性铰，如图6-10（c）、图6-10（d）所示。

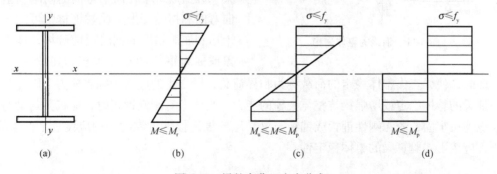

图6-10 梁的弯曲正应力分布

若该梁为静定梁，原则上可以将出现塑性铰弯矩作为承载能力的极限状态。为此，在受弯构件的设计中，《钢结构设计标准》（GB 50017—2017）规定，当对受弯构件进行正截面计算时，其抗弯强度 σ 应满足 $\sigma = \dfrac{M_x}{\gamma_x W_x} \leqslant f$；若为双向弯曲，则 $\sigma = \dfrac{M_x}{\gamma_x W_{nx}} + \dfrac{M_y}{\gamma_y W_{ny}} \leqslant f$。

式中　M_y、M_x——同一截面绕 x 轴和 y 轴的弯矩；

　　　γ_x、γ_y——截面塑性发展系数（I 形截面，$\gamma_x = 1.05$、$\gamma_y = 1.2$，其他截面可查表
　　　　　　得知）；

　　　W_{nx}、W_{ny}——对 X 轴和 Y 轴的净截面模量；

　　　f——梁的抗弯强度设计值。

当进行剪应力计算时，《钢结构设计标准》（GB 50017—2017）规定，其抗剪强度 τ
应该满足

$$\tau = \frac{VS}{t_w I} \leq f_v$$

式中　V——计算截面沿腹板平面作用的剪力设计值；

　　　S——计算剪应力处以上毛截面对中和轴的面积矩；

　　　I——毛截面惯性矩；

　　　t_w——腹板厚度；

　　　f_v——钢材的抗剪强度设计值。

2. 钢梁的整体稳定

为了提高抗弯强度，节省钢材，钢梁截面一般做成高而窄的形式，故钢梁的侧向刚度
较受荷方向的刚度小得多。但实际上，荷载不可能准确地作用于梁的垂直平面内，同时还

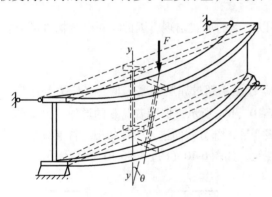

不可避免地存在各种偶然因素引起的横向
作用，因此梁不但沿弯矩纵轴方向产生垂
直变形，还会产生垂直于弯矩平面的侧向
弯曲和扭转变形。当荷载较小时，虽然各
种外界因素会使梁产生微小的侧向弯曲和
扭转变形，但外界影响消失后，梁仍能恢
复原来的弯曲平衡状态。若当荷载增大到
某一数值后，梁在向下弯曲的同时发生侧
向弯曲和扭转变形，此时钢材就可能在远
未达到屈服强度的同时提前破坏，这种现
象被称为钢梁的整体失稳，如图 6-11 所

图 6-11　钢梁的整体失稳

示。此时，使梁丧失整体稳定的荷载称为临界荷载，所产生的应力为临界应力。因此，为
了保证梁的整体稳定或增强梁抗整体失稳的能力，当梁上有刚性铺板时，应将其与梁的受
压翼缘连接牢固；若无刚性铺板或铺板与梁受压翼缘连接不可靠时，则应设置平面支撑；
否则，应按下式验算梁的整体稳定性。

$$\frac{M_x}{\varphi_b W_x} \leq f$$

式中　M_x——梁绕强轴 x 轴作用的最大弯矩；

　　　W_x——按受压纤维确定的毛截面模量；

　　　φ_b——梁的整体稳定系数（对均匀弯曲的受弯构件，当梁在侧向支撑点间对截面
　　　　　　弱轴 y 轴的长细比 $\lambda_y \leq 120\sqrt{235/f_y}$ 时，双轴对称的 I 形截面 $\varphi_b = 1.07 -$

$$\frac{\lambda_y^2}{44000} \times \frac{f_y}{235};$$

f——梁的抗弯强度设计值。

3. 钢梁的局部稳定

组合梁一般由翼缘和腹板等板件组成。从用材经济观点看，选择组合梁截面时总是力求采用高而薄的腹板和宽而薄的翼缘。但是，当板件过薄、过宽时，腹板或受压翼缘在尚未达到强度限值或在梁未丧失整体稳定前，腹板或翼缘就可能发生波浪形的屈曲，这种现象称为局部失稳，如图 6-12 所示。

梁的腹板或翼缘出现了局部失稳，整个构件一般还不至于立即丧失承载能力，但构件的承载能力大为降低。所以，梁丧失局部稳定的危险性虽然比丧失整体稳定的危险性小，但是往往是导致钢结构早期破坏的因素。

为了避免梁的局部失稳，对于 I 形截面组合梁，可以采取两种措施：一是限制板件的宽厚比或高厚比，该措施适用于翼缘加固；二是设置加劲肋，该措施适用于腹板加固。为此，规范规定，梁受压翼缘自由外伸宽度 b 与其厚

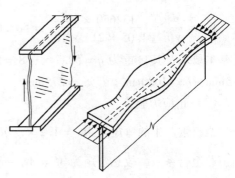

图 6-12　钢梁的局部失稳

度 t 之比应符合 $b/t \leqslant 15\sqrt{235/f_y}$。而腹板主要是用加劲肋将腹板分割成较小的区格来提高其抵抗局部屈曲的能力。与梁跨度方向垂直的加劲肋叫横向加劲肋，主要作用是防止因剪切而使腹板产生屈曲。在腹板受压区顺梁跨度方向设置的加劲肋为纵向加劲肋，其作用主要是防止因弯曲而使腹板产生屈曲。当腹板同时设置横向加劲肋和纵向加劲肋时，应在其相交处切断纵向加劲肋而使横向加劲肋保持连续，如图 6-13 所示。

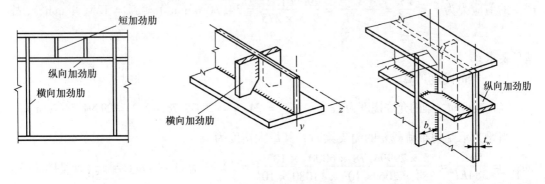

图 6-13　梁的加劲肋

4. 钢梁的刚度计算

为了保证梁的正常使用，梁除了须具有足够的强度外，还须具有一定的刚度。规范规定，梁的刚度可用梁的挠度 ω 来衡量，并要求梁的最大挠度 $\omega_{\max}$ 不得超过规定的限值。当梁为承受均布荷载 q 的简支梁时，其最大挠度为

$$\omega_{\max} = \frac{5ql^4}{384EI} \leqslant [\omega]$$

其他支撑状态梁的挠度计算方法可按照材料力学和结构力学知识进行计算。

【例6-3】拟用工字钢设计一平台梁，盖梁跨度为6m，其承受线荷载 $q = 29477.78\text{N/m}$，跨中最大弯矩 M_x 为132.65kN·m，支座处最大剪力为89100N，钢材为Q235A，横向刚度完全满足要求，试选择该梁截面。

【解】据题意可知，该梁不需考虑横向稳定性问题，由于拟选工字钢，且钢材为 Q235A，则 $\gamma_x = 1.05$，梁的抗弯强度设计值 $f = 215\text{N/mm}^2$，$f_v = 125\text{N/mm}^2$，$E = 206 \times 10^3 \text{N/mm}^2$。

（1）选择梁的型号

$W_x = \dfrac{M_x}{\gamma_x f} = \dfrac{132650 \times 10^2}{1.05 \times 215 \times 10^2} = 587.6\text{cm}^3$，查表可知，需选择I32a为该平台梁才能满足基本要求。其自重为 $q = 52.7 \times 9.8 = 516.46 \approx 517$（N/m），实际 $W_x = 692\text{cm}^3$，$t_w = 9.5\text{mm}$，$I = 11080\text{cm}^4$，$I_x / S_x = 275\text{mm}$。

（2）正应力验算

梁自重产生的弯矩为 $M_z = 1.2 \times \dfrac{1}{8} q l^2 = 1.2 \times \dfrac{1}{8} \times 517 \times 6^2 = 2792$（N·m），其中1.2为恒载组合系数，故总弯矩为 $M = M_x + M_z = 2792 + 132650 = 135442$（N·m）。在此弯矩作用下产生的正应力为 $\sigma = \dfrac{M_x}{\gamma_x W_x} = \dfrac{135442}{1.05 \times 692} = 186.4$（N/mm^2）$\leqslant f = 215\text{N/mm}^2$，故满足要求。

（3）剪应力验算

梁自重产生的剪力为 $V_z = 1.2 \times q \dfrac{l}{2} = 1.2 \times 517 \times \dfrac{6}{2} = 1861.2$（N），其中1.2为恒载组合系数，故总剪力为 $V_{max} = V + V_z = 89100 + 1861.2 = 90961.2$（N）。在此剪力作用下产生的剪应力为 $\tau = \dfrac{VS}{t_w I} = \dfrac{V}{t_w \times \dfrac{I_x}{S_x}} = \dfrac{90961.2}{9.5 \times 275} = 34.7$（N/mm^2）$\leqslant f_v = 125$（N/mm^2），故满足要求。

（4）梁的刚度计算

经查表可知，梁的允许挠度为 $[\omega] = \dfrac{l}{250} = 24$，$q = 29477.78 + 517 = 29994.78$（N/m）。

当梁为承受均布荷载 q 的简支梁时，其最大挠度为

$\omega_{max} = \dfrac{5ql^4}{384EI} = \dfrac{5 \times 29994.78 \times 6000^4 \times 10^{-3}}{384 \times 206 \times 10^3 \times 11080 \times 10^4} = 22.2$（mm）$\leqslant [\omega] = \dfrac{l}{250} = 24$（mm）

刚度满足要求。

6.6　钢结构连接

钢结构通常是由型钢或钢板通过一定的连接方法构成不同的受力构件，再通过安装连成整体结构，因此，钢结构的连接方法包括选择合适的连接方案和节点构造，就成为钢结构设计的重要内容之一。连接方法不合理，不仅会直接影响结构的受力状态，而且会影响

到结构的寿命。钢结构对连接的基本要求是：

（1）连接部位应有足够的强度、刚度及延性。

（2）被连接构件及节点部件间的相互位置合理准确，以满足传力和使用要求。

（3）构件相互连接的节点应尽可能避免偏心。

（4）连接构造力求传力直接，各零件受力明确并尽可能避免应力集中。

（5）避免在结构内产生过大的残余应力。

（6）应考虑刚度不同零件间的变形协调。

（7）连接的构造应便于制作、运输和安装，降低综合造价。

6.6.1 钢结构连接方法

钢结构连接方法通常有焊接连接、铆钉连接和螺栓连接三种，如图 6-14 所示。由于其连接方式及其质量优劣直接影响钢结构的工作性能，因此，在进行连接的设计和施工时，必须遵循一定的原则。

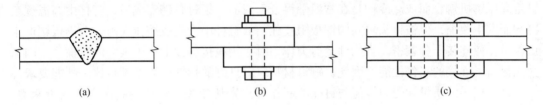

图 6-14 钢结构的连接方法

（a）焊接连接；（b）螺栓连接；（c）铆钉连接

1. 焊接连接

焊接连接也叫焊缝连接，是现代钢结构最主要的连接方法，其优点是构造简单，对几何形体适应性强，任何形式的构件均可直接连接，不削弱截断构件，省工省材，制作加工方便，可实现自动化操作，工效高、质量可靠、连接的密闭性好、结构的刚度大。但焊缝连接的缺点是在焊缝附近的热影响区内，钢材的金相组织发生了改变，导致局部材质劣化变脆；焊接残余应力和残余变形使构件的承载力降低。钢结构对裂纹很敏感，局部裂纹一旦发生，就容易扩展到整体，低温冷脆问题较为突出。除少数直接承受动力荷载的结构连接不宜采用焊接连接外，焊接连接可普遍用于大部分钢结构中。

2. 螺栓连接

螺栓连接分为普通螺栓连接和高强度螺栓连接两种。

普通螺栓连接是最常用的连接方式，由于在安装中快速方便且能满足强度和刚度要求而被广泛使用。普通螺栓分为 A、B、C 三级。A 级与 B 级为精制螺栓，C 级为粗制螺栓。A、B 级精制螺栓由毛坯在车床上经过切削加工精制而成。其表面光滑，尺寸准确，螺杆直径与螺栓孔径相同，但螺杆直径仅允许负公差，螺栓孔直径仅允许正公差，对成孔质量要求高。由于它有较高的精度，因而受剪性能好；但制作和安装复杂，价格较高，已很少在钢结构中采用。C 级螺栓由未经加工的圆钢压制而成。由于螺栓面粗糙，一般在单个零件上一次冲成，螺栓孔的直径比螺栓杆的直径大 1.5～3mm。对于采用 C 级螺栓的连接，由于螺栓与螺栓孔之间有较大间隙，受剪力作用时，将产生较大的剪切移动，连接的变形大。但安装方便，能够有效地传承拉力，故一般可用于沿螺栓杆轴间受拉的连接中，以及次要结构的抗剪连接或安装时的临时固定。

高强度螺栓一般采用 45 号钢、40B 钢和 20MnTiB 钢加工制作而成。经热处理后，螺栓抗拉强度较高。高强度螺栓安装时，通过特别的扳手，以较大的扭矩拧紧螺帽，使螺杆产生较大的预拉力，将被连接的部件夹紧。当以部件的接触面摩擦力传递外力时，称为高强度螺栓摩擦型连接。当同普通螺栓一样，允许接触面滑移，依靠螺栓受剪和孔壁承压来传递外力时，称为高强度螺栓承压型连接。摩擦型连接的优点是施工方便，对构件的削弱较小，可拆换，螺栓的剪切变形小，能承受动力荷载，耐疲劳，韧性和塑性好，包含普通螺栓和铆钉连接的各自优点，目前已成为代替铆钉连接的主要连接形式，特别适用于承受动力荷载的结构。承压型连接的承载力高于摩擦型连接，但整体性、刚度均较差，剪切变形大，强度储备相对较低，故不得用于承受动力荷载的结构中。

3. 铆钉连接

铆钉连接的制造有热铆和冷铆两种方法。热铆由烧红的钉坯插入构件的钉孔中，用铆钉枪或压铆机铆合而成。冷铆是在常温下铆合而成的。铆钉打铆完成后，钉杆由高温逐渐冷却而发生收缩，但被钉头之间的钢板阻止住，故钉杆中产生收缩拉应力，对钢板则产生压紧力，使连接十分紧密。当构件受剪力作用时，钢板接触面上产生很大的摩擦力，因而大大提高了连接的工作性能。因此，铆钉材料应有良好的韧性，以便满足这一性能要求。

铆钉连接的质量和受力性能与钉孔的制作方法密切相关。钉孔按制作方法分为两类：一类孔是用钻冲成较小的孔，装配时再扩钻而成；二类孔是直接冲成，虽然制法简单，但构件拼装时钉孔不易对齐，质量较差。重要的结构应该采用一类孔。

与焊缝连接比较，铆钉连接的钢结构塑性和韧性好，质量易于检查，连接可靠，抗动力荷载性能好，对主体钢材的材质要求低。但是，铆钉连接的构造复杂，制孔和打铆费工，钉孔削弱钢材截面。因此，除了在一些重型和直接承受动力荷载的结构中仍有应用外，一般钢结构已很少采用。

6.6.2　焊接连接

6.6.2.1　常用的焊接方法

钢结构常用的焊接方法有手工电弧焊、埋弧焊、气体保护焊和电阻焊等。

1. 手工电弧焊

手工电弧焊是最常用的一种焊接方法。通电后，在涂有药皮的焊条和焊件之间产生电弧。电弧提供温度高达 3000℃ 的热源，使焊条中的焊丝熔化，滴落在焊件上被电弧所吹成的小凹槽熔池中。由焊条药皮形成的熔渣和气体覆盖着熔池，防止空气中的氧、氮等有害气体与熔化的液体金属接触，避免形成脆性易裂的化合物。焊缝金属冷却后被连接件连成一体。

手工电弧焊的设备简单，操作灵活方便，适用于任意空间位置的焊接，特别适用于焊接短焊缝，但生产效率低、劳动强度大，焊接质量与焊工的技术水平和精神状态有很大关系。

2. 埋弧焊

埋弧焊是电弧在焊剂层下燃烧的一种电弧焊方法。焊丝送进和焊接方向的移动有专门机构控制的焊接方法为自动埋弧焊。焊丝送进由专门机构控制，而焊接方向的移动靠人工操作的焊接方法为半自动埋弧焊。埋弧焊的焊丝不涂药皮，但施焊端被由焊剂漏头自动流下的颗粒状焊剂所覆盖，电弧完全被埋在焊剂之内。电弧热量集中，熔深大，适于厚板的焊接，具有很高的生产效率。由于采用了自动或半自动化操作，焊接时的工艺条件稳定，焊缝的化学成分均匀、质量好，焊件变形小。同时，较高的焊速也减小了热影响区的范围。但埋弧焊对焊件边缘的装配精度要求比手工焊高。

3. 气体保护焊

气体保护焊是利用二氧化碳气体或其他惰性气体作为保护介质的一种电弧熔焊方法，直接依靠保护气体在电弧周围形成局部保护层，以防止有害气体的侵入并保证焊接过程的稳定性。气体保护焊的焊缝熔化区没有熔渣，焊工能够清楚地看到焊缝成型的过程。由于保护气体是喷射的，有助于熔滴的过渡。由于热量集中，焊接速度快，焊件熔深大，故所形成的焊缝强度比手工电弧焊高，塑性和抗腐蚀性好，适用于全位置的焊接，但不适用于在风较大的地方施焊。

4. 电阻焊

电阻焊是利用电流通过焊件接触点表面电阻所产生的热来熔化金属，再通过加压使其焊合。电阻焊只适用于板厚度不大于12mm的焊接。

6.6.2.2 焊缝连接的形式

依据焊缝所在位置的不同，焊缝的连接形式多种多样，既可按钢材的位置进行划分，又可按焊缝的形式进行划分，还可按焊缝施焊方式进行划分。

1. 按连接构件的相互位置划分

按钢材的相互位置划分，焊缝连接的形式可分为对接、搭接、T形连接和角部连接四种。

对接连接主要用于厚度相同或接近相同的两构件的相互连接。对接连接的两构件在同一个平面内，传力均匀平缓，没有明显的应力集中，且用料经济。但是焊件边缘需要加工，被连接两板的间隙和坡口尺寸有严格的要求。若采用双层拼接盖板和角焊缝的对接连接，则连接传力不均匀、费料，但施工简便，所连接两板的间隙大小无须严格控制。若采用拼接板和角焊缝的对接连接，则连接传力均匀，但施工复杂、费料，所连接两板需分别与拼接板对齐连接。

搭接连接比较费料、施工简便，但传力不均匀，广泛应用于钢桁架结构中。

T形连接省工省料，常用于制作组合截面。当采用角焊缝连接时，焊件间存在缝隙、截面突变，应力集中现象严重，疲劳强度较低，可用于不直接承受动力荷载的结构。

角部连接主要用于制作箱形截面构件。对接、搭接、T形连接和角部连接方式如图6-15所示。

2. 按焊缝形式划分

按焊缝形式进行划分，钢材连接所采用的焊缝主要有对接焊缝和角焊缝。

对接焊缝按所受力的方向可分为正对接焊缝和斜对接焊缝，如图6-16所示。对接焊缝的焊件常需加工成坡口，故又叫坡口焊缝。焊缝金属填充在坡口内，所以对接焊缝是被连接件的组成部分。

对接焊缝的焊件常需做成坡口，坡口形式与焊件厚度有关，如图6-17所示。当焊件厚度很小（手工焊小于6mm，埋弧焊小于10mm）时，可用直边缝。对一般厚度的焊件（10～20mm），可采用具有斜坡口的单边V形或V形焊缝。斜坡口和根部间隙 c 共同组成

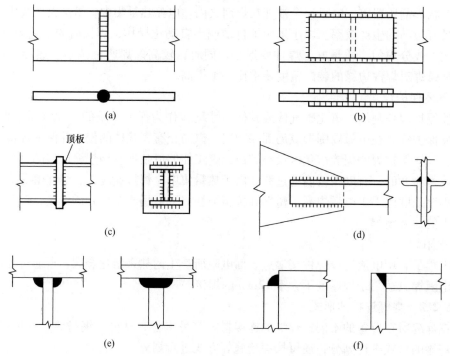

图 6-15　对接、搭接、T 形连接和角部焊接连接方式

（a）对接连接；（b）用拼接盖板的对接连接；（c）用拼接板的对接连接；

（d）搭接连接；（e）T 形连接；（f）角部连接

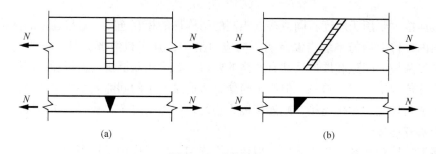

图 6-16　对接焊缝

（a）正对接焊缝；（b）斜对接焊缝

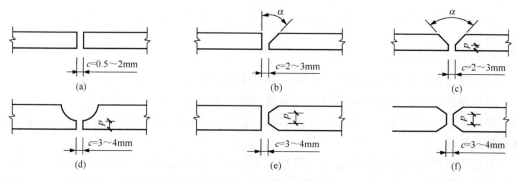

图 6-17　焊缝坡口形式

（a）直边缝；（b）单边 V 形坡口；（c）V 形坡口；（d）U 形坡口；（e）K 形坡口；（f）X 形坡口

一个焊条能够运转的施焊空间，使焊缝易于焊透；钝边 p 有托住熔化金属的作用。对较厚的焊件（大于 20mm），则采用 U 形、K 形和 X 形坡口。

在对接焊缝的拼接处，当焊件的宽度不同或厚度在一侧相差 4mm 以上时，应分别在宽度方向或厚度方向从一侧或两侧做成坡度不大于 1:2.5（直接承受动力荷载且需要进行疲劳计算时不大于 1:4）的斜角，以使截面过渡和缓，减小应力集中，如图 6-18 所示。在焊缝的起灭弧处，常会出现弧坑等缺陷，这些缺陷对承载力影响极大，故焊接时一般应设置引弧板和引出板，焊后将它割除。

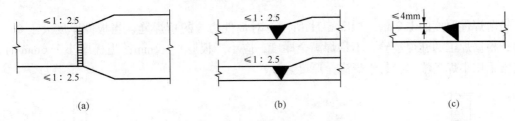

图 6-18　不同宽度或厚度的钢板拼接
（a）钢板不等宽度；（b）钢板不等厚度；（c）钢板不做斜坡

角焊缝按其与作用力的关系可分为焊缝长度方向与作用力垂直的正面角焊缝，焊缝长度方向与作用力平行的侧面角焊缝，以及焊缝长度方向与作用力倾斜的斜焊缝。由正面角焊缝、侧面角焊缝和斜焊缝组成的混合焊缝，通常称作围焊缝。

角焊缝按其截面形式分为直角角焊缝和斜角角焊缝。两焊脚边的夹角为 90°的焊缝称为直角角焊缝，两焊脚边的夹角大于 90°或小于 90°的焊缝称为斜角角焊缝，如图 6-19 所示。斜角角焊缝常用于料仓壁板、钢漏斗和钢管结构的 T 形接头连接中。对夹角大于135°或小于 60°的斜角角焊缝，除钢管结构外，不宜用作受力焊缝。

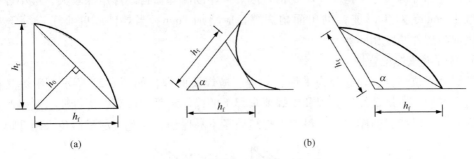

图 6-19　直角角焊缝和斜角角焊缝
（a）直角角焊缝；（b）斜角角焊缝

焊缝沿长度方向布置分为连续角焊缝和间断角焊缝两种；连续角焊缝的受力性能较好，但容易产生温度应力，如图 6-20（a）所示。间断角焊缝的起弧处容易引起应力集中，重要构件应避免采用，只能用于一些次要构件的连接或受力很小的连接中，如图 6-20（b）所示。间断角焊缝的间断距离不宜过长，以免连接不紧密，潮气侵入引起构件锈蚀。

在角焊缝中，为了避免烧穿较薄的焊件，减小焊接应力和焊接变形，角焊缝的焊脚尺寸不宜太大。除了直接焊接钢管结构的焊脚尺寸不宜大于支管壁厚的 2 倍之外，也不宜大

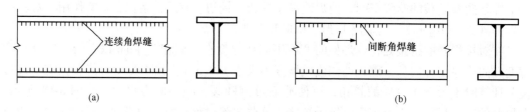

图 6-20　连续角焊缝和间断角焊缝

（a）连续角焊缝；（b）间断角焊缝

于较薄焊件厚度的 1.2 倍，如图 6-21 所示。对板件边缘的角焊缝，当板件厚度大于 6mm 时，根据焊工的施焊经验，不易焊满全厚度，应小于板厚 1~2mm；当板厚小于 6mm 时，通常采用小焊条施焊，易于焊满全厚度。

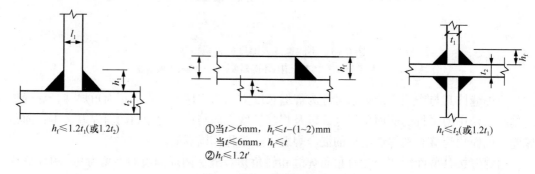

图 6-21　角焊缝的焊脚尺寸要求

为了保证焊缝的最小承载能力并防止焊缝因冷却过快而产生裂纹，焊脚尺寸也不宜太小。角焊缝的焊脚尺寸不得小于 1.5 倍较厚焊件厚度。埋弧自动焊熔深较大，最小焊脚尺寸可减小 1mm，对 T 形连接的单面角焊缝，应增加 1mm。当焊件厚度小于或等于 4mm 时，则取与焊件厚度相同。

3. 按焊缝施焊位置划分

按焊缝焊位划分，焊缝分为平焊、立焊、横焊及仰焊，如图 6-22 所示。平焊又称俯焊，施焊方便，质量最好。立焊和横焊要求焊工的操作水平比较高，焊缝质量及生产效率比平焊差一些。仰焊的操作条件最差，焊缝质量不易保证，因此应尽量避免采用仰焊。

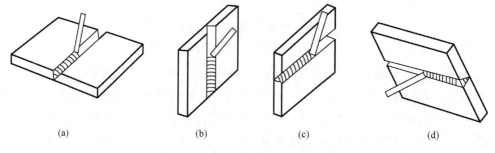

图 6-22　焊缝焊位分类

（a）平焊；（b）立焊；（c）横焊；（d）仰焊

6.6.2.3 焊缝的焊接要求

1. 焊缝代号图例

《焊缝符号表示法》规定：焊缝代号由引出线、图形符号和辅助符号等部分组成，如图 6-23 所示。

引出线由横线和带箭头的斜线组成，箭头指到图形上的相应焊缝处，横线的上面和下面用来标注图形符号和焊缝尺寸。当引出线的箭头指向焊缝所在的一面时，应将图形符号和焊缝尺寸等标注在水平横线上面；当箭头指向对应焊缝所在的另一面时，则应将图形符号和焊缝尺寸标注在水平横线的下面；必要时，可在水平横线的末端加一尾部作为其他说明之用。图形符号表示焊缝的基本形式，如用 ◿ 表示角焊缝，用 V 表示 V 形坡口对接焊缝。辅助符号表示焊缝的辅助要求，◤ 用于表示现场安装焊缝等。常用的基本焊缝符号参见表 6-4。

图 6-23　焊缝符号表示法

表 6-4　常用的基本焊缝符号

名称	封底焊缝	对接焊缝					角焊缝	塞焊缝与槽焊缝	点焊缝
		I 形焊缝	V 形焊缝	单边 V 形焊缝	带钝边的 V 形焊缝	带钝边的 U 形焊缝			
符号	⌣	‖	V	V	Y	Y	◿	⊓	○

2. 焊缝的最小计算长度

焊缝的焊脚尺寸大而长度较小时，焊件的局部加热严重，焊缝起灭弧所引起的缺陷相距太近，加之焊缝中可能产生的其他缺陷，可能使焊缝不够可靠。对搭接连接的侧面角焊缝而言，如果焊缝长度过小，由于弯折大，也会造成严重的应力集中，因此，侧面角焊缝或正面角焊缝的长度均不得小于 8 倍的焊缝高度和 40mm。

3. 侧焊缝的最大计算长度

侧焊缝的应力沿长度分布不均匀，两端较中间大，且焊缝越长差别越大。当焊缝太长时，虽然仍有因塑性变形产生的内力重分布，但两端应力可首先达到强度极限而破坏。因此，侧面角焊缝的长度不宜大于 60 倍的焊脚尺寸。当大于上述数值时，其超过部分在计算中不予考虑。若内力沿侧面角焊缝全长分布，比如焊接梁翼缘板与腹板的连接焊缝，计算长度可不受上述限制。

当板件端部仅有两条侧面角焊缝连接时，连接的承载力与两侧焊缝的距离和长度有关。为使连接强度不过分降低，应使每条侧焊缝的长度不小于两侧面角焊缝之间的距离。同时，两侧角焊缝之间的距离不宜大于 16 倍的板厚 t（当板厚 t 大于 12mm 时）或 190mm

（当板厚 t 不大于 12mm 时）。

在搭接连接中，当仅采用正面角焊缝时，其搭接长度不得小于焊件较小厚度的 5 倍，也不得小于 25mm，以免焊缝受偏心弯矩影响太大而破坏，如图 6-24 所示。

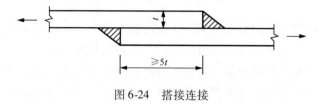

图 6-24　搭接连接

间断角焊缝只能用于一些次要构件或次要焊缝的连接。断续角焊缝焊段的长度不得小于 10 倍焊缝高或 50mm；间断距离不宜过长，以免连接不紧密。一般在受压构件中应小于 15 倍的较薄焊件的厚度，在受拉构件中应满足小于 30 倍的较薄焊件的厚度，如图 6-25 （a）所示。

对围焊和绕角焊，当杆件端部搭接采用三面围焊时，在转角处截面突变会产生应力集中，如在此处起灭弧，可能出现弧坑或咬肉等缺陷，从而加大应力集中的影响。故所有围焊的转角处必须连续施焊。对非围焊情况，当角焊缝的端部在构件转角处时，可连续地做长度为 2 倍焊缝高的绕角焊。杆件与节点板的连接焊缝宜采用两面侧焊，也可用三面围焊，对角钢杆件可采用 L 形围焊，所有围焊的转角处必须连续施焊，如图 6-25 （b）、图 6-25 （c）、图 6-25 （d）所示。

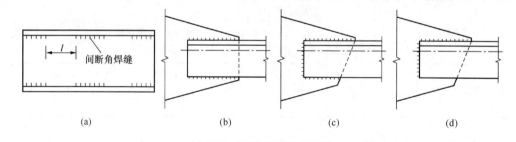

(a)　　　　　　(b)　　　　　　(c)　　　　　　(d)

图 6-25　断续角焊缝和围焊
（a）间断角焊缝；（b）两面侧焊；（c）三面围焊；（d）L 形围焊

4. 焊接残余应力的消除

焊接过程是一个不均匀加热和冷却的过程。在施焊时，焊件上产生不均匀的温度场，焊缝及其附近温度最高，而邻近区域温度则低。不均匀的温度场易使钢材产生不均匀的膨胀。温度高的钢材膨胀大，但受到两侧温度较低、膨胀量较小的钢材所限制，产生了热塑性压缩。焊缝冷却后，被塑性压缩的焊缝区又要恢复，但受到两侧钢材限制而产生纵向拉应力。工程实践证明，焊接应力不仅会降低结构的刚度，而且会使结构构件挠曲变形，降低构件的承载力。因此，焊接残余应力对钢结构影响较大。

为了尽可能消除焊接残余应力，在施工中常采取一些措施来控制焊接残余应力和残余变形，主要的措施有：

（1）在保证结构承载能力的条件下，应尽量采用较小的焊缝尺寸。

（2）尽可能减少不必要的焊缝。

（3）只要结构允许，安排焊缝时尽可能对称于截面中性轴或者使焊缝接近中性轴，以减小构件的焊接变形。如几块钢板交会一处进行连接，应采用适当的连接方式，尽量避免焊缝的过分集中和交叉。对I形构件，为了让腹板与翼缘的纵向连接焊缝连续通过，加劲肋应进行切角，使其在翼缘和腹板的连接焊缝处断开，避免三条焊缝的交叉，如图6-26所示。

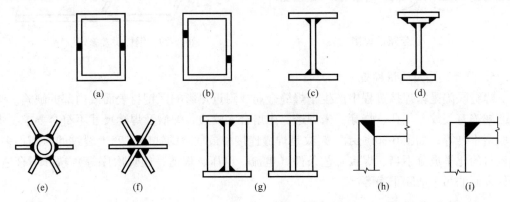

图6-26　焊缝设计

（a）正确；（b）不正确；（c）正确；（d）不正确；（e）正确；
（f）不正确；（g）加劲肋进行切角，不正确；（h）正确；（i）不正确

（4）尽量避免产生母材厚度方向的收缩应力，这种应力构造常引起厚板的层状撕裂（由约束收缩焊接应力引起的）。

（5）采用合理的焊接顺序和方向。尽量使焊缝能自由收缩，先焊工作时受力较大的焊缝或收缩量较大的焊缝。如钢板对接时采用分段退焊［图6-27（a）］，厚焊缝采用分层焊［图6-27（b）］，I形截面采用对角跳焊［图6-27（c）］，钢板分块拼接等［图6-27（d）］。在工地焊接工字梁的接头（图6-28）时，应留出一段翼缘角焊缝3最后焊接，先焊受力最大的翼缘对接焊缝1，再焊腹板对接缝2。如拼接钢板，板的施焊顺序为先焊短焊缝1、2，最后焊长焊缝3，可使各长条板自由收缩后连成整体（图6-29）。上述措施均可有效地降低焊接应力。

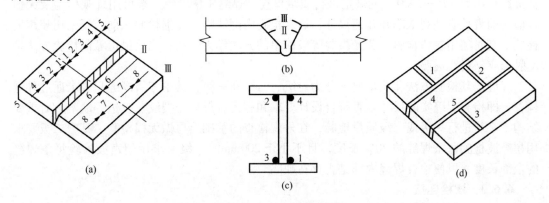

图6-27　正确的焊接顺序

（a）分段退焊；（b）分层焊；（c）对角跳焊；（d）分块拼接

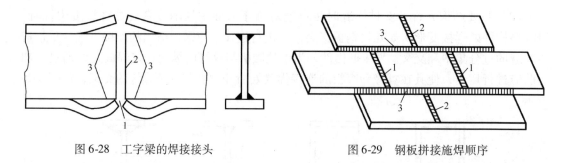

图 6-28　工字梁的焊接接头　　　　　图 6-29　钢板拼接施焊顺序

5. 焊缝缺陷及质量检查

焊缝缺陷是指焊接过程中产生于焊缝金属或附近热影响区钢材表面或内部的缺陷。常见的缺陷有裂纹、气孔、烧穿、未焊透、未熔合、咬边、焊瘤及焊缝尺寸不符合要求、焊缝成型不良等，如图 6-30 所示。裂纹是焊缝连接中最危险的缺陷。产生裂纹的原因很多，如钢材的化学成分不当、焊接工艺条件（电流、电压、焊速、施焊次序等）选择不合适、焊件表面油污未清除干净等。

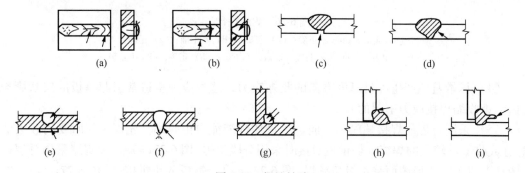

图 6-30　焊缝缺陷

（a）热裂纹；（b）冷裂纹；（c）气孔；（d）烧穿；（e）根部未焊透；

（f）边缘未熔合；（g）层间未熔合；（h）咬边；（i）焊瘤

为了防止焊缝中存在缺陷，工程中要对完成的焊缝按照《钢结构工程施工质量验收标准》（GB 50205—2020）的规定进行质量检查。焊缝质量检验一般可用外观检验及无损检验。前者检查外观缺陷和几何尺寸，后者检查内部缺陷。无损检验目前广泛采用超声波检验，有时还用磁粉检验、荧光检验等较简单的方法作为辅助；当前最可靠的检验方法是 X 射线或 γ 射线透照。

焊缝按其检验方法和质量要求分为一级、二级和三级，其中三级焊缝只要求通过外观检查，即检查焊缝实际尺寸是否符合设计要求和有无看得见的裂纹、咬边等缺陷。对重要结构，必须进行一级或二级质量检验，在外观检查的基础上再做无损检验。其中二级要求用超声波检验每条焊缝的 20% 长度，且不小于 200mm。一级要求用超声波检验每条焊缝的全部长度，以便检查焊缝内部是否存在缺陷。

6.6.3　螺栓连接

6.6.3.1　普通螺栓连接

1. 普通螺栓的连接形式

普通螺栓连接按螺栓传力方式分为受剪螺栓连接、受拉螺栓连接和拉剪螺栓连接三

种。受剪螺栓连接是靠栓杆受剪和孔壁承压传力,受剪螺栓连接的破坏可能有五种形式:

(1)栓杆被剪断:当栓杆直径较小而板件相对较厚时可能发生该种破坏,如图 6-31(a)所示。

(2)孔壁挤压破坏:当栓杆直径较大而板件相对较薄时可能发生该种破坏,如图 6-31(b)所示。

(3)钢板被拉断:当板件因螺栓孔削弱过多时,可能沿开孔截面发生破坏,如图 6-31(c)所示。

(4)端部钢板被剪开:当顺受力方向的端距过小时可能发生该种破坏,如图 6-31(d)所示。

(5)栓杆受弯破坏:当栓杆过长时可能发生该种破坏,如图 6-31(e)所示。

上述五种破坏形式中的后两种,可采取构造措施加以防范,如规定端距大于 $2d$(d 为螺栓直径)或螺栓的加紧长度小于 $4d$。但对其他三种形式的破坏,则需通过计算来防止。

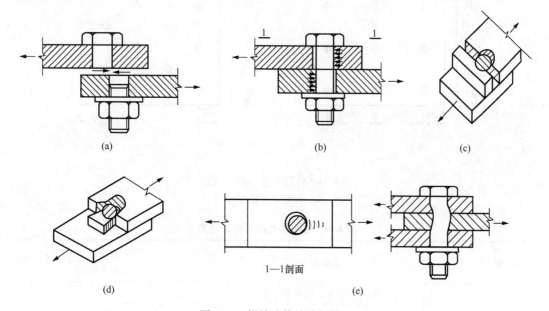

图 6-31　螺栓连接的破坏情况
(a)栓杆被剪断;(b)孔壁挤压破坏;(c)钢板被拉断;
(d)端部钢板被剪开;(e)栓杆受弯破坏

受拉螺栓连接是沿杆轴方向、螺栓承受拉力的连接方式。受拉螺栓连接在外力作用下,构件相互间有分离的趋势,因此,破坏形式常是栓杆被拉断,拉断的部位多在螺纹被削弱的截面处,如图 6-32 所示。

拉剪螺栓连接则同时兼有上述两种传力方式。拉剪螺栓连接在外力作用下,构件相互间既有分离的趋势,也有滑动的可能,因此使栓杆受剪、孔壁承压,并使螺栓沿杆轴方向受拉。因此,破坏形式常是栓杆被剪断或孔壁挤压破坏或栓杆被拉断,如图 6-33 所示。

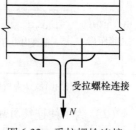

图 6-32　受拉螺栓连接

2. 普通螺栓的排列与构造要求

螺栓在构件上的排列通常采用并列和错列两种形式，如图 6-34 所示。并列比较简单、整齐。所用连接板尺寸小，但由于螺栓孔的存在，对构件截面的削弱较大。错列可减小截面削弱，但排列较繁，连接板尺寸较大。无论采用哪种排列，应简单划一、力求紧凑。螺栓在构件上的中距、端距和边距还应满足以下要求：

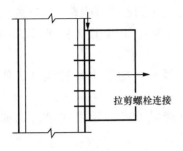

图 6-33　拉剪螺栓连接

（1）为了确保螺栓满足受力要求，螺栓排列的端距不能太小，否则孔端前的钢板在受到拉力后易被撕坏，因此，要求端距大于 $2d$，边距大于 $1.5d$，中距大于 $3d$，但中距也不能过大，否则受压构件两孔间的钢板易被压屈鼓肚。根据《钢结构工程质量验收标准》（GB 50205—2020），螺栓最大最小容许距离见表 6-5。

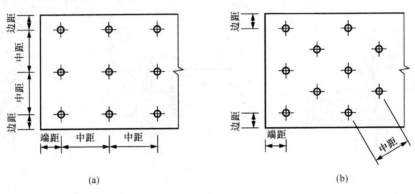

（a）　　　　　　　　　　　　　　　　（b）

图 6-34　普通螺栓的排列方式

（a）并列；（b）错列

表 6-5　螺栓最大最小容许距离

名称	位置和方向			最大容许间距（取两者较小值）	最小容许间距
中心间距	外排（垂直内里方向或顺内力方向）			$8d_0$ 或 $12t$	3d_0
	中间排	垂直内力方向		$16d_0$ 或 $24t$	
		顺内力方向	构件受压力	$12d_0$ 或 $18t$	
			构件受拉力	$16d_0$ 或 $24t$	
	沿对角线方向			—	
中心至构件边缘距离	顺内力方向			4d_0 或 8t	$2d_0$
	垂直内力方向	剪切边或手工切割边			$1.5d_0$
		轧制边、自动气割或锯割边	高强度螺栓		
			其他螺栓或铆钉		$1.2d_0$

注：d_0 为螺栓孔径；t 为板件厚度。

（2）为了使连接可靠，每一杆件在节点上及拼接接头的一端，永久螺栓的数量不少于两个。对直接承受动力荷载的普通螺栓连接，应采用双螺帽或其他防止螺帽松动的措施。

（3）为了便于施工，螺栓间应保持足够距离，以便于转动扳手，拧紧螺帽。

6.6.3.2 高强螺栓连接

1. 高强螺栓的连接形式

高强螺栓是 20 世纪 60 年代在普通螺栓基础上发展起来的一种新连接方式。它在完成对连接构件接触面的特殊处理后，通过螺杆内很大的拧紧预拉力将相连构件紧密结合在一起，使其板层间产生强大的摩擦力来传递荷载。这种连接方式不仅保留了普通螺栓连接施工简便等优点，而且受力性能更好，因而得到了广泛应用。

高强螺栓的连接方式按传力形式的不同可分为摩擦型和承压型两种。摩擦型是指板件连接只靠连接板件间的强大摩擦力来传递剪力，并以摩擦力刚被克服且板件间有相对滑动趋势时为连接的承载力极限状态。承压型是指板件连接靠连接板件间的强大摩擦力和螺栓杆受剪来共同传递剪力，以螺栓杆被剪断或栓孔被压坏为连接的承载力极限状态。

在构件连接中，高强度螺栓的预拉力是通过拧紧螺帽实现的。紧固方法有两种，一种是扭矩法，另一种是转角法。扭矩法通过控制终拧扭矩值来实现预拉力的控制。终拧扭矩值可根据由试验预先测定的扭矩和预拉力之间的关系来确定。施拧时偏差不得大于 ±10%。在安装大六角头高强螺栓时，先用普通扳手初拧，使板叠靠拢，基本消除板件之间的间隙，然后用终拧扭矩值进行终拧。扭矩法的优点是操作简单、易实施、费用少，但此法往往由于螺纹条件、螺帽下的表面情况及润滑情况等因素的变化，使扭矩和拉力间的关系变化幅度较大且分散。一般采用可直接显示扭矩的指针式扭力（测力）扳手或预值式扭力（定力）扳手，但目前多采用电动扭矩扳手。转角法是先用普通扳手进行初拧，使被连接件相互紧密贴合后，以初拧位置为起点，画出标记线，用长扳手或风动扳手旋转螺帽，拧至终拧角度时，螺栓的拉力即达到施工控制的预拉力。

扭剪型高强螺栓与大六角头高强螺栓不同，螺纹端部有一个承受拧紧反力矩的十二角体和一个能在规定力矩下剪断的断颈槽（称之为梅花卡头）。在施工时以拧掉螺栓尾部的梅花卡头来控制预拉力的数值，它具有强度高、安装简便和质量易于保证、可以单面施拧等优点，对操作人员没有特殊要求。

2. 高强螺栓连接要求

（1）高强螺栓的等级要求

由于高强螺栓在工作时内部有很大的拉力，所以高强螺栓是采用高强度钢材经热处理后制成的。目前，我国使用的高强螺栓的性能等级为 8.8 级和 10.9 级。8.8 级的高强螺栓杆和螺母及垫圈均是由优质碳素结构钢制成的，10.9 级的高强螺栓杆和螺母是由合金钢制成的，垫圈由优质碳素结构钢制成。摩擦型连接高强螺栓的孔径一般比螺栓公称直径大 1.5 ~ 2mm，承压型连接高强螺栓的孔径一般比螺栓公称直径大 1 ~ 1.5mm。因此，在选用高强螺栓时应满足设计强度的等级要求。

（2）构造要求

在使用高强螺栓连接构件时，为保证构件接触面之间在螺栓的预拉力作用下产生强大的摩擦力，一般需对接触面做特殊处理，并使其表面清洁、粗糙以提高抗滑移系数。常用的方法有喷砂、喷砂后涂漆或表面刻痕。螺栓连接在构件中的标注方法见表 6-6。

表 6-6　螺栓连接在构件中的标注方法

名称	永久螺栓	高强度螺栓	安装螺栓	圆形螺栓孔	长圆形螺栓孔
图例	◇	◆	◈	●φ	▬ φ b

6.6.4　混合连接

钢构件在结构连接中一般以一种连接方法为主，即用焊接、螺栓连接或者用铆钉连接。有时也把两种连接方法混合使用，如高强度螺栓和焊缝混合连接，或者高强度螺栓和铆钉混合连接。这种混合连接有如下两种形式：

第一种形式是不同连接方法分别用于同一节点的两个不同受力面，图 6-35（a）所示为高层钢结构中梁与柱的连接，其中梁的上、下翼缘分别采用焊缝连接，而腹板则采用高强螺栓连接。这种构造方式受力合理，施工方便。腹板上的螺栓孔在安装时可以设置为临时性的定位螺栓（采用普通螺栓），以便于梁在焊前进行就位和调整，待梁翼缘焊接完成后，将腹板上的临时螺栓换成高强螺栓，形成永久螺栓。这种混合连接形式，焊缝和高强螺栓各自的传力路线明确，可按各自的计算方法分别进行计算，不必考虑相互协调传力问题。

第二种形式是将不同的连接方法用于同一受力面上。图 6-35（b）所示为高强螺栓和角焊缝的混合连接，在同一受剪面上螺栓和焊缝共同受力。使用这种混合连接或是对已有结构进行加固，在已有连接强度不足的情况下再加一种连接进行补强，或者在新设计的连接中同时使用两种方法以减小连接的几何尺寸，两种连接方式共同传力，必须考虑能够协同工作。

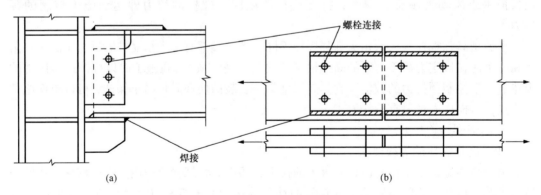

(a)　　　　　　　　　　　　　(b)

图 6-35　混合连接
（a）用于不同受力面；（b）用于同一受力面

1. 栓焊混合连接

栓焊混合连接是指摩擦型连接高强螺栓与侧面角焊缝或对接焊缝的混合连接。由于普通螺栓抗滑移能力极低，不能提高连接的承载力，故不宜采用。高强螺栓只有在栓杆和栓孔之间配合十分紧密时，栓杆才能在加载之初就与孔壁直接接触而与焊缝共同传力。但这种接头的制作费用高，施工极为不便，故实际工程中一般不用。

采用这种连接方法时，栓焊能否协同工作及协同工作能够达到什么程度，是混合连接能否应用的关键，需要从它们的荷载变形关系来考察。

一般来讲，焊缝和高强螺栓在承受静力荷载时能够较好地协同工作，但在承受产生疲劳作用的重复荷载时存在很多问题。试验表明：栓焊混合连接在焊缝端部的焊趾处常会出现疲劳裂纹，并向内逐渐发展，所以在直接承受动力荷载作用的构件中不宜采用。

2. 栓铆混合连接

高强螺栓和铆钉并用一般出现在用高强螺栓替换一部分铆钉的工程中，比较多的情况是厂房中吊车梁和制动梁连接中，铆钉有一部分因疲劳而断裂，以及桥梁中某一节点有部分铆钉断裂。在加固工程中，实践证明，只要用与铆钉直径相同的高强螺栓代替铆钉，完全有相同的承载力。在动力荷载下，其疲劳强度也有所提高。由于高强螺栓的夹紧力高于铆钉，且摩擦型高强螺栓的疲劳强度高于铆钉，若在受力较大的接头端部用高强螺栓代替铆钉，则可提高连接的疲劳强度。

6.7 钢 桁 架

钢桁架是钢结构中最常用的一种构件，如平面钢桁架的屋架、托架和吊车梁，空间结构的塔架和网架等。当桁架整体受弯时，上、下弦杆及腹杆只受轴心压力或拉力作用，这使钢材的性能得以充分发挥。同时，钢桁架可以根据不同使用要求制成所需的外形，且钢材用量较少而刚度却较大。其缺点是杆件和节点较多，空间钢桁架的构造较复杂，制作较为费工。如果节点处理不好，会产生附加应力。

钢桁架按杆件截面形式和节点构造特点可分为普通、轻型和重型三种。普通钢桁架构造简单，应用最广，其杆件一般采用双角钢组成的 T 形、十字形截面或轧制 T 形钢截面，每个节点用一块节点板相连。轻型桁架是指用冷弯薄壁型钢或小角钢及圆钢做成的桁架，节点处可用节点板相连，也可将杆件直接连接，主要用于跨度小、屋面轻的屋架和檩条等。重型桁架的杆件通常采用轧制 H 型钢或钢板焊接成的 I 形截面，甚至采用四板焊接的箱形截面或双槽钢、双工字钢组成的格构式截面，每个节点处用两块平行的节点板连接。此类构件具有承载力大、强度高、稳定性要求高等特点，在重型或大跨度的空间结构中得到广泛应用。

6.7.1 钢屋架

钢屋架是由各种直杆相互连接组成的一种平面桁架。在横向节点荷载作用下，各杆件产生轴心压力或轴心拉力，因而杆件截面应力分布均匀，材料利用充分，具有用钢量小、自重轻、刚度大、便于加工成型等特点，因而成为钢桁架中的主要应用形式之一。

钢屋架的外形主要有三角形、梯形、矩形、人字形等。其中，三角形屋架多用于屋面坡度较大的有檩体系[图6-36(a)]，屋架高跨比一般为1/6～1/4。由于三角形屋架弦杆受力很不均匀，支座处内力最大，而跨中内力最小，所以用料不经济，而且此类屋架与柱只能铰接，只适用于中小型跨度的结构。梯形屋架多用于屋面坡度较缓的无檩体系，屋架高跨比一般为1/15～1/10[图6-36(b)]。与三角形屋架相比，梯形屋架的各弦杆受力较均匀，用料经济，屋架与柱可以铰接也可以刚接，跨度可达到36m，是目前应用较多的屋架形式之一。此外，还有平行弦屋架，这种屋架的上下弦杆件平行，同类杆件长度一致，节点类型少，符合工业化制造要求[图6-36(c)]。

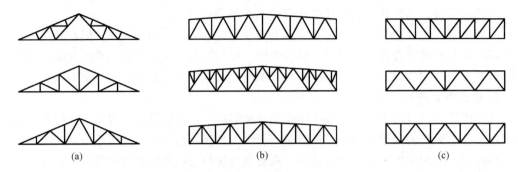

图 6-36 钢屋架的外形

（a）三角形屋架；（b）梯形屋架；（c）平行弦屋架

屋架的跨度一般根据生产工艺和建筑使用要求确定，同时考虑结构布置的经济合理性。一般以 3m 为模数，常用跨度有 18m、21m、24m、27m、36m、45m 等形式。

1. 钢屋架的组成

屋架主要由上弦、下弦和腹杆组成，其中，上弦杆多采用等肢角钢短边相并的 T 形截面，宽大的翼缘宜于安放檩条或屋面板，而另一方向较大的侧向刚度也有利于满足运输和吊装的稳定性要求。

下弦杆与上弦杆一样，多采用双等肢角钢或两不等肢角钢短边相并的 T 形截面，以提高侧向刚度，满足运输和吊装的刚度要求，且便于与支撑侧面连接。下弦杆截面一般主要由强度条件决定，并应满足长细比要求。

腹杆一般可采用两不等肢角钢长边相并的 T 形截面。当杆件较短或内力较小时可采用双等肢角钢 T 形截面。选择的各杆宜使两主轴方向具有等稳定性。截面杆件应采用肢宽壁薄的形式，即有较大的回转半径。

2. 钢屋架的内力计算

钢屋架是由各杆系组成的平面结构，此类结构一般都将荷载设置在各杆系的交点处，这样按照平面力系的交会原理，各杆系只受拉力或压力作用。同时，为了确保在结构设计中内力计算结果的有效性，屋架杆件内力计算采用下列假定：

（1）各杆件的轴线均居于同一平面内且相交于节点中心。

（2）各节点均视为铰接，忽略实际节点产生的次应力。

（3）荷载均作用于桁架平面内的节点上，因此，各杆只受轴向力作用。对作用于节间处的荷载需按比重分配到相近的左、右节点上，但计算上弦杆时应考虑局部弯曲影响。

在此假设条件下，节点荷载作用下的铰接桁架杆件内力计算即可采用图解法或数解法、有限元位移计算法等方法来确定，所有杆件结构只受轴心力作用。当有集中荷载、均布荷载作用于上弦节间时，将使上弦杆节点和跨中节点产生局部弯矩。但由于上弦节点板对杆件具有约束作用，可减少节间弯矩，因此，屋架上弦杆应视为弹性支座上的连续梁。在此情况下，为简化计算，对无天窗架的屋架，端节间的跨中正弯矩和节点负弯矩均取相应节间的简支梁最大弯矩值乘以 0.8，其他节间正弯矩和节点负弯矩均取相应节间的简支梁最大弯矩值乘以 0.6。对有天窗架的屋架，所有节间的节点和节间弯矩均取相应节间的简支梁最大弯矩值乘以 0.8。

在计算其他各杆内力时，应将节间荷载简化为集中荷载并作用于两相邻节点上，按简支梁支座反力分配或按节点所属荷载范围划分的方法取值后，按铰接桁架计算各杆轴力。在此基础上，即可在确定杆件的计算长度和初步尺寸后，按轴心受力构件或拉弯压弯杆件进行截面选定。杆件的计算长度可参照表6-7确定。

表 6-7　杆件的计算长度

序号	弯曲方向	弦杆	腹杆		
			支座斜杆和竖杆	其他腹杆	
				有节点板	无节点板
1	在桁架平面内	l	l	0.8	l
2	在桁架平面外	l_1	l	l	l
3	在斜平面内	—	l	$0.9l$	l

注：l 为杆件长度；l_1 为桁架弦杆侧向支承点间距。

在选取杆件截面时，轴心受拉杆件一般应按强度条件计算杆件需要的净截面面积。轴心受压杆件除应按强度条件计算杆件需要的净截面面积外，还应按整体稳定性条件计算杆件需要的毛截面面积。当存在节间荷载而产生局部弯矩作用时，应按压弯或拉弯构件计算。通常采用试算法初估截面，然后验算其强度和刚度，对压弯构件尚应验算弯矩作用于平面内外的稳定性。内力很小的杆件则可按容许长细比选择构件的截面。

截面选择时应优先选用肢宽壁薄的角钢，角钢规格不宜小于 45mm×4mm 或 56mm×36mm×4mm。有螺栓孔的角钢尚应满足角钢上的螺栓最小容许线距要求。同一屋架的角钢规格应尽量统一，不宜超过 9 种，边宽相同的角钢厚度相差至少 2mm 以上，以便识别。

3. 钢屋架的构造要求

普通钢屋架是用一般型号的型钢和钢板组成的屋架，杆件截面主要采用热轧角钢组成 T 形或十字形截面，在杆件的交会处用直角焊缝与节点板连接，构造简单，制作安装方便，与屋盖支撑形成空间几何不变体系。但屋架除了要满足承载要求外，还需满足必要的构造要求。

（1）杆件的截面形式及其要求

普通钢屋架杆件一般采用两个角钢组成的 T 形或十字形截面。每一杆件截面组合形式在尽可能满足两个方向的稳定要求外，还必须保证构造简单，制作、安装和维护方便等要求。钢屋架杆件常见截面形式见表6-8。

表 6-8　钢屋架杆件常见截面形式

项次	杆件截面组合形式	截面形式	回转半径的比值	用途
1	两个不等边角钢短肢相并		为 2.6～2.9	计算长度 l_y 较大的上、下弦杆
2	两个不等边角钢长肢相并		为 0.75～1.0	端斜杆、端竖杆、受较大弯矩作用的弦杆

项次	杆件截面组合形式	截面形式	回转半径的比值	用途
3	两个等边角钢相并		为 1.3 ~ 1.5	其余腹杆、下弦杆
4	两个等边角钢组成十字形截面		约为 1.0	与竖向支撑相连的屋架竖杆

（2）上弦杆要求

支承大型屋面板的上弦杆，当屋面节点荷载较大而角钢肢厚较薄，应对角钢的水平肢予以加强，加强的方法如图 6-37 所示。

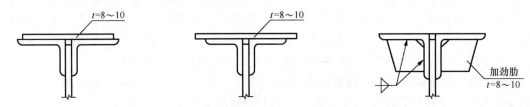

图 6-37　屋架上弦杆加强的方法

（3）上弦中间节点

对支承大型屋面板或檩条的屋架上弦中间节点，为放置集中荷载下的水平板或檩条，可采用节点板不向上伸出的做法。此时节点板缩进上弦角钢肢背，采用横焊缝焊接，节点板与上弦之间依靠内槽焊缝和角焊缝传力，但节点板的缩进深度不宜大于节点板的厚度。

（4）杆间距要求

在焊接屋架节点处，腹杆与弦杆、腹杆与腹杆边缘之间的间隙不小于 20mm ［图 6-38（a）］，相邻角焊缝焊趾间距应不小于 5mm；屋架弦杆节点板一般伸出弦杆 10 ~ 15mm ［图 6-38（b）］。

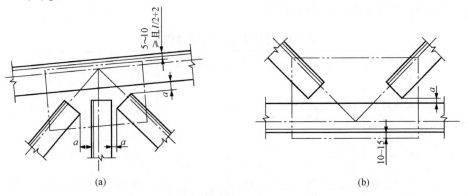

图 6-38　杆间距构造要求

（a）腹杆与弦杆、腹杆与腹杆边缘；（b）屋架弦杆节点板

（5）弦杆连接要求

单斜杆与弦杆的连接应使之不出现连接的偏心弯矩（图6-39）。节点板边缘与杆件轴线的夹角不应小于15°。在单腹杆的连接处，应计算腹杆与弦杆之间节点板的强度。

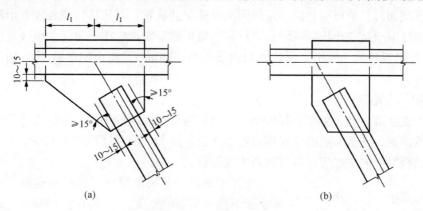

图6-39　弦杆的连接要求

（a）双角钢连接；（b）单角钢拼接

（6）弦杆拼接要求

当角钢长度不够、弦杆截面有改变或屋架分单元运输时，弦杆常需要拼接。当拼接双角钢杆件时，拼接角钢宜采用与弦杆相同规格的角钢并切去竖肢及角钢背直角边棱，以便使之与弦杆密贴。单角钢杆件宜采用拼接钢板拼接，拼接钢板的截面面积不得小于角钢的截面面积，如图6-40所示。

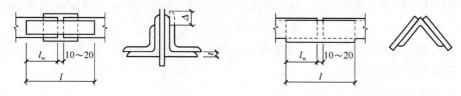

图6-40　弦杆拼接要求

（7）节点板要求

节点板的形状应简单，以便制作和充分利用材料。节点板的平面尺寸宜为5的倍数。具体尺寸可根据杆件截面尺寸和腹杆端部焊缝长度画出大样图来确定，在满足焊缝传力要求的前提下，节点板尺寸应尽量减小。

除支座节点外，屋架其余节点宜采用相同厚度的节点板，但支座节点板宜比其他节点板厚2mm。根据工程实践经验，一般的节点板厚度可根据屋架上弦杆端节间的最大内力或梯形屋架支座斜腹杆的最大内力按表6-9选用。

表6-9　节点板的选用

端斜杆最大内力（kN）	节点板钢号 Q235	≤160	161～300	301～500	501～700	701～950	951～1200	1201～1550	1551～2000
	Q345	≤240	241～360	351～570	571～780	781～1050	1051～1300	1301～1650	1651～2100
中间节点板厚度（mm）		6	8	10	12	14	16	18	20
支座节点板厚度（mm）		8	10	12	14	16	18	20	22

（8）填板

当上下弦杆和腹杆采用双肢角钢组合截面时，为保证两个角钢整体受力，一般都会沿杆长方向每隔一定距离放置一块连接钢板以增加刚度，这类钢板称为填板。当杆件连接形式为十字形截面时，填板应每隔一定的距离纵横交替放置。对压杆，填板放置距离应小于 $40i$（i 为角钢自身形心轴回转半径）；对拉杆，填板放置距离应小于 $80i$。填板宽度一般取 $50 \sim 80\,\text{mm}$，填板长度一般比 T 形截面角钢肢大 $20 \sim 30\,\text{mm}$，比十字形截面小 $10 \sim 15\,\text{mm}$，以便于施焊。

（9）屋架支座节点

在屋架支座节点处，屋架各杆件交于一点。为保证底板的刚度、力的传递及节点板平面外刚度的需要，支座节点处应对称放置加劲板。加劲板的厚度取等于或略小于节点板的厚度，加劲板厚度的中线应与各杆件合力线重合。

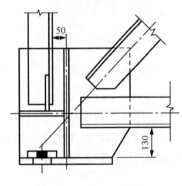

图 6-41　屋架支座节点

为便于施焊，下弦角钢背与底板间的距离 e 一般应不小于下弦伸出肢的宽度，且不小于 $130\,\text{mm}$，梯形屋架端竖杆角钢肢朝外时，角钢边缘与加劲板中线距离不宜小于 $50\,\text{mm}$，如图 6-41 所示。

4. 钢屋架支撑

钢屋架是一个平面结构，在荷载作用下，纵向刚度较差，因此，在屋架组成的屋面结构体系中，为了确保屋架的稳定性，常在屋架两端或中部适当位置设置一定数量的支撑或沿屋架纵向全长设置一定数量的纵向系杆，将屋架连成一空间结构体系，保证整个屋盖的空间几何不变性和稳定性。

一般来讲，钢屋架支撑主要由上弦横向水平支撑、下弦横向水平支撑、下弦纵向水平支撑、垂直支撑及系杆组成。

（1）屋架上弦横向水平支撑

屋架上弦横向水平支撑的作用是保证屋架上弦的侧向稳定，增强屋盖刚度，同时将结构传来的纵向水平力传给纵向结构承载体系。

上弦横向水平支撑一般布置在屋盖两端或每个温度区段两端的两个相邻屋架的上弦杆之间，位于屋架上弦平面沿屋架全跨布置，形成一平行弦桁架。它的弦杆即屋架的上弦杆，腹杆由交叉的斜杆及竖杆组成。交叉的斜杆一般用角钢或圆钢制成，竖杆常用双角钢的 T 形截面。当采用大型屋面板无檩体系屋面时，若其构造具有足够的刚度（屋面板与屋架或屋面梁之间至少保证三个角点焊，板肋之间的拼缝用 C15 ~ C20 的细石混凝土灌实），且无天窗，则可认为屋面板能起上弦横向水平支撑的作用而不需另行设置。当为有檩体系屋面或为大型屋面板而不能满足上述刚性构造要求时，均应在结构伸缩缝区段两端的第一或第二柱间设置上弦横向水平支撑，如图 6-42 所示。

（2）屋架下弦横向水平支撑

屋架下弦横向水平支撑的作用是将作用在屋架下弦的纵向水平力传递给纵向结构承载体系，保证屋架下弦的侧向稳定。

下弦横向水平支撑通常布置在与上弦横向水平支撑同一开间，也形成一个平行弦桁

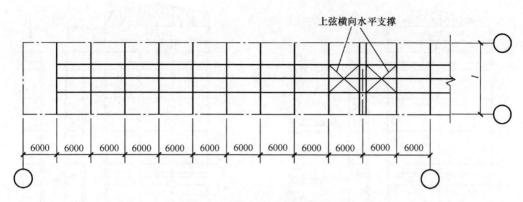

图 6-42 屋架上弦横向水平支撑

架，位于屋架下弦平面。其弦杆即屋架的下弦，腹杆也由交叉的斜杆及竖杆组成，其形式和构造同上弦横向水平支撑。当屋架下弦设有悬挂吊车或山墙抗风柱与屋架下弦连接，或吊车吨位大、振动荷载大时，均应设置屋架下弦横向水平支撑，如图 6-43 所示。

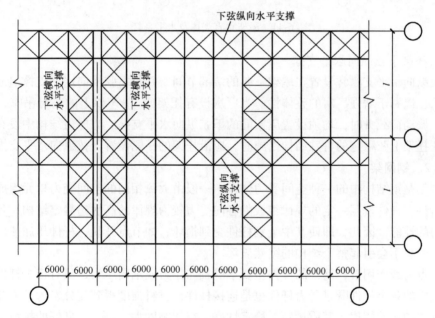

图 6-43 屋架下弦横向水平支撑

（3）屋架垂直支撑及水平系杆

屋架垂直支撑是指两个屋架之间沿纵向设置的在竖向平面内的支撑，水平系杆是指两个屋架之间沿纵向设置的水平杆，如图 6-44 所示。屋架垂直支撑和水平系杆的作用是保证屋架在安装和使用阶段的侧向稳定，增加厂房的整体刚度。垂直支撑一般采用 W 形或双节间交叉斜杆等形式。腹杆截面可采用单角钢或双角钢 T 形截面。

系杆应通长设置。只能承受拉力的系杆称为柔性系杆，常采用单角钢或圆钢截面；能承受压力的系杆称为刚性系杆，常采用双角钢 T 形或十字形截面。一般在屋架下弦端部及上弦屋脊处需设置刚性系杆，其他处可设置柔性系杆。

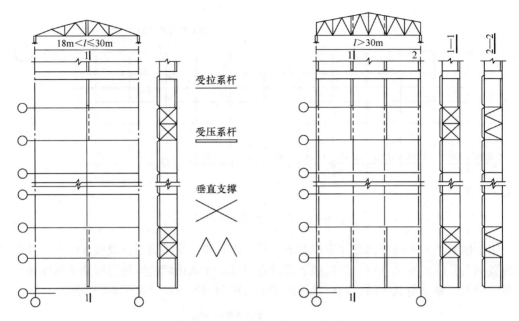

图 6-44 屋架垂直支撑及水平系杆

（4）屋架下弦纵向水平支撑

屋架纵向水平支撑常设置在屋架下弦的端部节间，并与下弦横向水平支撑组成封闭的支撑体系，以利于增强厂房的整体性。当厂房设有托架或 50kN 以上的壁行吊车，或吊车吨位大、振动荷载大时，均须设置屋架间的下弦纵向水平支撑。当屋盖结构中设有托架且没有保证托架上弦稳定的特殊结构措施时，应沿托架的一侧设置下弦纵向水平支撑。

6.7.2 钢网架

钢网架是钢结构中的一种空间受力体系，一般由大致相同的空间受力单元组成。每个单元是由许多杆件按照一定的规律组成的各向受力较为规律的高次超静定结构，具有各向同性受力的性能，因此，即使其中个别杆件受到损坏，如节点开裂、杆件压屈或出现塑性铰等，一般也不会引起整个结构的突然破坏。

在节点荷载作用下，网架的杆件主要承受轴向拉力或轴向压力，只有极少杆件承受弯矩。结构中的各个杆件既是受力杆件也是连接杆件，材料强度得到充分发挥，因此，与其他结构形式的构件相比，其质量轻、稳定性好、空间刚度大，是一种良好的抗震结构。同时，各杆件相互支撑，杆件形式单一，结构具有很好的空间刚度和整体稳定性。由于网架是由大量杆系有规律地纵横交集组成的，因此，相互间的组合精度要求较高，拼装要求严格，在设计中不仅要考虑整个网架的弯曲变形，而且要考虑其温度变形，以及部分变化引起的次应力等，因此，内力计算也相对复杂。

同时，由于网架结构能够利用较小规格的杆件建造成大跨度的结构构件，因此适于工厂化生产、地面拼装和整体安装，适于构成多种形状，因而近年来发展很快，在许多大型特大型的结构中被广泛使用。

1. 网架结构受力特点

网架结构是由许多杆件组成的网状结构，一般简支在支座上，边缘构造比较简单。当网架的节点受到外力时，其双向正交格架体系可以将其空间网架简化为相应的交叉梁系，节点荷载将由两个方向的桁架共同承担，每个桁架分担一半荷载。这样，便将空间工作的网架简化为静定的平面格架，并可按平面桁架计算荷载产生的弯矩和剪力，进而求得桁架各个杆件的轴向拉力或压力。一般情况下，上弦杆受压，下弦杆受拉，长斜腹杆常设计成拉杆，竖腹杆和短斜腹杆常设计成压杆。其节点构造与平面桁架类似。

2. 网架的内力计算

（1）网架尺寸的选择

选择网架时，一般主要依据建筑物的平面形状和尺寸以及网架的支承情况、荷载等因素来综合决定。对此，《空间网格结构技术规程》（JGJ 7—2010）规定，当平面形状为矩形的网架长边与短边之比小于或等于 1.5 时，宜选用正放四角锥网架、两向正交斜放网架和两向正交正放网架。当跨度较小时，可选用三角锥网架。当长宽两个方向支承距离不等时，也可选用两向斜交斜放网架。同时，因上弦与下弦之间必须保持一定的高度以抵抗荷载产生的弯矩，而荷载产生的弯矩与网架的跨度有关，因此，网架的高度需满足一定的高跨比。一般来说，当网架的短向跨度小于 30m 时，网架高度为跨度的 1/14 ~ 1/10；当网架的短向跨度大于 60m 时，网架高度为跨度的 1/20 ~ 1/14；当网架的短向跨度位于 30 ~ 60m 之间时，网架高度为跨度的 1/16 ~ 1/12。当壳形网架为筒网壳时，其矢高一般取横向跨度的 1/8 ~ 1/4。当壳形网架为球网壳时，其矢高一般取球网壳外径的 1/7 ~ 1/2。

网架的网格尺寸主要取决于柱网尺寸，同时应与所采用的屋面材料相适应。网格一般不宜超过 3m × 3m。

（2）网架的内力确定

网架是由很多杆件按一定规律组成的空间超静定结构，要精确地分析它的内力和变形较为复杂，工作量也很大，为此，在计算前一般都进行若干假设和简化。这些假设主要包括三点：一是假设网架结构的节点为铰接，杆件可以绕通过铰中心的任意轴进行转动。二是假定网架结构上作用的荷载可按静力等效原则将节点所辖区域内的荷载汇集到该节点上并成为节点荷载，在此条件下，杆件只有轴向力。但当杆件上作用有局部荷载时，应另外考虑局部弯矩的影响，此时杆件为拉弯或压弯构件。三是网架结构的内力和位移计算可按弹性阶段考虑。在此假设条件下，网架的内力按计算结果的精确程度可分为精确计算法和近似计算法。常用的精确计算方法有空间桁架位移法，常用的近似计算方法有交叉梁系分析法、拟板法和假想弯矩法等。

空间桁架位移法也称矩阵位移法，该方法假定网架节点皆为理想铰点，结构材料始终处于弹性工作阶段。在此条件下，当计算构件内力时，常先取网架结构的各杆件作为基本单元，以节点三个线位移作为基本未知量，然后根据胡克定律建立单元杆件的内力和位移间的关系，形成单元刚度矩阵，列出网架中每一杆件的单元刚度矩阵。在此基础上，根据各节点的变形协调条件和静力平衡条件，建立结构各节点荷载和节点位移间的关系，形成结构的总刚度矩阵和总刚度方程。其中，结构总刚度方程组是一组以节点位移为未知量的线性代数方程组，在引入给定的边界条件后，即可利用计算机求得各节点的位移值。由单元杆件的内力和位移间的关系再求出杆件内力值。求得内力值后，即可按轴心受力构件进行强度、刚度和稳定性验算。

交叉梁系分析法的基本思路是把空间桁架简化为交叉梁系，并在节点处分成若干个离散的单元梁，以节点位移为未知数，用矩阵位移法求解，从而得到杆件内力。在建立单元梁的刚度矩阵时，忽略变形的影响，只考虑位移和转角。工程实际中，常用差分法进行计算。该法与精确法相比，计算误差为 10%～20%，目前，对跨度不大于 40m、网格数不多的交叉梁系，可采用此法计算。

拟板法是把网架简化为各向同性或各向异性的平板，然后按弹性平板弯曲理论建立偏微分方程，用差分法或级数法解出挠度、弯矩和剪力，然后求出杆件内力。该法适用于跨度小于 40m 的平面桁架，其计算误差小于 10%。

假想弯矩法是假设网架节点皆为铰接，并在网架的下弦节点加一个假想弯矩，即未知弯矩，使之能满足平衡要求。然后根据静力平衡条件导出弯矩方程。在此基础上，写出逐个节点以假想弯矩为未知数的多元一次联立方程。解出假想弯矩后，就可以求得网架的杆件内力。该法未知量数目较少，且有图表可直接查用，便于计算，但计算误差较大，目前已很少采用。

3. 网架的杆件与节点

（1）杆件

网架杆件常用钢管和角钢两种。为了做到节省材料、减轻自重，又使构造简单且施工方便，杆件宜优先选用圆钢管，最好采用薄壁钢管。钢管做的网架要比用角钢做的网架受力性能好，承载力高，刚度大，并且抗弯抗扭和抗震性能好，省材料，自重轻，节点容易焊接，次应力小。在网架形式比较简单、平面尺寸又比较小的情况下，可采用角钢。

钢材一般采用 Q345 号钢，杆件为钢管时，最小截面规格为 48mm×2mm；杆件为角钢时，最小截面规格为 50mm×3mm。受压杆件长细比限值取 180，支座附近处受拉杆件长细比限值取 300。

（2）节点

网架节点汇集的杆件较多，一般有 10 根左右，而且呈立体几何关系，因此，节点构造应力求受力合理，构造简单，施工方便。常用的节点形式有节点板焊接、螺栓连接或球节点等几种。

当为节点板焊接或螺栓连接时，这种节点刚度大，整体性好，制造加工简单，但耗钢量较大，适用于两向正交网架，在高空安装时，适用于螺栓连接，连接质量容易保证。

当杆件采用钢管时，宜采用球节点。它的特点是各杆件轴线容易交会于球心，次应力小，而且构造简单，用钢量少，节点体型小，形式轻巧美观。普通球节点是用两块钢板模压成半球，然后焊接成整体。为加强球的刚度，球内可焊上一个加劲环，如图 6-45 所示。

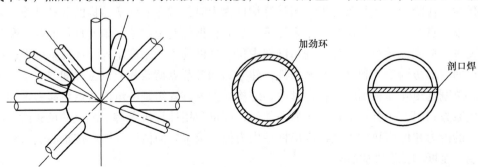

图 6-45　焊接球节点

当为螺栓球节点（图6-46）时，这种节点是在实心钢球上钻出螺栓孔，再用螺栓孔去连接杆件。杆件两端的高强螺栓不仅能紧固杆件，而且可以调节杆件。在安装中，它不用焊接，避免了焊接变形，同时加快了安装速度，也有利于杆件的标准化，适用于工业化生产，但构造复杂，机械加工量大。

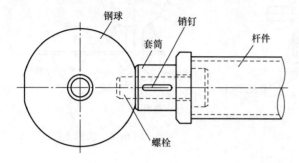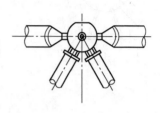

图6-46　螺栓球节点

4. 网架的支承方式与支座节点

（1）网架的支承方式

网架的支承方式与结构的功能和形式有密切关系，目前，常用的支承方式有周边支承和四点支承两类。

周边支承是指网架支承在一系列边柱上或边梁上的一种状况。当支承在柱顶上时，传力直接，受力均匀，适用于大跨度及中等跨度的网架。当网架支承在边梁上时，柱子间距布置比较灵活，网架网格的分割也不受柱距的限制，网架受力也较均匀，适用于中小跨度的网架结构。

四点支承是将整个网架支承在四个支点或更多的支点上。采用四点支承时，柱子数量少、刚度大，可以利用柱子采用顶升法安装网架，但为了减小网架中部的内力和挠度，获得较好的经济效果，网架的周边通常带有悬挑部分，其挑出长度以1/4的柱距为宜。有时，由于使用要求，还可采用三边支承和一边自由的支承方式。这时网架的自由边必须设置边梁或边桁架，以满足结构内力需求。

（2）支座节点

网架的支座节点一般采用铰支座，铰支座的构造应符合其力学假定，即允许转动；否则网架的实际内力和变形就可能与计算值出入较大，容易造成事故。

根据网架跨度的大小、支座受力特点及温度应力等因素的不同，网架的支座节点可做成不动铰支座或半滑动铰支座。有的网架支座还需承受拉力，此时，支座还应设计成能够抵抗拉力的铰支座。

对跨度较小的网架也采用平板支座，如图6-47（a）所示。对跨度较大的网架，由于挠度较大和温度应力的影响，则宜采用可转动的弧形支座，即在支座板与柱顶板之间加一弧形钢板，使支座可以发生局部转动，如图6-47（b）所示。当网架跨度大或网架处于温差较大的地区，其支座的转动和侧移都不能忽略时，支座可以做成半滑动支座，即在支座的上下托座之间装一块两面为弧形的铸钢块，如图6-48所示。这种支座的缺点是只能在一个方向转动且对抗震不利，球形铰支座既可以满足两个方向的转动又有利于抗震，如图6-49所示。

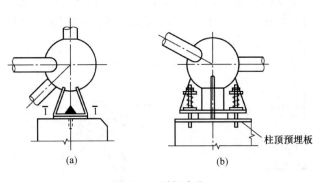

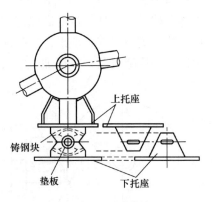

图 6-47　平板支座
（a）钢板；（b）弧形

图 6-48　弧形支座

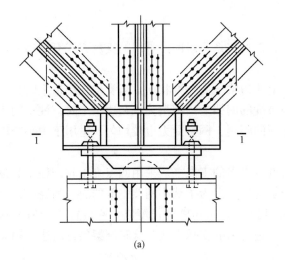

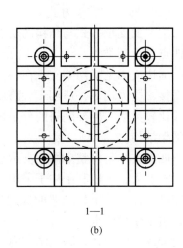

图 6-49　球形铰支座
（a）剖面图；（b）平面图

本章应掌握的主要知识

1. 工程结构用钢的主要类型。
2. 不同受力状态下的钢结构基本构件。
3. 轴心拉压构件的设计。
4. 工字钢梁的设计。
5. 焊接连接方法及其相关要求。
6. 普通螺栓连接方法及其相关要求。

本章习题

1. 参阅土木工程专业的钢结构书籍，进一步扩展钢结构知识的深度。

2. 参观钢结构建筑物或构筑物，了解和掌握钢结构的结构组成方式。

3. 结合实例，仔细观看钢结构构件相互之间的连接方式。

4. 阅读钢结构设计规范和施工规范。

5. 结合工程实际，阅读钢结构施工图。

6. 参观钢结构焊接连接和螺栓连接的作业过程。

7. 结合第二章结构荷载的确定方法，设计一榀跨度为 12m 的自行车车棚三角形钢屋架。

7 基础结构

基础是工程结构中重要的组成部分之一，其作用是承担基础以上的全部荷载并将之传递给地基，因此，基础也需要考虑强度、刚度、稳定性和耐久性等问题，由于基础一旦发生这些问题，常常会给建筑物或构筑物带来明显的不利影响，严重时可能致使整个结构物破坏，因此，为了减少外部环境对基础的影响及满足基础的承载要求，基础就常被置于地面以下一定的深度，并通过设计与所在环境的地基有效地结合在一起，确保基础长期正常工作。

7.1 地　　基

在工程结构中，常把承受建筑物或构筑物荷载那部分的地层称为地基，地基中直接与基础接触的土层称为持力层，持力层下受建筑物荷载影响范围内的土层称为下卧层。因此，地基就是支承基础和上部结构荷载的土体或岩体。

地基可以分为天然地基和人工地基两大类。不需特殊处理就可以满足要求的结构承载力的地基称为天然地基，需要通过换土注浆、机械夯实、打桩挤密等方法来提高地基土承载力的地基称为人工地基。研究地基特性及地基在各种荷载作用下受力状况的学科称为土力学。

地基最为主要的特征就是多样性，它会随着不同环境的改变而变化。即使在同一地区、同一环境，也可能出现不同的地质条件，因此，在地基基础的设计中，必须坚持因地制宜的原则。

地基还具有可变性，既可膨胀也可压缩，这是地基的又一重要特征。地基的变形一旦超过结构所允许的范围，就会引起上部结构发生变化，因此，《建筑地基基础设计规范》（GB 50007—2011）对地基的变形做出了明确的规定。据此，承担结构荷载的地基应满足两个基本要求：一是在长期荷载作用下，地基的变形不会造成承重结构的损坏；二是在最不利荷载作用下，地基不会出现失稳现象。

7.2 基　　础

要使建筑物或构筑物能够安全、良好地使用，除了对地基有一定的要求外，更重要的就是要有一个能够满足建筑物或构筑物上部结构承载力和稳定性要求的基础。基础位于地面以下，属于工程中的隐蔽结构，一旦发生问题，不便维修维护和处理。同时，基础在工程费用方面也占有很大的比重，因此，不论从结构的安全性角度考虑还是从建筑物的经济性方面考虑，基础在工程结构中都占有十分重要的地位。正因如此，《建筑地基基础设计规范》（GB 50007—2011）对地基和基础设计制定了若干具体规定，以确保基础的经济性、安全性和可靠性。

一般来讲，作为建筑物或构筑物的最重要组成部分，基础必须满足强度、刚度和稳定性三个方面的要求。

1. 强度要求

由于基础要承受建筑物或构筑物的全部荷载，因此，基础本身必须具有一定的强度，要能够满足上部荷载所需的抗弯、抗压、抗剪、抗扭等方面的要求。同时，通过基础传递到地基上的荷载不能超过地基的允许承载能力，并且基础自身应有足够的强度储备。

2. 刚度要求

在满足所需强度的前提下，基础受到上部结构拉、压、弯、剪、扭等力作用后所产生的应力和变形不应超过上部结构的允许值，要保证上部结构不因沉降或其他变形过大而受损或影响正常使用。

3. 稳定性要求

在保证强度与刚度满足设计要求的基础上，基础自身必须具有绝对可靠的稳定性。稳定性包括基础本身结构的非可变性、抗滑移性和抗倾覆性。结构本身的非可变性取决于基础的结构类型，在设计时可通过设计选型来满足。抗滑移性和抗倾覆性要结合所在地的地质情况来确定，即结合地质构造的特点来设计基础的外形和结构，以确保基础的稳定性。

在基础设计中，常规基础设计必须满足两个条件，一是基础的承载力必须满足规定，二是基础刚度必须满足相关要求。但是在大型基础设计中，除了这两个条件外，还要考虑大型基础给周围地基环境带来的影响，以及基础结构的合理性、基础的经济性等因素。在必要时，可以选择多个基础方案，在完成相互比较之后再确定。基础设计的主要内容一般包含以下几个方面：

（1）根据结构类型，初步确定基础的类型。

（2）根据地质资料，确定基础的埋置深度。

（3）根据地质资料，确定地基承载力。

（4）根据地基承载力，计算基础底面面积。

（5）设计基础的平面、立面和剖面，并确定使用的材料。

（6）进行必要的地基变形与稳定性验算。

（7）绘施工图。

7.3 基础的等级与类型

7.3.1 基础的等级

根据建筑物或构筑物的功能需求、地基复杂程度和地基出现问题后可能造成的影响程度，地基基础分为甲级、乙级和丙级三个设计等级。

（1）甲级：甲级基础设计包含的对象主要有以下几类建筑物或构筑物。

① 30 层以上的高层建筑。

② 重要的建筑物或构筑物。

③ 体型复杂、层数相差超过 10 层的高低层连成一体的建筑物。

④ 大面积的多层地下建筑物（如地下车库、商场等）。

⑤ 对地基变形有特殊要求的建筑物或构筑物。

⑥ 对原有工程影响较大的新建建筑物或构筑物。

（2）乙级：除甲级、丙级以外的建筑物或构筑物。

（3）丙级：丙级基础设计包含的对象主要是场地和地基条件简单、荷载分布均匀的七层及七层以下民用建筑和工业建筑物，次要的建筑物或构筑物。

7.3.2　基础的类型

基础类型有很多，可按不同的类别划分不同的种类，如按埋深划分为深基础和浅基础；按材料划分为砖基础、毛石基础、混凝土基础、毛石混凝土基础、钢筋混凝土基础、钢管混凝土基础等；按结构形式划分为条形基础（又分为刚性和柔性条形基础）、筏形基础、独立基础、箱形基础、桩基础、沉井基础、壳体基础等。

1. 刚性条形基础

刚性条形基础也称无筋基础，一般指由砖、毛石、混凝土或毛石混凝土等材料组成且不需要配置钢筋的基础，如图 7-1 所示。此类基础抗压性能较好，但抗拉、抗剪强度不高。在基础结构设计中，除强度需进行必要的计算外，基础的刚度与稳定性要求一般都是通过基础台阶的宽高比限值等构造要求来满足结构设计要求的。为使基础内产生的拉应力和剪应力不超过相应的材料强度设计值，设计时需要加大基础的高度。由于此类基础结构简单，易于施工，造价低，因而对一般性的荷载较小的低层建筑物与构筑物较为适用。

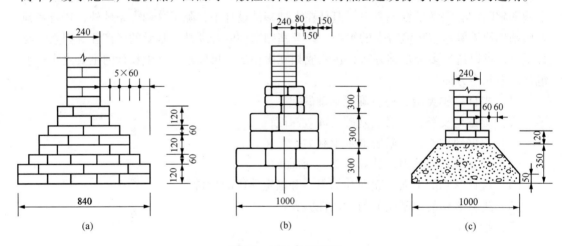

图 7-1　刚性条形基础
（a）砖基础；（b）毛石基础；（c）混凝土基础

2. 柔性条形基础

柔性条形基础亦称为钢筋混凝土条形基础，它根据结构体系上部的布置情况设置相应的基础承载体系，并将上部结构传来的荷载通过连为整体的条形钢筋混凝土梁式结构的底面扩展，使作用在基础底面上的压应力等于或小于地基土的允许承载力，基础内部的应力应同时满足钢筋和混凝土材料本身的强度要求。根据承受的荷载大小，钢筋混凝土条形基础又分为板式条形基础和梁式条形基础，如图 7-2 所示。当承受的荷载较小时，多采用钢筋混凝土板式条形基础；当承受的荷载较大时，多采用钢筋混凝土梁式条形基础。由于钢筋混凝土条形基础结构形式简单，设计方便，承载力相对较高，地基受力均匀，因而得到了广泛的应用。

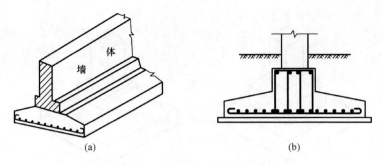

图 7-2　钢筋混凝土条形基础

（a）板式条形基础；（b）梁式条形基础

3. 筏形基础

当地基较软且上部荷载很大，用条形基础无法满足结构承载力要求时，可采用筏形基础。

筏形基础分为平板式筏形基础和梁板式筏形基础两种。平板式筏形基础是由钢筋混凝土整体浇筑而成的基础；梁板式筏形基础是由纵横两个方向的梁肋与一整块底板整体浇筑而成的基础。由于平板式筏形基础是一个整体，因而在受到上部荷载后，整体协调能力强，变形一致，沉降均匀，传给地基的应力均匀，极大地提高了结构的整体性和稳定性。梁板式筏形基础由于在平板式筏形基础上增加了纵横两个方向的梁肋，极大地提高了基础的抗弯、抗剪能力和变形协调能力，因而能够承受较大的荷载，并成为高层建筑物的主要基础形式之一。梁板式筏形基础如图 7-3 所示。

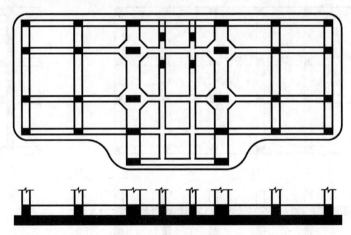

图 7-3　梁板式筏形基础

4. 独立基础

独立基础常常被用作柱基础，常采用钢筋混凝土制作。根据上部柱的结构类型，独立基础既有单独制作的基础，也有与钢筋混凝土柱一同浇筑的基础［图 7-4（a）］。若柱为预制柱，一般常把柱基础做成杯形基础，待柱插入后把柱和基础浇筑为一体，如图 7-4（b）所示。当柱与结构其他部分为一体时，常把柱与基础连为一体，做成梯形或锥形基础。独立基础抗弯和抗剪性能良好，适用范围较广。

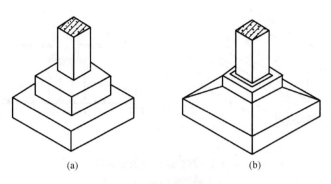

图 7-4　独立基础

（a）与钢筋混凝土柱一同浇筑的基础；（b）杯形基础

5. 箱形基础

箱形基础是由钢筋混凝土顶板、底板和墙体组成的一个空间整体结构，如图 7-5 所示。它像一个放在地基上的盒子，承受着上部结构传来的全部荷载，并把荷载传递到地基中去。由于箱形基础具有较大的基础底面、较深的埋置深度和中空的结构形式，故箱形基础刚度大、稳定性好，抗变形能力很强，出现问题时只有均匀的沉降或整体倾斜，消除了因地基变形而对上部结构带来的二次影响，故多用于荷载很大且对稳定性要求较高的建筑物。此外，箱形基础还具有良好的抗震性能，广泛应用于高层建筑中。

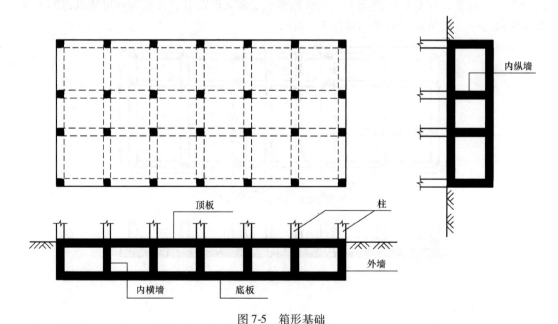

图 7-5　箱形基础

6. 桩基础

当地基土上部为软弱土且建筑物的上部荷载很大，采用浅基础已不能满足地基强度和变形的要求时，可利用地基下部比较坚硬的土层作为基础的持力层。这时桩基础就成为较好的选择。

　　桩基础是由设置在岩土中的桩和连接于桩顶端的承台组成的一种特殊深基础。桩的顶部由承台连成一个整体，在承台上再修筑上部结构。承台将承台以上的上部结构传来的荷载通过承台传递给桩基，由桩再传到较深的地基持力层中，如图7-6所示。

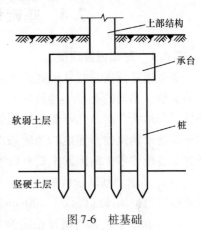

　　桩基础最明显的特点就是承载力高、稳定性好、沉降量小且均匀。由于桩基础的桩尖通常都进入比较坚硬的土层或岩层，因此，桩基础具有较高的承载力和稳定性，具有良好的抗震性能，是减少建筑物不均匀沉降的良好措施。

　　桩按传力方式可分为摩擦桩和端承桩两种。摩擦桩上的荷载主要通过桩与土体的摩擦力传给地基，端承桩上的荷载主要通过桩端与持力层的接触来把荷载传给地基。由于桩基础施工时需要专门的机械设备来完成，与其他类型的基础相比，其施工费用较高、基础施工周期较长，因而，桩基础主要用于地基持力层较深且荷载较大的建筑物或构筑物。

图7-6　桩基础

　　此外，当建筑物或构筑物在水平力作用下有较大的倾覆力矩或为防止新建建筑物地基沉降对邻近建筑物产生不利影响时也采用桩基础来满足结构设计要求。

　　7. 沉井基础

　　沉井是井筒状的结构物依靠自身质量克服与土体的摩擦力下沉到地基持力层，然后经

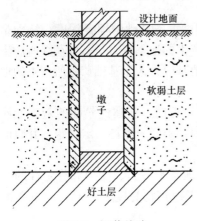

图7-7　沉井基础

过混凝土封底和填灌，使其成为上部结构物承载物的一种基础，如图7-7所示。该基础承载力大、整体性强、稳定性好，与桩基础相比较为经济，因而在工程中也得到了广泛的应用。特别是在岩层较深、含水量较高、采用大基础施工也较为困难时使用较多。

　　8. 壳体基础

　　在一些烟囱、水塔、料仓、塔架等构筑物的基础设计中，为了充分发挥混凝土抗压性能高的特性，并结合构筑物上部结构的要求，它们的基础常被制成了具有空间结构形式的壳体，且壳体的承压部分完全用混凝土来承担。

　　常见的壳体基础形式有三种，即正圆锥壳、M形组合壳和内球外锥组合壳，如图7-8所示。与采用其他类型的基础相比，此类基础最大的

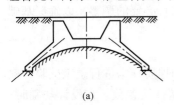
(a)

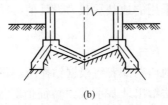
(b)

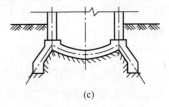
(c)

图7-8　壳体基础

（a）正圆锥壳；（b）M形组合壳；（c）内球外锥组合壳

特点就是材料省、造价低、承力好、土方挖运量也较少，一般情况下不必支模，但技术要求高，难实行机械化施工，工期较长，因此，一般情况下较少采用。

7.4 基础埋深与地基承载力的确定

7.4.1 基础埋置深度

基础埋置深度是指基础底面至地表的距离。在确定基础埋置深度时，不仅要考虑到基础的类型、结构的类型、建筑物或构筑物内的设备设施布置状况等因素，而且要考虑地质条件、当地所在的自然环境和周围的建筑等因素。在明确这些相关因素的基础上，综合考虑建筑物或构筑物所建地的地质条件和基础类型来确定基础的埋置深度。一般来讲，基础埋置深度所要考虑的因素主要有以下几个：

（1）考虑到基础承载的需求，基础的埋置深度一般都要接触至地基的持力层处，并且要超过当地的冰冻线以下 200mm 以上。

（2）在满足地基与基础稳定和变形要求的前提下，基础应尽量浅埋。在不需要考虑冰冻线这一因素时，一般也需大于 0.5m 以上。

（3）当地下水位较高时，基础埋置深度一般应置于地下水位之上。当必须埋置于地下水位以下时，要避免破坏原来的水文状况，并采取确保基础稳定的措施。

（4）当设有地下室时，基础的埋置深度常取决于地下室的做法和地下室的高度，要避免地下室地面荷载产生的地基应力大于基础荷载所产生的地基应力而导致的基础沉降和变形。

（5）当有较大的设备基础时，基础的埋置深度要超过设备基础的埋置深度。特别是当设备基础紧邻建筑基础时，还要考虑设备基础荷载所产生的地基应力与基础荷载所产生的地基应力之间的差异，避免因设备基础荷载所产生的地基应力大于基础荷载所产生的地基应力而导致的基础沉降和变形。

（6）当新建物的基础与邻近的建筑物或构筑物基础较近时，新建建筑物的基础埋深不宜大于原有建筑基础。当埋深大于原有建筑基础时，两基础间应保持一定净距，其数值根据原有建筑荷载大小、基础形式和土质情况综合确定。

（7）高层建筑物或高耸构筑物的基础埋深除应满足地基承载力、变形和稳定性的要求外，天然地基上的箱形和筏形基础的埋置深度不宜小于建筑物高度的 1/15，桩基础的埋置深度不宜小于建筑物高度的 1/18。

7.4.2 地基承载力的确定

在设计基础时，地基的承载力与基础的选型直接相关。由于地基的承载力与众多因素有关，因此，对基础设计中所采用的地基承载力设计值必须进行必要的调整，以确保基础设计的安全性。

1. 地基承载力特征值

在岩土工程勘探报告中，地质勘探者将根据钻探所获得的地质样本进行土工试验，根据试验结果并结合其他测试方法给出地基承载力特征值等地基性质参数。在设计基础时，当建筑物或构筑物的基础埋深大于 0.5m 或基础宽度大于 3m 时，应对地基承载力特征值 f_{ak} 进行必要的修正，以确保基础设计的安全性。修正后的地基承载力特征值 f_a 为

$$f_a = f_{ak} + \eta_b \gamma (b - 3) + \eta_d \gamma_m (d - 0.5)$$

式中　f_{ak} ——修正前的地基承载力特征值；

　　　η_b ——基础宽度的地基承载力修正系数，按《建筑地基基础设计规范》（GB 50007—2011）查表可得；

　　　η_d ——基础埋置深度的地基承载力修正系数，按《建筑地基基础设计规范》（GB 50007—2011）查表可得；

　　　γ ——基础底面以下土的重度，地下水位以下取浮重度；

　　　γ_m ——基础底面以上土的加权平均重度，地下水位以下取浮重度；

　　　b ——基础宽度（当基础宽度小于3m时，按3m取值；大于6m时按6m取值）；

　　　d ——基础埋置深度（当基础埋置深度小于0.5m时，按0.5m取值）。

2. 地基附加应力

在基础底部，地基承受的荷载除结构自身从上部传来的荷载外，还有新填土、地下水位变化给地基和基础带来的影响，这些影响不仅影响地基的承载力，而且影响基础的沉降与变形，因此，在基础设计中必须考虑这些影响。

结构荷载在通过基础底面传递给地基的过程中，随着深度的增加，外力引起的压应力沿结构荷载作用方向所产生的力越来越小，并沿一定的角度进行扩散，如图7-9所示。由于基础及填土自重引起的压应力属于自重应力，因而它们不再产生附加应力，附加应力 $p_0 = p_k - d\gamma_p$，其中，p_k 为对应于荷载效应标准组合时的基础底面处的总压力，γ_p 为基础埋置深度范围内天然土层的加权平均重度。如果基础埋置深度范围内只有一种土层或各土层重度相同，γ_p 为该重度。若有些土层在地下水位以下，则应按土的浮重度计算。

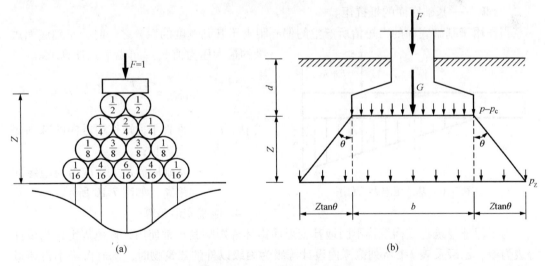

图7-9　地基土附加应力的扩散

（a）单位力作用下的应力扩散；（b）应力扩散原理

按照应力扩散原理，自基础底面以下 Z 深度处，当上层土与下卧软弱土层的压缩模量比值大于或等于3时，地基土的附加应力可采用下列近似计算方法确定。

对条形基础：$p_0 = \dfrac{b(p_k - d\gamma_p)}{b + 2Z\tan\theta}$。

对矩形基础：$p_0 = \dfrac{bl(p_k - d\gamma_p)}{(b + 2Z\tan\theta)(l + 2Z\tan\theta)}$

式中　　b ——矩形基础和条形基础底边的宽度；

　　　　θ ——地基压力扩散线与铅垂线的夹角（扩散角）；

　　　　l ——矩形基础底边的长度。

3. 基础底面压力

在基础设计中，当轴心荷载作用时，相应于荷载效应标准组合时基础底面处的平均压力值 p_k 应小于修正后的地基承载力特征值 f_a。此时，基础底面处的平均压力值 p_k 可由下式确定：

$$p_k = \frac{F_k + G_k}{A}$$

式中　　F_k ——相当于荷载效应标准组合时上部结构传至基础顶面的竖向力值；

　　　　G_k ——基础自重和基础上的土自重；

　　　　A ——基础底面面积。

当为偏心荷载作用时，基础底面边缘的最大压力值 p_{kmax} 应小于 1.2 倍的地基承载力特征值 f_a，最大压力值 p_{kmax} 可由下式计算求得：

$$p_{kmax} = \frac{F_k + G_k}{A} + \frac{M_k}{W}$$

式中　　M_k ——相应于荷载效应标准组合时作用于基础底面的力矩值；

　　　　W ——基础底面的抵抗矩。

当作用于基础底面的力矩值所产生的偏心距大于基础宽度的六分之一时，基础底面边缘的最大压力值 p_{kmax} 可由下式计算求得：

$$p_{kmax} = \frac{2(F_k + G_k)}{3la}$$

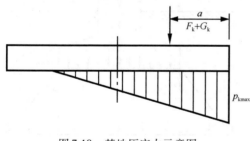

图 7-10　基地压应力示意图

式中　　l ——垂直于力矩作用方向的基础底面边长；

　　　　a ——基础底面最大压应力与边缘的距离，如图 7-10 所示。

4. 地基变形验算

为了保证建筑物或构筑物不因地基变形而损坏或影响其正常使用，规范规定，当设计等级为甲、乙级及表 7-1 所列范围内设计等级为丙级以外的建筑物时，基础沉降不得超过地基变形容许值，并进行地基变形验算。

表 7-1　不做变形验算的丙级建筑物

地基主要受力层情况	地基承载力特征值 f_{ak} （kPa）	$60 \leqslant f_{ak}$ < 80	$80 \leqslant f_{ak}$ < 100	$100 \leqslant f_{ak}$ < 130	$130 \leqslant f_{ak}$ < 160	$160 \leqslant f_{ak}$ < 200	$200 \leqslant f_{ak}$ < 300
	各上层坡度（%）	$\leqslant 5$	$\leqslant 5$	$\leqslant 10$	$\leqslant 10$	$\leqslant 10$	$\leqslant 10$

续表

建筑类型				≤5	≤5	≤5	≤6	≤6	≤7
	砌体承重结构、框架结构层数			≤5	≤5	≤5	≤6	≤6	≤7
	单层排架结构（6m柱距）	单跨	吊车起重（t）	5~10	10~15	15~20	20~30	30~50	50~100
			厂房跨度（m）	≤12	≤18	≤24	≤30	≤30	≤30
		多跨	吊车起重（t）	3~5	5~10	10~15	15~20	20~30	30~75
			厂房跨度（m）	≤12	≤18	≤50	≤30	≤30	≤30
	烟囱		高度（m）	≤30	≤40	≤50	≤75		≤100
	水塔		高度（m）	≤15	≤20	≤30	≤30		≤30
			容积（m³）	≤50	50~100	100~200	200~300	300~500	500~1000

7.5 基础设计及其构造要求

7.5.1 刚性基础

刚性基础一般主要是由砖、毛石、混凝土或毛石混凝土等材料建造的，这些材料都是脆性材料，有较好的抗压性能，但抗拉、抗剪强度较低。为保证基础的安全，基础除必须满足一定的宽度要求外，还必须限制基础的拉应力和剪应力不超过基础材料强度的设计值，这一条件一般是通过基础构造的限制来实现的，即基础的外伸宽度与基础高度的宽高比值应小于规范规定的宽高比允许值，见表7-2。

表 7-2 基础宽高比允许值

基础材料	质量要求	台阶高宽比的允许值		
		$p_k \leq 100$	$100 < p_k \leq 200$	$200 < p_k \leq 300$
混凝土基础	C15 混凝土	1:1.00	1:1.00	1:1.25
毛石混凝土基础	C15 混凝土	1:1.00	1:1.25	1:1.50
砖基础	砖不低于 MU10，砂浆不低于 M5	1:1.50	1:1.50	1:1.50
毛石基础	砂浆不低于 M5	1:1.25	1:1.50	—
灰土基础	体积比为 3:7 或 2:8 的灰土，其最小干密度： 粉土 1.55t/m³； 粉质黏土 1.50t/m³； 黏土 1.45t/m³	1:1.25	1:1.50	—
三合土基础	体积比为 1:2:4 ~ 1:3:6（石灰:砂:骨料），每层虚铺 220mm，夯至 150mm	1:1.50	1:2.00	—

当条形基础上作用轴心压力时，基础宽度 b 和高度 H_0 的计算方法分别为

$$\begin{cases} b \geq \dfrac{N_k}{f - d\gamma_G} \\ H_0 \geq \dfrac{b - b_0}{2\lambda} \\ \lambda = \dfrac{b_2}{H_0} \end{cases}$$

式中　N_k ——上部结构传到基础顶面的轴心压力值；

　　　　f ——地基承载力；

γ_{G} ——基础及其两侧回填土密度，工程上统一取值为 20kN/m^3；

d ——基础埋置深度；

b_0 ——基础顶面墙体宽度或柱脚宽度；

λ ——基础台阶宽高比；

b_2 ——基础台阶宽度。

在确定了刚性基础的宽度 b 和高度 H_0 之后，并不是完全按照计算所得的基础宽度和高度确定基础就可满足基础承载力的要求，同时还需要考虑的因素有所用的材料、砌体的规格、基础的埋置深度等因素。以砖基础为例，砖基础是刚性基础中最常见的基础类型，一般做成台阶式，此阶梯俗称大放脚。大放脚的砌筑方式有二皮一收和二一间隔收两种砌法。在确定实际的基础宽度时，要结合计算结果和砖的规格一同考虑，尽量采用整砖施工。在确定实际的基础高度时，也要结合计算结果和砖的规格、规范规定的宽高比一同考虑，使设计的基础既满足结构设计要求，又便于施工，同时还满足基础设计的构造要求。

同时刚性基础在基础的最底层一般都要加一层垫层，以便基础荷载更好地传递，并便于基础标高的调整。铺设垫层时，垫层一般每边伸出基础底面 50mm，厚度一般为 100mm，如图 7-11 所示。常见的其他刚性基础做法如图 7-12 所示。

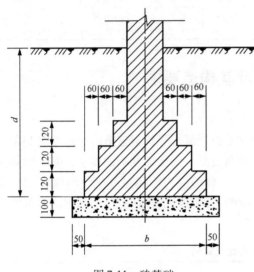

图 7-11　砖基础

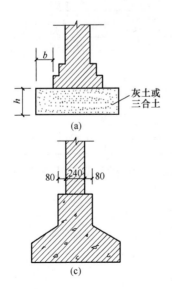

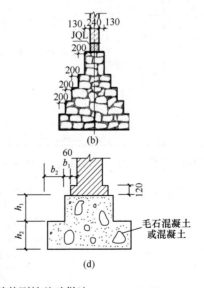

图 7-12　常见的其他刚性基础做法

（a）灰土基础；（b）毛石基础；（c）混凝土基础；（d）毛石混凝土基础

【例 7-1】 某配电站的墙体厚 240mm，上部结构传至基础顶面的线荷载标准值为162kN/m（设计值 $N=210$kN/m），基础埋置深度为 1.6m。据地质报告，地基承载力为180kN/m²。该基础拟采用砖基础，基础垫层采用三七灰土，灰土的抗压承载力为 250kN/m²，试设计该条形基础。

【解】 据题意可知，$f=180$kN/m²，$d=1.6$，取基础自重及其上部土体的平均值 $\gamma_G=20$kN/m³，则可确定基础的宽度为

$$b=\frac{N_k}{f-d\gamma_G}=\frac{162}{180-20\times1.6}\approx1.1\text{m}。$$

1. 确定灰土厚度和砖基础宽度

若将三七灰土作为基础最底层的承载力层，假定灰土厚度为 300mm（灰土施工的两步厚度，每步为 150mm），规范规定的刚性基础宽高比允许值 $b_2/H_0\leq1/1.5$，则 $b_2\leq200$mm。此时，砖基础宽度 $b_0=b-2b_2=1100-2\times200=700$(mm)。根据黏土砖的规格尺寸，应选砖基础宽度为 740mm。

2. 验算灰土抗压承载力

当选砖基础宽度为 740mm 时，砖与灰土接触处的压力为

$$p=\frac{162+1.6\times20}{0.74}=262.2\,(\text{kN/m}^2)>250\text{kN/m}^2$$

故需再扩大砖基础面积。据黏土砖的规格尺寸，选砖基础宽度为 860mm 即可满足灰土的抗压承载力要求。

3. 确定砖基础尺寸

据规范规定的刚性基础宽高比允许值，砖基础允许宽高比为 1:1.5，由基础宽度为 860mm 可知，基础高度大于 573mm 即可。

7.5.2　钢筋混凝土独立基础

独立基础是工程中一种常用的基础，当结构中设置有较多的独立柱为结构的竖向承载物时，独立柱基础就成为主要的基础形式之一。此外，当塔架或设备有较大的集中荷载出现时，也常采用独立基础来处理。

在选定地基持力层和埋置深度后，钢筋混凝土独立基础的设计主要包括确定基础底面尺寸、确定基础高度、确定基础底板配筋和构造等几项内容。

1. 设计基本要求

（1）混凝土强度等级不应低于 C20，基础垫层厚度一般不小于 70mm。

（2）基础钢筋一般采用 HRB335 级钢。

（3）当有混凝土垫层时，底板钢筋的混凝土保护层厚度不小于 40mm，无混凝土垫层时，底板钢筋的混凝土保护层厚度不小于 70mm。

（4）偏心受压基础的形状一般多采用矩形，轴心受压基础底板一般采用正方形。偏心受压时，底板长短边之比一般为 1.5~2.0，弯矩作用在长边方向。

（5）基础高度一般按抗冲切承载力计算确定，但还应满足纵向受力钢筋在基础内的锚固要求。当基础高度小于 500mm 时，可采用锥形基础。当基础高度大于 600mm 时，宜采用阶梯形基础，每阶高度宜为 300~500mm，阶高和水平宽度均采用 100mm 的倍数，如图 7-13 所示。

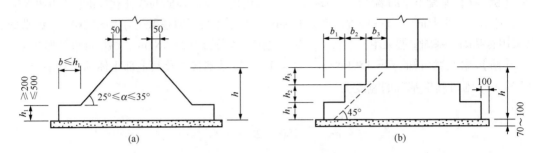

图 7-13　独立基础构造要求

（a）锥形基础；（b）阶梯形基础

2. 确定基础底面尺寸

基础底面尺寸是根据地基承载力和上部荷载确定的。当基础受压时，基础底面压力均匀分布。在上部荷载、基础自重和基础上部土重力作用下，基础底面尺寸应满足下式要求：

$$\frac{N+G}{A} \pm \frac{M_b}{W} \leqslant f$$

式中　　N——上部结构传到基础顶面的竖向力设计值；

　　　　f——地基承载力；

　　　M_b——作用于基础底面的力矩设计值；

　　　W——基础底面的抵抗矩（$W = ba^2/6$，b 为垂直于弯矩作用平面的边长，a 为平行于弯矩作用平面的边长）；

　　　G——$G = \gamma_G A d$，一般 $\gamma_G = 20\text{kN/m}^3$；

　　　A——基础底面面积。

当基础轴心受压时，上式计算中不包含 M_b。在计算出 A 后，可选定基础的一个边长 a，则另一边长为 $b = A/a$。对具有弯矩的偏心受压独立基础，偏心受压基础底面尺寸确定一般采用试算法，即先按轴心受压计算所需的基础底面面积并增大 30% 左右，据此初步选定基础底面的尺寸，再复核该面积是否满足要求，如不满足要求，再重新假定基础底面尺寸，并重新复核，直到符合要求为止。

3. 确定基础高度

基础高度的确定主要是考虑到柱与基础交接处及基础变阶处的受冲切力能否满足设计要求的问题。对矩形截面柱的矩形基础，基础高度一般按下式计算：

$$pA \leqslant 0.6 f_t h_0 \frac{b_t + b_b}{2}$$

式中　　p——荷载作用下基础底面的净反力，偏心受压时，可取用最大净反压力；

　　　f_t——混凝土抗拉强度设计值；

　　　h_0——基础冲切破坏锥体的有效高度；

　　　b_t——破坏锥体斜截面的上边长；

　　　b_b——破坏锥体斜截面的下边长。

式中各符号的含义如图 7-14 所示。

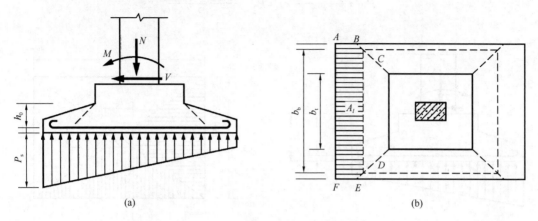

图 7-14　基础冲切破坏的锥体示意图
（a）剖面图；（b）平面图

4. 基础底板配筋计算

基础底板在地基净反压力作用下，在长短两个方向均产生弯曲，受力状态如同倒置的变截面悬臂板，因此，在底板的两个方向都应配置受力钢筋。钢筋面积均依据两个方向的最大弯矩分别计算，配筋计算的控制截面一般取柱与基础交接处和变阶处。

对轴心受压基础，截面Ⅰ和Ⅱ（图 7-15）的弯矩分别按下式计算：

$$M_1 = \frac{P}{24}(l - h_c)^2(2b + b_c)$$

式中　P ——基础底部净反力；

l、b ——基础底板的长边和短边尺寸；

h_c、b_c ——相应的柱截面尺寸。

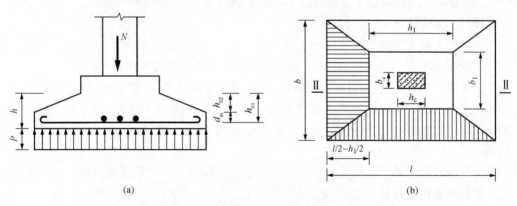

图 7-15　轴心受压基础底板配筋截面
（a）剖面图；（b）平面图

对偏心受压基础底板，由于地基反力不是均匀分布的，因此在计算底板弯矩时需对基础底部反力均值 P 进行修正。在计算 M_1 时，P 改为基础根部与基础边缘反力平均值 P_1；在计算 M_{II} 时，P 改为基底土反力平均值 P_2，如图 7-16 所示。

$$P_1 = \frac{p_{smax} + p_{s1}}{2}, \quad P_2 = \frac{p_{smax} + p_{smin}}{2}$$

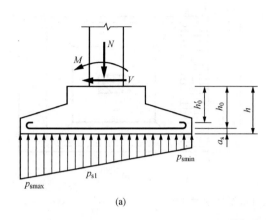

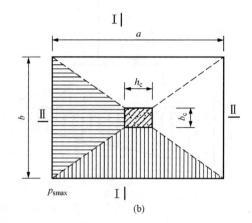

(a)

(b)

图 7-16　偏心受压基础底板配筋截面

（a）剖面图；（b）平面图

在获得截面弯矩之后，即可按受弯构件求得钢筋的配筋量。

对截面 I，其配筋量为 $A_I = \dfrac{M_I}{0.9 f_y h_0}$；

对截面 II，其配筋量为 $A_{II} = \dfrac{M_{II}}{0.9 f_y (h_0 - 10)}$。

7.5.3　钢筋混凝土条形基础

当基础上作用有连续的墙体线性荷载且地基土的承载力较低时，刚性基础往往不能满足地基承载力和变形的要求。同时，为了防止由于过大的不均匀沉降引起上部结构的开裂和损坏，就常采用钢筋混凝土条形基础来解决此类问题。

1. 设计基本要求

（1）钢筋混凝土强度等级不应小于 C20。

（2）垫层的厚度不宜小于 70mm；垫层混凝土强度等级应为 C15。

（3）基础的边缘高度不宜小于 200mm；阶梯形基础的每阶高度宜为 300~500mm。

（4）基础底板受力钢筋的最小直径不宜小于 10mm；间距不宜大于 200mm，也不宜小于 100mm。当有垫层时，钢筋混凝土的保护层厚度不应小于 40mm；无垫层时不应小于 70mm。

（5）钢筋混凝土条形基础底板在 T 形及十字形交接处，受力钢筋应沿两个方向布置。

2. 基础底板内力计算

当基础上作用有线性荷载时，基础底板的受力情况犹如倒置的悬臂梁，由基础自重产生的均布压力与相应的地基反力相抵，底板仅受到上部结构传来的荷载所产生的地基净反力作用。

若基础受到轴心荷载作用时，地基净反力 p_s 等于上部结构传来荷载效应的基本组合设计值 F 与基础宽 b 的比值（取 1m 长为计算单元）。此时，基础底板最大剪力设计值 V 和基础底板最大弯矩设计值 M 分别为

$$V = 0.5p_s(b - a), \quad M = 0.125p_s(b - a)^2$$

式中　a——基础上部墙厚。

当受到偏心荷载作用时，地基净反力偏心距 $e = \dfrac{M}{F}$，此时，地基净反力的最大最小值分别为

$$p_{smax} = \frac{F}{b}\left(1 + \frac{6e}{b}\right), \quad p_{smin} = \frac{F}{b}\left(1 - \frac{6e}{b}\right), \quad p_{s1} = p_{smin} + \frac{b + a}{2b}(p_{smax} - p_{smin})$$

基础底板最大剪力设计值 V 和基础底板最大弯矩设计值 M 分别为

$$V = 0.25(p_{s1} + p_{smax})(b - a)$$

$$M = 0.0625(p_{s1} + p_{smax})(b - a)^2$$

轴心荷载和偏心荷载的计算简图如图 7-17 所示。

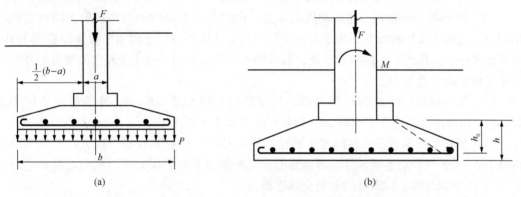

图 7-17　轴心荷载和偏心荷载的计算简图
（a）轴心荷载；（b）偏心荷载

3. 基础底板厚度

为了防止剪力使基础底板发生剪切破坏，要求底板有足够的厚度。基础底板内不配置箍筋和弯筋，因而基础底板厚度应满足 $V = 0.7f_t bh_0$ 的要求，其中，f_t 为混凝土轴心抗拉强度设计值，h_0 为基础底板有效厚度。

4. 基础底板配筋

在明确基础底板厚度之后，即可求得条形基础底板受力钢筋面积为

$$A_s = \frac{M}{0.9f_y h_0}$$

式中　f_y——钢筋抗拉强度设计值。

7.5.4　其他基础的构造规定

1. 筏形基础的构造规定

（1）筏形基础的混凝土强度等级不应低于 C30。当有地下室时，应采用防水混凝土。防水混凝土的抗渗等级应根据地下水的最大水头与防渗混凝土厚度的比值确定且不应小于 0.6MPa。

（2）筏板最小厚度不应小于 400mm，其底板厚度与最大双向板格的短边净跨之比不小于 1/14。

（3）筏形基础的钢筋间距不应小于 150mm，宜为 200～300mm，受力钢筋直径不宜小

于 12mm。采用双向钢筋网片配置在板的底面和顶面。

（4）梁板式筏形基础的底板与基础梁的配筋除满足计算要求外，纵横方向的底部钢筋还应有 1/2 ~ 1/3 贯通全跨，其配筋率不应小于 0.15%，顶部钢筋按计算配筋全部连通。

（5）采用筏形基础的地下室应沿四周布置钢筋混凝土外墙，外墙厚度不应小于 250mm，内墙厚度不应小于 200mm。柱墙的边缘至基础边缘的距离不应小于 50mm。墙体内应设置双面钢筋，竖向、水平钢筋的直径不应小于 12mm，间距不应大于 300mm。

（6）当交叉基础梁的宽度小于柱截面的边长时，交叉基础梁连接处应设置八字角，柱角与八字角之间的净距不宜小于 50mm。

2. 箱形基础的构造规定

（1）箱形基础的混凝土强度等级不应低于 C30。

（2）箱形基础外墙宜沿建筑物周边布置，内墙沿上部结构的柱网或剪力墙位置纵横均匀布置，墙体水平截面总面积不宜小于箱形基础外墙外包尺寸的水平投影面积的 1/10。对基础平面长宽比大于 4 的箱形基础，其纵墙水平截面面积不应小于箱形基础外墙外包尺寸水平投影面积的 1/18。

（3）无人防设计要求的箱形基础，基础底板不应小于 300mm，外墙厚度不应小于 250mm，内墙厚度不应小于 200mm，顶板厚度不应小于 200mm。

（4）墙体的门洞宜设在柱间居中部位。箱形基础的顶板和底板纵横方向支座钢筋尚应有 1/3 ~ 1/2 的钢筋连通，且连通钢筋的纵向配筋率不小于 0.15%、横向配筋率不小于 0.1%，跨中钢筋按实际需要的配筋全部连通。

（5）箱形基础的顶板、底板及墙体均应采用双层双向配筋。墙体的竖向和水平钢筋直径均不应小于 10mm，间距均不应大于 200mm。除上部为剪力墙外，内外墙的墙顶处宜配置两根直径不小于 20mm 的通长构造钢筋。

（6）上部结构底层柱纵向钢筋伸入箱形基础墙体的长度除柱四角纵向钢筋直通到基底外，其余钢筋可伸入顶板底面以下 40 倍纵向钢筋直径处；外柱、与剪力墙相连的柱及其他内柱的纵向钢筋应直通到基底。

3. 桩基础的构造规定

（1）当采用摩擦桩时，摩擦桩的中心距不宜小于桩身直径的 3 倍，在确定桩距时，还应考虑施工工艺中的挤土效应对相邻桩的影响。

（2）预制桩的混凝土强度等级不应低于 C20，灌注桩不应低于 C20。

（3）预制桩的最小配筋率不宜小于 0.8%，灌注桩的最小配筋率不宜小于 0.2%。

（4）桩顶嵌入承台的长度不宜小于 50mm。桩顶主筋应伸入承台内，其锚固长度应大于 30 倍主筋直径。

（5）承台的宽度不应小于 500mm。边桩中心至承台边缘的距离不宜小于桩的直径或边长，且桩的外边缘至承台边缘的距离不小于 150mm。对条形承台梁，桩的外边缘至承台梁边缘的距离不小于 75mm。

（6）承台厚度不应小于 300mm，混凝土的强度等级不宜低于 C20。

（7）对矩形承台，其钢筋应按双向均匀通长配筋，钢筋直径不宜小于 10mm，间距不宜大于 200mm。对三桩承台，钢筋应按三向板带均匀配置，且最里面的三根钢筋围成的三角形应在柱截面范围内。承台梁的主筋除满足计算要求外尚应符合规范对最小配筋率的规定，主筋直径不宜小于12mm，架立筋不宜小于10mm，箍筋直径不宜小于6mm，钢筋的混凝土保护层厚度不应小于70mm。

（8）单桩承台宜在两个相互垂直的方向上设置连系梁，两桩承台宜在其短向设置连系梁，有抗震要求的柱下独立承台宜在两个主轴方向设置连系梁。连系梁的宽度不应小于250mm，梁的高度可取承台中心距的1/10～1/15，连系梁顶面宜与承台位于同一标高。

本章应掌握的主要知识

1. 明确地基与基础的区别。
2. 了解和掌握基础的类型及其适用范围。
3. 掌握确定基础埋置深度所需考虑的主要因素。
4. 掌握刚性基础的设计方法及其构造要求。
5. 掌握其他类型基础的构造要求。

本章习题

1. 参阅土木工程专业的地基与基础书籍，进一步扩展基础结构知识的深度。
2. 参观正在施工的建筑物或构筑物基础工程，了解和掌握地基与基础的结构。
3. 阅读地基与基础的设计规范和施工规范。
4. 结合工程实际，练习阅读基础施工图。
5. 某配电站的墙体厚240mm，上部结构传至基础顶面的线荷载标准值为200kN/m，基础埋置深度为2m。设地基承载力为150kN/m。该基础拟采用砖基础，基础垫层采用三七灰土，灰土的抗压承载力为250kN/m^2，试设计该条形基础。

附　　录

附录 1　钢筋直径和截面面积及理论质量

公称直径 (mm)	不同根数钢筋的公称截面面积（mm²）									单根钢筋理论质量 (kg/m)
	1	2	3	4	5	6	7	8	9	
6	28.3	57	85	113	142	170	198	226	255	0.222
8	50.3	101	151	201	252	302	352	402	453	0.395
10	78.5	157	236	314	393	471	550	628	707	0.617
12	113.1	226	339	452	565	678	791	904	1017	0.888
14	153.9	308	461	615	769	923	1077	1231	1385	1.21
16	201.1	402	603	804	1005	1206	1407	1608	1809	1.58
18	254.5	509	763	1017	1272	1527	1781	2036	2290	2.00(2.11)
20	314.2	628	942	1256	1570	1884	2199	2513	2827	2.47
22	380.1	760	1140	1520	1900	2281	2661	3041	3421	2.98
25	490.9	982	1473	1964	1454	2945	3436	3927	4418	3.85(4.10)
28	615.8	1232	1847	2463	3079	3695	4310	4926	5542	4.83
32	804.2	1609	2413	3217	4021	4826	5630	6434	7238	6.31(6.65)
36	1017.9	2036	3054	4072	5089	6107	7125	8143	9161	7.99
44	1256.6	2513	3770	5027	6283	7540	8796	10053	11310	9.87(10.34)
50	1963.5	3928	5892	7856	9820	11784	13748	15712	17676	15.42(16.28)

附录 2　静定梁在简单荷载作用下的剪力图和弯矩图

静定梁的类型	简单荷载形式	剪力图	弯矩图
悬臂梁	F	F	Fl
	q	ql	$ql^2/2$
	m		m

续表

静定梁的类型	简单荷载形式	剪力图	弯矩图
简支梁			
外伸梁			

附录3　各种钢筋间距时每米板宽内的钢筋截面面积

钢筋间距 (mm)	当钢筋直径（mm）为下列数值时的钢筋截面面积（mm²）													
	3	4	5	6	6/8	8	8/10	10	10/12	12	12/14	14	14/16	16
70	101.0	179	281	404	561	719	920	1121	1369	1616	1908	2199	2536	2872
75	94.3	167	262	377	524	371	859	1047	1277	1508	1780	2053	2367	2681
80	88.4	157	245	354	491	629	805	981	1198	1414	1669	1924	2218	2513
85	83.2	148	231	333	462	592	758	924	1127	1331	1571	1811	2088	2365
90	78.5	140	218	314	437	559	716	872	1064	1257	1484	1710	1992	2234
95	74.5	132	207	298	414	529	678	826	1008	1190	1405	1620	1868	2116
100	70.6	126	196	283	393	503	644	785	958	1131	1335	1539	1775	2011

钢筋间距（mm）	当钢筋直径（mm）为下列数值时的钢筋截面面积（mm²）													
	3	4	5	6	6/8	8	8/10	10	10/12	12	12/14	14	14/16	16
110	64.2	114.0	178	257	357	457	585	714	871	1028	1214	1399	1614	1828
120	58.9	105.0	163	236	327	419	537	654	798	942	1112	1283	1480	1676
125	56.5	100.6	157	226	314	402	515	628	766	905	1068	1232	1420	1608
130	54.4	96.6	151	218	302	387	495	604	737	870	1027	1184	1366	1547
140	50.5	89.7	140	202	281	359	460	561	684	808	954	1100	1268	1436
150	47.1	83.8	131	189	262	335	429	523	639	754	890	1026	1183	1340
160	44.1	78.5	123	177	246	314	403	491	599	707	834	962	1110	1257
170	41.5	73.9	115	166	231	296	379	462	564	665	786	906	1044	1183
180	39.2	69.8	109	157	218	279	358	436	532	628	742	855	985	1117
190	37.2	66.1	103	149	207	265	339	413	504	595	702	810	934	1058
200	35.3	62.8	98.2	141	196	251	322	393	479	565	668	770	888	1005
220	32.1	57.1	89.3	129	178	228	292	357	436	514	607	700	807	914
240	29.4	524	81.9	118	164	209	268	327	399	471	556	641	740	838
250	28.3	50.2	78.5	113	157	201	258	314	383	452	534	616	710	804
260	27.2	48.3	75.5	109	151	193	248	302	368	435	514	592	682	773

参考文献

［1］ 中华人民共和国住房和城乡建设部. 建筑结构荷载规范：GB 50009—2012［S］. 北京：中国建筑工业出版社，2012.

［2］ 中华人民共和国住房和城乡建设部. 建筑结构可靠性设计统一标准：GB 50068—2018［S］. 北京：中国建筑工业出版社，2018.

［3］ 中华人民共和国住房和城乡建设部. 建筑地基基础设计规范：GB 50007—2011［S］. 北京：中国建筑工业出版社，2011.

［4］ 中华人民共和国住房和城乡建设部. 砌体结构设计规范：GB 50003—2011［S］. 北京：中国建筑工业出版社，2011.

［5］ 中华人民共和国住房和城乡建设部. 混凝土结构设计规范（2015年版）：GB 50010—2010［S］. 北京：中国建筑工业出版社，2010.

［6］ 中华人民共和国住房和城乡建设部. 钢结构设计规范：GB 50017—2017［S］. 北京：中国建筑工业出版社，2017.

［7］ 罗福午. 土木工程概论［M］. 武汉：武汉工业大学出版社，2000.

［8］ 丁大钧. 现代混凝土结构学［M］. 北京：中国建筑工业出版社，2000.

［9］ 阎兴华. 土木工程概论［M］. 北京：人民交通出版社，2005.

［10］ 王力. 结构概念和体系［M］. 北京：高等教育出版社，2004.

［11］ 江见鲸，郝亚民. 建筑概念设计与选型［M］. 北京：机械工业出版社，2004.

［12］ 宋占海. 建筑结构基本原理［M］. 北京：高等教育出版社，2006.